美丽乡村建设规划丛书

城郊型美丽乡村人居环境整治规划研究

吴 欣 崔 鹏 著

科 学 出 版 社
北 京

内 容 简 介

本书立足于城郊型乡村人居环境品质的提升。以做好功能对接，培育多元产业；统筹三生空间，营造宜居家园；共建基础设施，共享服务设施；修复生态环境，促进物质循环；挖掘乡土资源，凸显地域特色；鼓励居民参与，创新管理机制为城郊型乡村人居环境整治的目标。在对城郊型乡村人居环境建设现状进行充分调研的基础上，总结归纳典型共性问题，深入剖析其产生的原因和背后形成的机理。在研究城郊型乡村人居环境整治规划中存在的主要矛盾、基本理论和整治原则的基础上，提出城郊型乡村人居环境整治规划技术体系与保障机制，在县域乡村人居环境综合评价的基础上，进行县域视角下的宏观统筹规划和乡村视角下的微观实施规划，并定期进行评估与反馈工作，确保美丽乡村人居环境整治工作落到实处。在研究过程中进一步提出产业薄弱型、设施滞后型、生态修复型、风貌改善型四类城郊型乡村的人居环境整治规划模式、整治思路和整治重点。本书最后以富平县梅家坪镇岔口村村庄整治规划为例进行实证研究，将规划整治模式应用于实践当中。希望对当前我国正在全面推进的美丽乡村人居环境整治工作提供一些参考。

本书可作为城乡规划、建筑学和风景园林学等相关专业的本科生、硕士研究生的学习参考读物，也可作为从事乡村规划设计、建设和管理人员的业务参考书，同时可供对乡村整治规划等领域感兴趣的各界人士阅读参考。

图书在版编目(CIP)数据

城郊型美丽乡村人居环境整治规划研究／吴欣，崔鹏著. —北京：科学出版社，2020. 8

（美丽乡村建设规划丛书）

ISBN 978-7-03-057978-2

Ⅰ. ①城… Ⅱ. ①吴… ②崔… Ⅲ. ①乡村-居住环境-研究-中国 Ⅳ. ①X21

中国版本图书馆 CIP 数据核字（2018）第 131220 号

责任编辑：刘 超／责任校对：樊雅琼

责任印制：吴兆东／封面设计：无极书装

科学出版社 出版

北京东黄城根北街 16 号

邮政编码：100717

http://www.sciencep.com

北京虎彩文化传播有限公司 印刷

科学出版社发行 各地新华书店经销

*

2020 年 8 月第 一 版 开本：720×1000 1/16

2021 年 1 月第二次印刷 印张：18 1/4

字数：370 000

定价：238.00 元

总　序

改革开放以来，我国社会主义现代化建设取得了举世瞩目的成就，经济高速发展，人民生活水平不断提高，但从全局看，区域之间发展的不协调、不充分问题仍然十分明显，并突出地反映在“三农”问题上。针对长期存在的城乡发展不平衡的基本国情，党和政府十分重视“三农”问题，坚持把解决“三农”问题作为全党工作的重中之重，坚持农业农村优先发展。自2004年以来，中央一号文件连续16年聚焦于“三农”工作，充分体现了党中央对解决“三农”问题的高度重视和强大决心。实施乡村振兴战略，是党的十九大做出的重大决策部署，是新时代做好“三农”工作的总抓手，也是社会主义新农村建设、美丽乡村建设工作的延续和深化，对系统解决我国城乡发展不平衡、不充分等重大问题，有效缩小城乡差距，全面推进脱贫攻坚具有十分重大而深远的意义。解决好广大农民群众日益增长的对美好生活的向往和需求与农业发展、乡村人居环境改善、农村基本公共服务供给的不平衡、不充分之间的矛盾，成为当前乡村振兴战略的重要任务。

伴随着我国社会经济的快速发展，农村人口规模、社会结构、生产生活方式等都发生了显著变化，“三农”问题和城乡差距的表现也随之演变。这些演变，进一步影响着“三农”问题的解决路径和难度，也进一步呈现出城乡二元结构的新特点。解决“三农”问题，实现城乡融合发展蓝图，必须深入调查研究，开拓新的更广阔的思路。

在我国，中心城市和城市带（群）是发展要素的主要载体。从城市空间形态上看，城市大体可分城市市区和城市郊区。城市郊区具有城乡接合部的概念，近些年来的发展，由于其极具过渡性和动态性，而呈现出绚丽多彩的变化，为城乡区域规划者、建设者和管理者提供了巨大的丰富的研究和实践平台。我国幅员辽阔，地理环境差异显著，不同区域、不同类型的乡村发展条件差距明显，如何按照“产业兴旺、生态宜居、乡风文明、治理有效、生活富裕”的乡村振兴战略总要求，因地制宜地推进农业和农村现代化目标的实现，既需要我们加大投入并不懈努力推动乡村地区发展建设，更需要针对不同区域、不同发展条件和不同类型的乡村开展深入实际的调查研究和试验示范，从而为乡村振兴战略的实施提供因地制宜的经验参考乃至理论方法的指导。

《美丽乡村建设规划》丛书是西北大学杨海娟团队承担的国家科技支撑计划项目——产业延伸类城郊型美丽乡村建设综合技术集成与示范（2015BAL01B04）的部分研究成果。该成果是研究团队在对西安市郊区多个村庄资源环境、经济社会发展、土地利用、村庄建设与人居环境整治状况的系列调研和在陕西省富平县梅家坪镇岔口村的试验示范基础上完成的，涵盖城郊型美丽乡村发展、村庄规划和乡村人居环境整治等三个方面。其中，《城郊型美丽乡村发展研究》从乡村人口构成、资源利用与产业发展、居民收入构成、村庄空间结构演变、村容村貌及建设状况评价、村民福祉评价、村庄发展转型等方面对城郊型乡村发展转型做了较为系统的研究，是课题调研成果的综合分析和试验示范工作的理论总结；《乡村振兴战略下的村庄规划研究》从村庄规划编制体系、产业发展规划、土地利用规划、人居环境建设规划、历史文化遗产保护规划、生态环境保护规划、信息平台建设等多个方面对“多规合一”的实用性村庄规划进行了系统阐释，是乡村规划研究与实践工作的理论与方法总结；《城郊型美丽乡村人居环境整治规划研究》在分析城郊型乡村人居环境存在的主要问题和形成原因的基础上，对该类型乡村人居环境整治的重点内容和规划模式进行了研究，是课题城郊型乡村人居环境整治规划实践研究成果。相信该系列丛书的出版对西安城郊及类似区域乡村经济社会发展、“多规合一”的实用性村庄规划编制和村庄人居环境的整治提升具有很好的参考价值。

新时期，按照新的发展理念，加强不同类型区域的乡村经济社会发展、资源和空间保护利用与村庄建设规划、人居环境改善提升规划设计研究，为乡村振兴战略的扎实推进提供科学可靠的决策信息和实用可行的解决方案，具有十分重要的现实意义。希望该丛书作者杨海娟、李建伟、吴欣、崔鹏、刘林等几位年轻学人，发扬西北大学公诚勤朴的精神，保持求真务实、科学严谨和理论联系实际的优良学风，取得更好更多的研究成果，为“三农”问题研究和乡村振兴发展贡献力量。匆匆数语，是为之序。

陈宗兴

2019年10月

前　言

乡村人居环境是乡村地域中农民生产生活所需物质和非物质的有机结合体，是一个动态的复杂巨系统，然而在长期城乡二元体制发展模式的影响下，一系列政策影响、利益驱动和人为破坏使得乡村人居环境系统功能逐步衰弱。现阶段我国的重要任务之一就是要弥补过去的欠债，改善乡村现有不良的人居环境，解决发展的“不平衡不充分”问题，重塑美丽宜居乡村，同时这也是实施乡村振兴战略的一项重要任务。乡村整治规划作为建设美丽乡村、推进乡村振兴、全面建成小康社会的重要抓手，其目标、内容、模式、路径等都是我们需要关注和研究的重点，以促进乡村人居环境的良性可持续发展。

在快速城镇化的过程中，城郊型乡村的经济结构、社会组织、意识形态、生产方式、生态环境等均因受到城市的辐射而发生改变，导致其存在一些具有自身特色的人居环境问题，譬如人口空心化与外来人口激增并存，乡村和城市的双重污染以及配套设施如何与城市衔接及共建共享等。城郊型乡村是城乡互惠共生的第一站，既依托于城市又服务于城市，承接了城市部分功能和作用，具有一般乡村无法比拟的区位优势、政策倾向优势及市场优势。因此讨论城郊型乡村的人居环境问题不论是对于城市还是乡村都具有十分重要的现实意义，对于实现全面小康社会、城乡经济社会环境协调发展具有促进作用。当前对于乡村人居环境整治规划的研究尚不完善，大多将乡村做一元性的研究，较少分层次、系统性、针对性地对各种不同类型的乡村做不同层级的研究。直面当前新型的城乡关系，本书开展对城郊型乡村人居环境及整治规划分层次、分类型的研究，并探讨切实可行的系统化研究方法及实施路径。

本书主要是研究城郊型乡村这一特定对象，对其相关概念进行了辨析，梳理总结其演变过程中的典型特征，了解城郊型乡村人居环境发展现况，进而明确城郊型乡村人居环境整治的理论和现实意义。归纳并研判城郊型乡村人居环境存在的主要问题，深入剖析问题形成的原因与机制，积极探索其人居环境整治的目标及重点，形成一套以问题—目标为导向的整治规划理论及技术体系，以期为城郊型乡村人居环境整治规划提供依据。以中西方理想人居以及国家战略作为引领，以城郊型乡村人居环境当前面临的主要问题以及居民切身诉求为突破点，让国家发展目标与乡村实际需求相融合，即顶层设计与底层落实相互结合，综合协调制定当下城郊型乡村人居环境整治目标。在此基础上，通过回顾已有乡村人居环境整治规划编制情况及现存问题，在相关理论指引下，对该类型乡村人居环境整治的原则和整治规划模式进行了研究，提出城郊型乡村人居环境整治规划技术体系，在县域乡村人居环境综合评价的基础上，进行县域视角下的宏观统筹规划和乡村视角下的微观实施规划，并定期进行评估与反馈工作，确保美丽乡村人居环境整治工作落到实处。由于自然环境、地缘条件、经济社会发展差异等因素导致各种类型的城郊型乡村面临的主要问题和整治规划理念及方法存在一定差异，因此本书在研究过程中进一步提出产业薄弱型、设施滞后型、生态修复型、风貌改善型四类城郊型乡村的人居环境整治规划模式、整治思路和整治重点，建立能突出其自身特色并切实可行的规划整治模式，并对其实施保障进行分析。本书最后以富平县梅家坪镇岔口村村庄整治规划为例进行实证研究，将规划整治模式应用于实际案例当中，用实践来检验理论。

在本书撰写过程中得到西北大学刘科伟老师指导，得到杨海娟老师主持的国家科技支撑计划课题：产业延伸类城郊型美丽乡村建设综合技术集成与示范（2015BAL01B04）的资助，融入了陕西省教育厅专项科研计划：新型城镇化背景下城乡社区养老设施规划模式研究（16JK1744），陕西省质量技术监督局地方标准项目（SDBXM 88-2017）：美丽乡村公共服务建设与管理规范的部分研究结论。陈翀、邓逢雪参与了书稿第 1 章的部分工作，贾若楠、杨晶、董钰参与了书稿第 2 章的部分工作，汤航、朱一鸣参与了书稿第 3 章的部分工作，李丕富、孙鑫参与了书稿第 4 章的部分工作。对各位同仁和研究生的辛勤工作在此表示感谢！

受作者水平和时间所限，书中难免存在疏漏之处，对相关内容的取舍也可能不尽合理，恳请广大读者不吝批评指正，以便今后修改完善。

作　者

2020 年 6 月

目　录

第1章 城郊型乡村的特征与人居环境整治的意义

1.1 概念界定与辨析

1.1.1 城市郊区

对城市这个概念，不同的学科和学者对其均有不同的理解。经济学家K. J. Button认为城市是一个坐落在有限空间地区内的，住房、运输、土地、就业等各种经济市场相互交织在一起的网状系统；社会学家Louis Wirth将城市定义为通过依靠正规控制及行为规则约束力组成的稳定结合体；我国著名科学家钱学森先生认为城市是一个空间地域大系统，是一个以人为主体，以空间利用和自然环境利用为特点，以聚集经济效益、社会效益为目的，集约人口、经济、技术和文化的空间地域大系统。本书中城市指以非农产业和非农业人口聚集为主要特征的居民点，包括按国家行政建制设立的市、镇。

“郊”一词在我国自古皆有，依据《辞源》与《康熙字典》中的解释，“郊”泛指城外、野外，在《周礼·地官·载师》中有“五十里为近郊，百里为远郊”的相关记载。

随着城市化的推进，郊区吸引了更多学者的关注，关于郊区的概念术语逐渐多元化，如顾朝林等提出的“城市边缘区”、陈佑启提出的“城乡交错带”、张安录提出的“城乡接合部、城乡生态经济交错区”等。然而不同的术语虽有差异，但其内在含义均反映了对于这一地带不断演化的理解和认识。

对于城市郊区，有学者认为其是指“城市行政区范围内，受城区经济辐射、社会意识形态渗透和城市生态效应的影响，与城区经济发展、生活方式和生态系统密切联系的城市建成区以外一定范围内的区域”。而不同的学科对其有不同的认识，如表1-1所示。

表 1-1 城市郊区概念对比

划分的主要依据	主要内涵	划分类型	代表学派
地理空间	包围城市而又毗邻城市的环状地带，城市市政界限以内，城区用地周围的田园景观地带及为城区服务的农副业经济区	城区、内郊区、外郊区	地理学派
行政区界限	观点 1：郊区是位于城市地域通勤带的外围地区 观点 2：郊区是直接受城区领导和管辖的行政区域，通常临近城区，只是土地利用特征和人口构成与城区有别	城区、郊区、市辖县	行政管理学派
与市区的距离、联系	城市范围内，经济水平、社会生活方式和意识形态既不同于传统农村地区又不同于城市的中心城区到农村的过渡区	根据距离划分（具体不同学者有不同看法）	社会经济学派
城市规划的工作特点和城市研究需要	观点 1：郊区是受到城市聚集效应影响的城市规划区外圈地带，即城市发展需要控制的区域。更具体地说是城市周围在经济、政治、文化和国防事业的发展上与市区有紧密联系的区域 观点 2：在城市发展过程中，城市郊区作为土地利用及土地价值相较中心城区低的区域，常作为城市居民生态休闲地及娱乐地	城市建成区、规划区、郊区	城市规划学派

上述观念均从各学科特点出发，体现出城市郊区的某一或多个特征，若增加时间维度上的考量，城郊地区的转变不可能一蹴而就，其中会同时存在多个系统的特征。20 世纪 80 年代以来，我国城镇化水平大幅提升，大城市郊区化现象开始出现，在初期大多表现为因受到城市中心地租昂贵、交通拥挤、环境恶劣等因素，形成了巨大的推动力，导致城市工业、人口、部分商业等外迁，但服务业、办公及金融保险等第三产业仍然向城市中心集中。在新型城镇化的背景下，城市郊区的土地利用率提高，由粗放的开发模式转变为复合型空间开发，生产空间、生活空间、生态空间三者间相互协调配合，同时城市要素向郊区单向流动的格局发生转变，城市与外围地域间的合作逐渐加深，城郊服务能力逐渐提高，形成了全域的双向服务网络。本书中认为城市郊区是一类空间实体，处于城市扩张的最前沿，因受到城市生活方式、意识形态的渗透与城市功能、资本转移而引起其原本的物质空间形态发生变化，但也保留了部分原有的特点。

1.1.2 城郊型乡村

乡村是人类社会发展过程中相对于城市而言的一种特殊地域空间，有与城市完全不同的特征，相较“城市”一词有广泛认同基础的学术概念，乡村概念的界定往往模糊且不全面。

从居民的职业属性来看，正如《辞源》一书中的释义，乡村是从事农业生产为主的人聚居的场所，人口分布与城市相比更为分散；从空间地域来看，乡村指城市以外的一切地域，严格地讲是城市建成区以外的地区；从土地利用情况来看，乡村具有大面积可利用的农业或林业土地，或有大量的各种未开发的土地；从社会文化来看，乡村生活以家庭为中心，看重家庭观念、血缘观念、人与人之间关系较城市更为密切；风俗、道德的习惯性影响较大；从人口结构与流动性来看，乡村人口结构较为稳定，宗族观念根深蒂固，人口流动性较低；从建筑形式及土地利用特点看，乡村以耕地及居住用地为主要用地功能，且建筑以低密度、低层的形式为主；从景观类型的角度看，乡村表示某种特殊的土地利用类型，即乡村型的景观，它是由聚居景观、经济景观、文化景观和自然景观构成的景观环境综合体，也是人文景观和自然景观的复合体，人类的干扰强度较低，自然景观占主体地位，景观具有深远性和宽广性。

在当今城乡统筹发展的趋势下，人口、资金、文化、技术等要素在城乡间的流动加速，城市与乡村两者的联系愈加紧密，因此地理区位距城市较近的城郊型乡村呈现出地域空间动态性、不完整性、相对性等特点，超越了传统的单一形态，表现出复杂的多元化特征。改革开放时期我国城郊型乡村研究就已起步，在大工业逐渐向城郊集聚，城郊非农产业发展、非农人口逐渐增多的背景下，离城市较近乡村形成点状的连接城乡的交错带，其经济产业发展问题较为突出。在城郊不断城市化的过程中，产业逐渐由以乡镇企业为主的非农产业发展模式向自我经营和发展的模式转向，最具代表性的是苏南地区城郊的发展。该时期城郊发展特点是耕地不断大量被征用的情况下，农业产值仍持续递增，以工业为主的城郊乡镇企业产值及城郊社会总产值也逐年递增。在逐步实现城镇化及城市居民需求提升的进程中，这些交错区域的乡村不断发展，形成了环绕城市外围的城郊型乡村，学术研究的关注点由工业化发展模式转向其产业旅游化、环境生态化的发展模式。城镇化发展到中期后，城郊型乡村因政策方向及城市需求的改变而出现分化，一部分乡村不再以城市化为目标去发展，而是以农村为本，以与城镇供需互补为发展目标，着力打造产业特色、设施完善、环境优美、生活便捷的乡村，其中有的乡村朝着农业现代化、互动化及都市农业的方向发展，也有的乡村以工业为发展方向或是以旅游为主导产业发展，更有三产全面均衡发展的城郊乡村。

城郊型乡村在辞海中，可释义为“靠近城市的区域内的村庄”。城郊型乡村从区位而言，指城市与乡村过渡地带的乡村，从不同的学科视角下也有不同的内涵和划分类型（表1-2）。

表1-2　城郊型乡村概念对比

划分的主要依据	主要内涵	划分类型	学科视角
受城镇影响的程度和与城镇的距离	离城最近的城镇边缘型乡村的划定多以城镇基础设施和基本公共服务设施是否辐射乡村而定。近郊型乡村与远郊型乡村多在距城镇短时间（1～2h）和短距离（50～100km）范围内	城镇边缘型乡村、近郊型乡村、远郊型乡村	地理学
产业结构占比	受到城镇的市场体系驱动，部分乡村的空间生产力转向政治权力与市场经济结合的发展模式。在“传统农业乡村”向“工业乡村”“商旅业乡村”“现代化农业村”的乡村经济演化过程中，与第二、第三产业发展密切相关的设施逐步健全（给水、排水、电力、环卫和燃气等）。健全的基础设施吸引了更大投资，形成滚动发展	城郊工业型乡村、城郊商旅产业乡村、城郊农业型乡村、均衡发展型乡村	经济学
用地结构及建筑形式	用地结构总体呈居住用地持续降低，生产仓储用地先增后降，商业服务业用地持续增长的演进过程。其中居住用地的住宅形式从平层散布转向多层或高层集中布局	根据乡村用地结构占比及建筑形式划分（具体不同学者有不同看法）	建筑学
社会生产关系	从借助区位优势的“钟摆式”和“短期性”务工和农业经营主导的收入结构转向务工者“候鸟式”“长期性”的工资性收入主导，少量村办企业吸引外出务工者回乡就业，农业（经济作物为主）经营性收入为辅的结构	非农化起步型乡村、非农化发展型乡村、非农化主导型乡村、城乡均衡型乡村	社会学

随着我国城镇化的稳定推进，交通、信息等条件的改善，城市与乡村间的交流日渐加深，人口、景观特征、文化观念、土地利用方式等在城乡空间中呈现一种连续性的图谱，两个极点位置非常清晰，但城市与乡村中间并不存在一条明显的分界

线，城郊型乡村常常兼具两者的部分特征。因此，本书中将城郊型乡村界定为聚居在城镇中心城区以外，因受到城市聚集作用的影响，传统乡村空间形态、人口结构、土地利用方式等已出现向城市转变的态势，但依然具备较丰富的乡村地域所特有的基本属性的乡村地域单元，是具有动态性和复杂性的开放系统。

1.1.3 人居环境

1. 人居环境的提出

希腊城市规划学者道萨迪亚斯在其所著的《人类聚居学导论》中首次提出“人类聚居学”概念，这是人居环境研究的早期理论基础，书中所提出的“人类聚居”指希望人们在人类聚居的状态下全面、综合、系统的解决问题。1976 年，在联合国人居大会中，《温哥华宣言》首次明确提出人居环境的概念，认为人居环境是人类社会的集合体，包括所有社会、物质、组织、精神和文化基础要素，涵盖城市、乡镇或农村。它由物理要素、基础设施及为其提供支撑的服务组成。其中物理要素包括住房，为人类提供安全、隐私和独立性；基础设施，即递送商品、能源或信息的复杂网络；服务则涵盖了社区作为社会主体，完成其职能所需的所有内容。人居环境被认为是社会经济活动的空间维度和物质体现。

2. 我国对人居环境的研究

（1）人居环境的发展

我国古代人居环境相关的观念多见于“天人合一”“象天法地”“天圆地方”等中国传统思想体系，重点讨论天与地的对应，自然与人的对应，以及基于人的基本需求、民风民意下的选址、建址及风水格局营造等。

譬如在学者王树声的研究中，他认为司马迁在《史记》中写道“夫国必依山川，山崩川竭，亡国之征也”，便是强调了人居环境中人与自然的协调、融合、和谐，体现出古代人居环境的基本特征是追求人与自然的和谐。如《河津县志》中对人居形胜描述为“紫金北枕，峨岭南横，襟带河汾，控连雍豫；左姑射，右韩梁，秀丽雄深一方之胜概也。”这表现出中国古代人居环境的另一个基本特征，即其建设总是从一个大范围的四方山水格局着眼，寻求一种人居与山水和谐的理想空间秩序。再如芝川城选址时古人曰“是城也，当初筑时，一堪舆者登麓而眺，惊曰：‘芝川城塞韩谷口，犹骊龙口衔珠，珠将生辉，人文后必萃映’”。其将人居选址与人居地的人文发展紧密联系在一起，赋予了文化意义于人居空间之中。

古人讲求“规划、建筑、地景”，从道、儒、易三个哲学角度均可体会古人追求人居环境“地育人杰”的意象和营造自然与人居环境不断融合、和谐相处的理念。

在现代，1994 年《中国21 世纪议程——中国21 世纪人口、环境与发展白皮书》中第十章“人类住区可持续发展”提到了6 个领域问题，即城市化与人类住区管理、基础设施建设与完善人类住区功能、改善人类住区环境、向所有人提供适当住房、促进建筑业可持续发展、建筑节能和提高住区能源利用效率。1995 年国家自然科学基金委员会主持了“人居环境与建筑创作理论青年学者学术研讨会”，在这个会议上“人类聚居环境”作为学术术语在我国正式提出。

安光义于1997 年所著的《人居环境学》是国内第一部系统阐述人居环境的专著。书中将人居环境分为广义和狭义，其认为广义的人居环境是指围绕人（个人、社会或人类）这个主体生存和发展条件的各种物质性和非物质性因素的总和，是与人类发展相关的各种要素的综合。它既是人类赖以生存的基地，又是人类与自然之间相互联系的空间过渡；狭义人居环境指人类聚居活动的空间，居民赖以生存的空间场所，它是在自然环境基础上构建的人工环境，是与人类生存活动密切相关的地理空间。

之后由于全球文化的不断融合，学者们对于人居环境的理解，更加丰富和全面，并提出了各自不同的观点（表 1-3）。

表 1-3　不同学者对人居环境构成的观点

研究者	人居环境构成要素	具体内容
宁越敏	硬环境、软环境	硬环境即人居物质环境，由居住条件、生态环境、基础设施和公共服务设施组成。软环境指人居社会环境，如生活情趣、生活方便舒适程度、信息交流沟通、社会秩序与安全等
刘颂	生态环境、 生活环境、 发展可持续性	居住条件、资源配置、城市生态环境、公共服务、基础设施、社会稳定度、公民智力能力及经济能力
刘滨谊	人类主体、 生存环境客体	主体包括个体之间、个体与群体之间、群体与群体之间的相互作用，客体包括国土、区域、乡镇、城市、建筑、园林之间的相互作用
杨贵庆	小城镇人居环境： 经济发展、人口状况、社会环境	小城镇人居环境：资源利用、产业政策、外来人口与劳动力、财政、教育和技术培训、社会环境、居民定居意识、稳定的理想空间规模与人口规模
杨贵庆	大都市人居环境： 居住地情况、支撑设施、邻里交往等	大都市人居环境：居住地的住房、市政道路交通、公共设施、环境污染、绿化，邻里交往的频率及态度、对周围邻居文化素质的印象与评价、住房安全性评价、对继续居住此地的希望与自豪感

而后在2000 年，吴良镛在其代表著作《人居环境科学导论》中更为详细和透彻地分析了人居环境概念和本质内涵，并建立人居环境科学体系，该书也被称为人居环境科学的先锋之作。吴良镛早年受希腊学者道萨迪亚斯创建“人类聚居

学”的启示，在 20 世纪 90 年代较为详尽的定义、剖析了“人居环境科学”。吴良镛将人居环境看作人与环境之间相互作用、相互联系的整体，他提出采用分系统、分层次的研究方法，从社会、经济、生态、文化艺术、技术等方面综合考察人类居住环境，由此创建了立足于中国实际的人居环境科学理论体系的基本框架。在《人居环境科学导论》一书中，人居环境释义为：人居环境是人类聚居生活的地方，是与人类生存活动密切相关的地表空间，它是人类在大自然中赖以生存的基地，是人类利用自然、改造自然的主要场所。

同时期，不同学科对人居环境的研究也逐步发展，地理学、生态学、资源学、形态学等各学科均对人居环境有所研究，将其观点总结如表 1-4 所示。

表 1-4　不同学科对人居环境构成的观点

学科视角	人居环境构成关注方向	具体内容
地理学	人文要素、自然要素	人文要素如社会、人口、文化、政治、经济等以及自然要素如气候、地形、地貌等对地理景观格局的变化及影响，同时重视不同尺度的研究，空间尺度表现在全球、区域、城市等，时间尺度表现在百年、几十年、十年尺度，并着力探索不同尺度间的关系
生态学	城乡人群及各种环境因素	关注以人为主体的复合生态系统整体，基本要素主要有城乡建筑、市政基础设施建设系统与城乡自然及生态基础系统
资源学	人类活动过程	大致可以分为人居硬环境与人居软环境两个方面，人居硬环境是指一切服务于城乡居民并为居民所利用，以居民行为活动为载体的各种物质设施的总和，而人居软环境指的是居民在利用和发挥硬环境系统功能中形成的一切非物质形态事物的总和
形态学	结构形态、社会形态	按结构形态将人居环境分为室内环境、室外环境和区位环境。按社会形态将人居环境分成人文环境、自然环境和居住环境

上述对于人居环境认识的共同点都是强调对人类聚居作整体性研究，而不仅仅是某一问题或某一侧面和部分的研究。他们的研究思想都是以人为核心，将人居环境视为人与环境之间互相作用、互相联系的有机整体。从广义上看，人居环境可分为物质、行为、制度和文化等方面，是指在一定空间内围绕人（个人、社会或人类）的需求而存在的各种物质性因素和非物质性因素的总和；从狭义上讲，人居环境是指人类聚居活动的场所空间，它是构建在自然环境基础之上的人工环境，是与人类生存活动密切相关的地理空间，主要侧重物质层面。

（2）人居环境的构成

吴良镛借鉴道氏理论，将人居环境的主要内容划分为五类，包括自然、社会、人类、居住以及支撑系统，具体如图 1-1 所示。

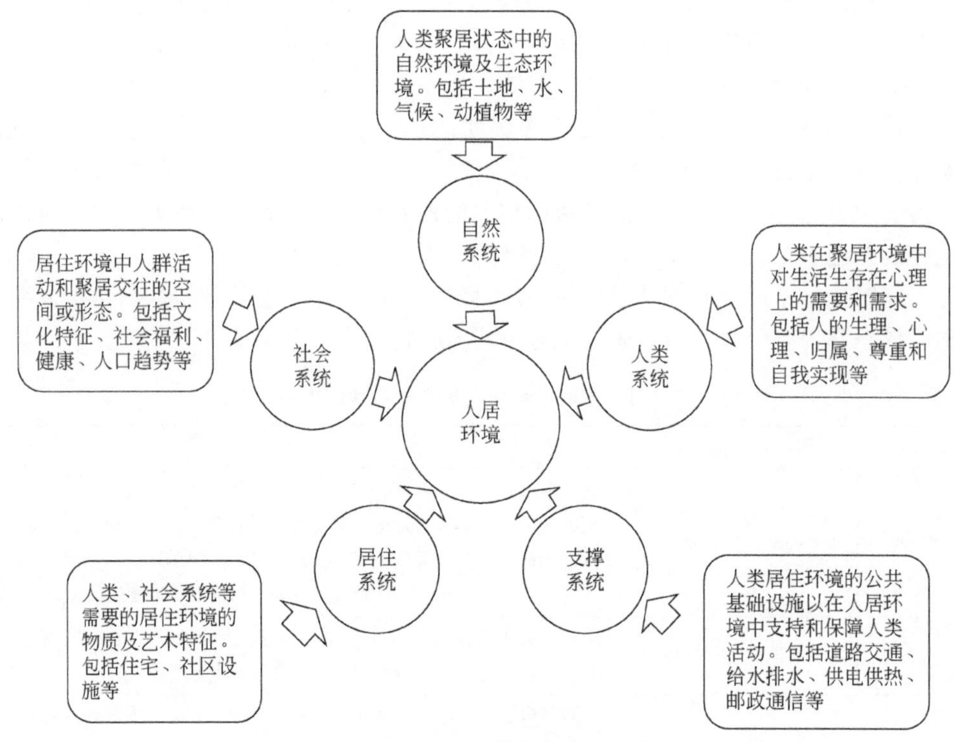

图 1-1 人居环境系统图

资料来源：由吴良镛《人居环境科学导论》改绘

每个聚居环境中这五大系统都会综合的存在，它们是相互联系的。自然系统和人类系统是五大系统中最基础的两个系统。自然系统中的自然环境具有不可逆且无法弥补挽回的特性。社会系统是一种人类聚居时客观存在和自然形成的系统，也是人居环境是否构建形成的依据。居住系统与支撑系统为人居环境提供物质基础，即为人们的生产生活提供必要的居住场所和设施，这两个系统的发展和建设直接影响人们的生活质量，也会影响到其他系统的发展，关系到整个人居环境系统的平衡。

3. 乡村人居环境

根据人类生存居住的区域，人居环境可分为城市人居环境和乡村人居环境。建筑学视角下，乡村人居环境是乡村居民住宅和其建筑与自然环境相互影响、相互作用的整个地表空间的总称；生态学视角下，乡村人居环境以人为主体、以自然生态环境系统和谐为目的，人与自然和谐发展的巨型复合生态系统；还有一些专家从风水伦理学角度，将理想的乡村人居环境定义为在尊重自然规律的基础上，着重解决自然环境和人造景观的和谐问题；社会学视角下，乡村人居环境旨人文与自然的协调，生产生活结合下的物质享受与精神满足相统一。

从乡村人居环境评价体系的角度，黄云、严力蛟认为乡村人居环境评价指标体系应由乡村生态环境、乡村聚落环境及条件、乡村社区社会环境及经济条件、乡村聚居能力、乡村的成长性及乡村的可持续能力构成。彭震伟、孙婕通过对经济发达和欠发达地区乡村的对比研究，总结不同地区乡村人居环境体系现状特征，认为乡村人居环境应把乡村人口与劳动力、乡村空间布局、乡村居住与就业通勤作为重点展开分析。曾菊新、杨晴青在构建重点生态功能区乡村人居环境评价指标体系中，将其分为农户生活、村民出行、乡镇公共服务和农业生产条件四大基础领域，以及反映生态功能区特征的生态产品供给和生态安全程度的两个附加领域。

杨兴柱、王群在对乡村人居环境质量评价的研究中，认为应重点从基础设施，公共服务设施，能源消费结构，居住条件，环境卫生 5 个维度去分析人居环境质量评价体系。朱彬、张小林选取 5 个一级指标，包括基础设施、公共服务、能源消费、居住条件与环境卫生，并下分 61 个二级指标，对人居环境质量进行评价，认为基础设施、公共服务、能源消费、居住条件与环境卫生这五方面最能体现乡村人居环境的发展水平。唐宁、王成对县域乡村人居环境综合评价及空间分异分析研究，认为乡村人居环境质量评价指标体系包含基础设施、公共服务、环境卫生条件、居住条件、乡村经济条件五方面。细游斌、代启梅使用熵权 TOPSIS 模型对南方丘陵地区的人居环境质量进行评价，其建立的人居环境质量评价体系如表 1-5 所示。

表 1-5　人居环境质量评价体系

<table>
<tr><th>目标层</th><th>准则层</th><th>指标因子层</th></tr>
<tr><td rowspan="11">人居环境质量</td><td rowspan="4">生态环境</td><td>空气质量指数</td></tr>
<tr><td>森林覆盖率</td></tr>
<tr><td>人均用水量</td></tr>
<tr><td>人均用电量</td></tr>
<tr><td rowspan="2">基础设施</td><td>污水处理率</td></tr>
<tr><td>有效灌溉面积</td></tr>
<tr><td>公共服务设施</td><td>万人病床数</td></tr>
<tr><td rowspan="2">经济环境</td><td>人均年纯收入</td></tr>
<tr><td>犯罪率</td></tr>
<tr><td>社会文化环境</td><td>传统文化保护</td></tr>
</table>

资料来源：游细斌，代启梅，郭昌晟 . 2017. 基于熵权 TOPSIS 模型的南方丘陵地区乡村人居环境评价——以赣州为例 . 山地学报，35（06）：899-907

从乡村人居环境影响因素的角度，刘沛林认为乡村人居环境主要受自然生态环境、社会文化环境和地域空间环境三方面影响。宏观层面，其由社会转型和环境变化等要素构成，并对乡村聚落空间、乡村生态环境和乡村文化产生一定的影响及其作用；微观层面，其由乡村人居空间行为特征、变迁过程及空间行为约束、空间效用评估和空间区位移动机理构成；制度层面，其由乡村人居环境优化的生态环境效应和社会文化效应的模拟与评估、乡村人居环境优化的空间约束条件与规划政策、调控和引导乡村人居空间行为的地理公共政策等构成。

李伯华等认为乡村人居环境的演化是农户空间行为作用的外在表现。乡村人居环境包含四类受各因素影响下的空间行为元素，即受生活方式演进、乡村文化更新、空间需求增加影响的就业空间行为元素；受经济空间调整、消费结构升级、消费文化转型影响的消费空间行为元素；受村落空间演化、居住空间分化、村落资源侵占影响的居住空间行为元素；受交往空间扩展、交往社会分化、传统文化转型影响的社会空间行为元素。

从乡村人居环境功能及重点发展要素的角度，刘泉、陈宇在乡村振兴背景下，提出安全保障、生活设施、产业经济、公共服务、卫生环境、景观风貌、建设管理7个方面构建适合我国国情的乡村人居环境体系。并提出改善人居环境的三阶段，即保障基本生活条件阶段、村庄环境整治阶段、宜居乡村建设阶段。王竹、钱振澜通过秩序与功能两种属性，将乡村人居环境分为宏观（村域）和微观（公共建筑、农宅）两个部分研究。具体如表1-6所示。

表1-6　乡村人居环境的属性内容与层次

属性＼层级	宏观（村域）		微观（公共建筑、农宅）	
秩序	格局	肌理	形制	形式
	整体空间	建筑群体	空间单元	建筑单体
	自然生态环境与人工建成环境的分布与边界关系	建筑投影在村庄基地下垫面上的群体土地关系	建造规模、组成布局、建筑体量	形态、空间、结构、材料、构成、色彩等
功能	面域功能		点域功能	
	①社区服务、教育、医疗等公共建筑在村域内的规划布点 ②道路、水电管网等基础设施在村域内的布局		①各公共建筑的具体功能服务内容和角色 ②家庭生活功能对应的各类空间与设施	

资料来源：王竹，钱振澜．2015．乡村人居环境有机更新理念与策略．西部人居环境学刊，30（2）：15-19

乡村人居环境是生态、社会、地理、经济、人文的综合体现。一方面，乡村居民生活在一个巨大自然生态系统中，这一系统为人类发展提供了所需的自然资源和自然条件，是乡村可持续性健康发展的物质平台。另一方面，乡村人居环境的活动主体是乡村居民。传统文化、独特习俗、制度文化、行为方式和价值观念等构成了乡村人居环境的社会、意识大环境。乡村居民生产生活活动绝大多数还是以第一产业为主，二、三产业为辅。其生产活动总是在一定的地表空间上进行，这种地表空间是与乡村居民生产生活息息相关的、密切相联系的、真实的地理地域空间。

综上所述，乡村人居环境可理解为有别于城市的具有独特的自然、社会、经济、文化特征的复合系统，是乡村居民生产、生活和社交等活动开展的特定地域单元。

1.2 城郊型乡村的特征

改革开放以来，我国城市发展速度急剧加快，尤其是东部沿海地区城镇化水平得到了极大的提升。然而，这一时期的城镇化的高速发展主要表现为城市用地的扩张，城市郊区空间受到强烈的冲击。我国许多大城市建成区面积增长速度远快于城市人口增长速度（表1-7）。

表1-7 国内主要城市建成区面积及人口增长率 （单位:%）

名称	北京	上海	重庆	广州	武汉	南京	杭州	西安
城市建成区面积增长率	14.67	12.75	35.27	25.05	20.77	21.90	30.46	76.27
城市年末总人口增长率	4.74	1.97	1.39	9.21	3.93	6.66	7.64	13.82
城镇化率的增长率	0.23	0.09	12.27	1.30	18.79	2.48	3.34	3.50

数据来源：中国城市统计年鉴（2013～2018年）

随着中国城市化进程的深化，城市核心区内发展方式发生转变，由“摊大饼”式的建设活动转为城市品质的提升，而城市郊区则因建设活动频繁导致其成为城乡矛盾交织、景观变化最快、人居环境恶化的区域。城郊型乡村兼具城市与乡村的特征，是城市郊区中变化最快，城乡矛盾最突出和激化的区域。要想让城郊型乡村在城镇化进程中有序健康发展，要深刻把握它的实时特征。

1.2.1 城郊型乡村特征总述

城市郊区是城市和乡村的过渡地带，具有典型的城乡二元结构混合特征，在这里“乡村服务城市，城市反哺乡村”，它是传统向现代转型的最活跃区域，无论从产业结构、消费方式，还是从基础设施、生活习惯等方面，城市郊区人居环境系统均呈现出多元化的不同程度的二元结构特征，是一个开放、复杂、动态的巨系统，存在产生、发展和消亡的自我演变规律。大城市职能复合，辐射带动的范围广、作用强，其城郊乡村类型多样，所对应的演化方式和布局机理较为复杂。中小城市对城郊乡村的影响和作用方式与大城市有所差异，但导向一致。城市对城郊型乡村的作用普遍体现在：住宅用地比重不断降低，生产仓储用地先增后降，商业服务业设施用地比重持续增长；住宅建筑竖向发展，土地利用率受区位及产业影响而显著提升；乡村邻里间依赖性减弱，村民间的交往需求降低且交往类型简化等。

党的十八大报告在优化国土空间开发格局中提出“促进生产空间集约高效、生活空间宜居适度、生态空间山清水秀”，首次明确国家对“三生空间”发展的要求和导向。此后，在2013年召开的十八届三中全会、2013年的中央城镇化工作会议和2015年的中央城市工作会议中，“三生空间”仍被多次强调。自十八大以来，“三生空间”因其基本涵盖了城乡发展所需的大部分空间功能类型，已成为中央推动生态文明建设、优化国土空间开发和推动城乡发展转型等重大政策的抓手。本小节将通过“三生空间”这一概念，站在演化过程与基本形式的角度对城郊型乡村的特征进行分析。

1. 生产空间

改革开放以来，中国城镇化进程大致可分为5个阶段，城郊乡村生产空间的发展变化也表现在这5个阶段当中。

1）1978～1983年的城镇化启动阶段，以家庭联产承包责任制为代表的农村经济体制的改革推动了乡镇企业的发展，以此带动城镇化的发展，却因城市经济延续计划管理体制，虽有改变但未见大起色。

2）1984～1991年的城镇化缓慢增长阶段，十二届三中全会中《中共中央关于经济体制改革的决定》的通过，标志着国家将城市作为了经济体制改革的重点，接着对国有企业全面推行“拨改贷”，体现在深化企业“承包制”、实施“利改税”，以“离乡不离土”就业模式为主导的乡镇企业及其支撑的小城镇发展推动了城镇化进程，在劳动密集型产业快速发展的同时，也推动了部分资本密集型和高科技产业的发展，但受限于城乡二元体制，城镇化增速明显低于工业化的推进速度。

3）1992～1999年，以1992年邓小平南方谈话为转折点，1993年十四届三中全会通过的《中共中央关于建立社会主义市场经济体制若干问题的决定》、1994年开始实行的分税制财政管理体制与1998年《土地管理法》的修订，将城市经济和城镇化发展带入快速发展阶段，乡村向城镇转移人口数量增大，城乡间流动人口增加。

4）2000～2007年，随着中国经济的全球化进程加剧及中国制造业的快速发展，我国的城镇化进程开始进入持续快速发展阶段，全国的城镇化水平以年均超过1%的速度发展。

5）2008～2015年，在此期间，前三十年城镇化进程中因城乡隔离累计造成的弊端逐渐凸显，严重影响了国家未来经济的可持续发展。因此在十七大中针对城乡居民收入差距扩大、城乡矛盾激化等问题，明确提出“建立以工促农、以城带乡的长效机制”以及各项重大举措。十七届三中全会中明确提出“着力破除城乡二元结构”的目标。中共十八大报告中同样强调加快完善城乡发展一体化体制机制，重视农民平等参与到现代化的建设中，在公共服务设施和基础设施方面，促进城乡要素的公平配置，形成新型城乡关系。

2017年，党的十九大报告指出：“要坚持农业农村优先发展，按照产业兴旺、生态宜居、乡风文明、治理有效、生活富裕的总要求，建立健全城乡融合发展体制机制和政策体系，加快推进农业农村现代化。”提出了在乡村振兴战略下实现城乡融合的新理念。

随着中国城镇化进程的推进与加深，中国城市也逐渐出现了区域化发展的态势，城市与周边乡村的联系愈加紧密，城郊乡村因其独特的地理区位、经济结构、社会结构，加之相对便利的交通设施和相对完备的城市基础配套设施、公共服务设施，使其成为城市各功能要素扩散的“桥头堡”，使之兼具城市与乡村的特质。从土地利用与生产方式来看，城郊型乡村正在进行从农业经济到工业经济，再向以旅游为主的现代服务业的产业转型，在这一过程中，村庄建设用地规模增长显著，用地类型日益多样，不同阶段的村庄空间结构存在较大差异，空间生产的动力日趋复合，农户的收入和消费结构也随之发生了明显变化。

（1）农业空间

城郊农业空间多紧邻人口聚居、建筑密集、产业集中的城市，处于工业化和城镇化推进的最前沿。在社会经济结构持续变动的大背景下，城郊乡村农业发展受到土地、环境、资源约束不断加大，在发展的同时也面临传统要素成本不断升高，消费市场不断扩大和先进要素不断进入的机遇和挑战。随着国民经济发展与农业生产力水平的提高，城郊乡村农业空间发展正倾向于空间的集聚与产业结构的转型。主要表现在以下几个方面：农业土地资源不断被占用，与此同时，都市农业与服务业结合的兴起使农业种植呈现出复合化、高效化的发展趋势。

自改革开放至2010年，政府对城市土地管控出现渐进的放宽与减弱。1994年7月出台《中华人民共和国城市房地产管理法》与分税制的推行、1998年我国住房制度改革和2003年土地招拍挂制度，使得在缺少资金的地方政府眼中，土地的商品属性愈发重要，土地财政迅速爆发，其成为政府用于城镇建设支出、城镇维护、社会保险和养老金等工作的主要资金来源。城郊农业用地因价格低廉、环境良好、适用性强等因素不断被占用。另外，乡村居民占用农业用地建房，在农业用地上超标建设生产设施、辅助设施等情况屡见不鲜，农业用地空间被进一步压缩。在此情况下，我国人多地少的土地资源利用特征致使人地矛盾突出，特别是改革开放以来，城镇化、工业化与农业现代化发展水平逐步提升的同时，人口数量也在快速增长，这使得人口膨胀与土地资源有效可利用面积降低之间的矛盾加剧，加之不合理的土地资源利用，致使社会经济发展与自然生态环境之间的矛盾日益突出。在此背景下，我国于20世纪末开始实施的生态退耕政策，也导致了农业用地的减少。

2011年，我国逐步开始执行城市收缩型规划，提出精明规划的指导意见。城镇化率猛升的现象有所缓解和遏制。

2018年，我国城镇化率达到59.58%，城镇规模扩大、城镇居民增多，对于农产品的数量、种类和质量的需求急剧上升。由于农产品的相对不耐储运性和土地的不可移动性，城郊地域有其不可替代的优势条件。首先，城郊乡村靠近市场，交通基础条件优越且运输成本低廉；其次，距离城市较近，能够及时获得市场需求信息和支撑生产的科技信息；再次，城郊乡村具有一定的经济基础，有能力按照市场需求变化及时调整生产规模及生产方式；最后，商品化率高，其生产面向市场且产品容易推向市场。因此，城郊乡村对经济效益低下的粮食作物的种植比例逐渐降低，转而成为蔬菜、水果、花卉等各类经济作物的产地。但有一个不可忽视的情况，20世纪90年代中期后，伴随农村劳动力向非农产业的大规模转移，农业就业人员占比持续下降，由1995年的52.2%下降到2015年的28.3%，农村剩余劳动力中老人、妇女偏多，且教育水平偏低。这导致农业增长方式仅由单纯依靠劳动、土地等传统生产要素的投入不能满足城郊型乡村农业增长的需求，进而逐步转向由土地、劳动、资本、技术、信息等多类要素综合投入，虽已逐渐转型，但其发展存在一定的滞后性；对于农产品供给目标从数量目标向质量、效益等多重目标转型仍然存在认识不足和供需差异，均不利于当今农业经济转型。

随着我国都市农业由发展水平低下，布局零散，以餐饮、农副特产销售为主的阶段向生态农业、休闲农业、庄园农业等规模化、专业化、产业化的转变，城郊乡村农业用地的需求又陡然上升。

（2）工业空间

改革开放早期乡村工业化的发展不仅对推动我国城镇化进程起到了不可磨灭

的作用，还为乡村劳动力提供了就业机会，提高了村民收入与乡村土地利用效率。尽管中国的乡村工业化基于区域环境、优势条件的不同，有“苏南模式”、“温州模式”和“顺德模式”等，但由于受到城乡二元结构、各乡村相对独立和生产要素流通不便等因素的影响，“村村点火、处处冒烟”的分散式布局成为各模式间的共通点，而这一特征在当今较不发达城市周边的城郊乡村中依然存在。另外，伴随市场经济的不断深化，市场力量推动生产要素向城镇等优势地区集中，乡村企业为了生存自发地由村域空间向镇域及以上空间尺度内集中，同时，政府也通过颁布相关政策引导乡村工业逐步向工业园区集中，以提高土地利用效率。由表1-8可知乡镇企业园区数量、园区内企业总产值在21世纪初的十几年间虽有波动，但整体为上升的态势。城郊乡村工业空间呈现出“点状工业空间”与“块状工业空间”并存的态势。

表1-8　国内乡镇企业园区数、园内企业数、从业人员数与总产值

年份	乡镇企业各类园区数（个）	园区内年末实有企业数（个）	园区内年末从业人员数（万人）	园区内企业总产值（亿元）
2013	12 692	2 114 682	4 896	205 263
2012	11 107	1 297 920	4 362	190 871
2011	10 335	1 213 216	2 911	154 671
2010	9 854	1 107 967	2 778	132 787
2009	9 712	775 191	2 387	101 431
2008	7 879	675 537	2 558	98 412
2007	7 760	679 501	2 280	72 899
2006	5 661	839 246	2 018	58 078
2005	29 575	1 368 032	1 993	42 525
2004	5 466	902 335	1 567	24 871
2003	8 015	944 021	1 930	30 982
2002	8 699	1074 409	1 631	22 640

数据来源：中国乡镇企业及农产品加工业年鉴（2003～2014年）

1958～1960年这一时期，可以说是乡村工业首次登上历史舞台，却因顶层指导思想的偏差造成了巨大的负效应。我国该时期在生产发展上追求高速度，以实现工农业生产的高指标，要求工农业产品“产量成倍、几十倍地增长”，在此期间提出了“1958 年钢产量要在 1957 年 533 万 t 的基础上翻一番，达到 1070 万 t、1959 年要比 1958 年再翻番，由 1070 万 t 达到 3000 万 t”、“全党全民大炼钢铁，大办铁路，大办万头猪场，大办万鸡山”和“以钢为钢”等目标口号，全国各地乡村工业全面铺开，浮夸风全面泛滥，最终导致了国民经济比例大失调，并造成严重的经济困难。

改革开放初期，通过赋予农户自主经营、自负盈亏的经济自由，乡村家庭联产承包责任制的推行开启了我国乡村经济体制改革，启动了我国历史上速度最快、规模最大、波及面最广的乡村工业化，呈现出“遍地开花”式的格局。经济体制开始向社会主义市场经济体制转变，全球化程度逐渐加深，城市取代乡村成为经济发展主体。

进入 20 世纪 90 年代以来，一方面乡村企业在之前高速发展阶段所积累的粗放式经营管理、技术水平低下、重产量而忽视质量、用地破碎无法形成规模经济、产权不清晰等问题严重阻碍了乡村企业进一步发展，企业主开始自发地寻求解决之道，城郊乡村因其地价、环境、交通条件、资金、信息及劳动力资源等区位和资源优势，成为企业主的首选地，大多自发集中在带状城-乡交界面；另一方面，随着我国经济体制开始向社会主义市场经济体制转变与全球化程度逐渐加深，城市取代乡村成为经济发展的主体，在政府政策主导下乡村工业逐步向县市域范围内的工业园区集中，而这些工业园区因受限于城市中土地租金高昂、可利用土地量近乎耗尽和工业污染治理成本升高等多方面因素，大多位于城郊乡村周围。

然而，这些位于城郊乡村的工厂也面临很多难题。首先，工厂定位的趋同性结构和产品处在价值链中低端，使得利用低效。其次，工厂或产业园规模较小，分散化布局，无法形成较有竞争力的产业集群。最后，这些产业想入驻乡村时，多会碰到土地不好拿、人才不好聘、资金不好筹这三大难点。问题的症结在于，乡村产业融合仍是浅层次融合，业态融合尚在初级阶段，主体融合多有局限，利益融合还不够深。

（3）商业空间

古时商业场所可称为“市”，从《易·系辞》中“日中为市，交易而退”的临时性店铺到《周礼·考工记》的城制中提出的“前朝后市，市朝一夫”，明确了商业场所的区位与面积。之后，随着社会生产力的提高，商业空间逐渐开放，宋代已经在道路两侧出现繁华的商业街，到了明清时代在城郭外围形成关厢地区(类似现在的城市近郊区)。中华人民共和国成立之后，我国长期以来的城乡二元结构造成乡村商业经济活动匮乏，大多乡村仅有点状的零售商业网点，而随着城市的发展，城乡间的联系逐渐增强，城郊乡村的人口结构和规模、经济来源及商业需求等发生剧变，城郊商业类型与总量均增加，其空间分布逐步向城乡交通道路沿线、城-乡交界界面聚集，整体呈现出线型状态，但规模偏小，各类商业空间的联系性弱，区域带动能力差。

从居民心理需求层面来看，盲目、快速的城镇化阶段带来的城市人口过度集聚、交通拥堵、污水与垃圾处理能力不足、空气污染、水污染、土壤污染等“城市病”问题日益突出，造成居民日常生活与自然环境间的隔绝；同时，快节奏且压抑的城市生活造成居民工作压力、环境压力与精神压力较大，环境优美的乡村已成为城市居民回归自然、释放压力、娱乐休闲的理想场所；最后，城市居民已经不满足于传统的观光、游览式的单一旅游形式，更加倾心于对于个性化、体验化、休闲化的旅游活动，农村的田间小路、小筑庭院、特色的美食、成片的田野成为人们向往的“理想家园”，逐渐成为人们远离喧嚣的选择。从居民物质需求层面来看，随着我国经济的飞速发展，城市居民可支配收入逐年上涨，私家车等交通工具逐步增多，近距离的乡村旅游热度上升，给城郊型乡村商业用地的发展带来了机遇，出现扩张、集聚、复合化发展趋势。再加上国家政策在金融扶持、收费优惠、水电气保障、项目用地、资金补贴等方面的大力支持，这一趋势在未来一段时期内仍将延续甚至加剧。

2. 生活空间

乡村生活空间是一定地域乡村居民居住、就业、消费和休闲等日常活动的空间聚合体，也是乡村地域空间形式、内涵、意义内在关联的有机统一体。乡村转型与重构共同构成了中国乡村生活空间演变的宏观背景。乡村生活空间的转变表现在乡村人口、产业就业和土地利用结构的变化，其实质在于乡村主体功能的转变，由农业生产为主转向生产、生活和生态等复合功能产业结构为主。城郊乡村生活空间特征主要体现在就业空间、消费空间、休闲空间与人居环境四大方面。

(1) 就业空间

中国乡村的经济体制改革大致可分为三个阶段。

第一阶段大体是 1978 ~ 1983 年，改革的本质是将农民生产力从束缚中解放出来，1982 年发布的《全国农村工作会议纪要》中明确提出在不同地区、不同条件下应尊重群众的选择意愿，允许群众自由选择，极大地鼓舞了农民的生产劳动积极性，使农民获得了有限的生产自主权。

第二阶段大体是 1983 ~ 1990 年，主要标志是中共中央在 1984 年、1985 年与 1986 年发布的三个一号文件，它们侧重于改善乡村宏观市场环境，调整乡村产业结构，取消统购统销，调整工农城乡关系，将部分农民从土地上解放出来，允许农户“综合发展”——农户根据自身情况安排农业生产时间，积极到各类非农产业领域就业。

第三阶段大体是1990～1996年，改革的主要内容是建立“市场配置农村劳动力、资本、自然资源为主的”城乡一体化发展的经济制度，其本质是将农民和农村各种资源从乡村中解放出来，让农民在更大的地域空间中寻找适合自己未来发展的机遇。

基于上述体制的改革，可供农民选择的机会急速增长，为了获取更多的利益，大量农村劳动力外出就业，我国流动人口数由2000年的1.21亿增长至2015年的2.47亿，我国人户分离人口由2000年的1.44亿增长至2015年的2.94亿。劳动力成为小农扩展空间的载体，而劳动的转移也成为扩展空间的路径，愈多的劳动力向外转移，就有越大的小农就业空间。

城郊乡村毗邻城镇化快速发展区，受到城镇化的影响较大，从外部因素来说，自上而下的城市扩张推动力、自下而上的乡镇企业集聚力与外部资金注入等引起城郊乡村产业空间转型扩张，从而刺激了乡村非农产业的就业需求。从内部因素来说，一方面，大量先进的技术手段和机械等的应用使得城郊乡村产生大量剩余劳动力，农户愈加迫切地从外部资源中寻求增加收入的机会；另一方面，随着城市文化对传统乡土文化的冲击，农户对改善生活条件的愿望增强，促使农民扩展就业方式。例如“淘宝村”、电子商务服务站等多种类型新电商入驻乡村的产业发展模式，现在在乡村中愈发常见，加大了买卖平台，扩展了买卖范围，为村民带来了新机遇。但这些新电商在为乡村激发活力的同时也遇到了一些普遍存在且尚未解决的痛点，像同质化、质量标准认证难、人才匮乏、供应链体系不成熟等问题，这些时常成为威胁乡村电商长期健康发展的硬伤。

城郊乡村产业结构的转变，使当地居民的就业结构由以农业生产为主体转变为纯农就业、兼业与非农就业三态并存的态势，其中，兼业与非农就业的比例逐年上涨。村民多样的就业选择带动了乡村就业空间的复杂化，主要体现在就业空间边界的拓展与空间结构的异化。就村庄整体情况而言，兼业与非农就业的发展造成村庄就业空间在范围、数量上的双重扩散以及效益上的显著提升；就单一农户而言，不同农户之间、代际间的就业类型均有所差异，这就引起了由农业为单一主体转向农业、服务业、工业等多种就业空间的叠合发展的新模式。

（2）消费空间

乡村消费空间是乡村居民消费活动的空间载体，是产生乡村消费关系的关系网络，乡村居民的消费发展已突破传统的“基层市场社区”的约束，新的乡村消费空间体系正在被重构。受到城市的扩张、全球化与信息化的影响，村民个人经济实力提升较快、个体意识增强等多方面因素的影响，传统的消费方式、消费水平、消费结构及消费欲望等均发生转变，城郊乡村消费空间呈现出三个方面特征：一是城郊乡村居民的生产性消费减少、生活性消费增加，产品消费占比下降、服务消费占比上升；二是村民消费空间半径得到扩展，主要因为城乡之间的互联网、物质联系网络与交通联系网络的迅速更新换代、迅猛发展；三是不同层次的消费空间叠加及并置的环境下消费空间结构层出不穷。

(3) 休闲空间

休闲指生命个体摆脱外界束缚而追求幸福满足、身心愉悦及自我发展的内心体验和行为方式的总和，以增进交流、愉悦心情为目的的个人交往，是现代休闲生活的有机组成部分。当今城郊乡村休闲空间由长时间缺位的状态向数量增多、质量优化、品味提升的状态转变。

从外因来看，首先，快速城市化的进程对城郊乡村中传统的休闲方式造成了巨大的冲击，乃至使其消亡。例如，人口结构的转变使得传统乡村中的“熟人社会”和“宗亲社会”等趋于瓦解；城市文化的熏陶致使乡村集会活动逐渐消亡；信息化的发展造成传统行为方式的转变等。其次，城市正忙于治理其本身存在的一些矛盾和问题，对城郊乡村休闲空间的资金投入与关注度不高，近些年来，随着美丽乡村建设的推进，城郊型乡村休闲空间得到一定的资金和政策支持。最后，城郊乡村休闲产业的发展与休闲空间的服务对象多为城市居民，对原住民的需求与意愿关注较少。

从内因来看，城郊乡村存在可利用土地资源较少，村民人口结构复杂导致的村中大小事常难以协调，村民参与意识较弱，村民之间凝聚力不强且对于本村的文化认同感不足等因素的影响。

(4) 人居空间

乡村人居环境的内涵可分解为聚落空间环境与人文社会环境两个方面，这两者分别是农户生产生活的空间载体、物质基础和社会基础，两者相互关联、相互影响。其中，乡村聚落空间环境不仅仅涵盖对乡村聚落体系的地域空间属性的特征表达（主要包括乡村聚落的规模与空间分布的特征），也将聚落内部环境纳入其中。乡村聚落空间规模的特征主要表现在人口结构的多元化与用地类型的复合化两个方面；乡村聚落空间分布特征主要有聚落空间的偏心化、聚落空间格局混杂、聚落空间同质化与异质化并存、聚落公共空间被侵占现象严重四个方面。

1）聚落空间的偏心化。一方面，城市青年人群迫于生活成本的压力而到城郊乡村寻找住所，引起乡村居住人口数量激增；另一方面，随着村民可支配收入的提高，他们偏向于在靠近城市的一侧重新修建住房，既能更好地享受城市的公共服务设施与基础设施，也便于出租空闲房间，增加收入，聚落空间呈现出向城-村交界面扩散的特征，原有村落生活中心发生偏移。

2）聚落空间格局混杂。乡村聚落在自然经济状态下的特征就是以农业生产为核心的生活、生产、生态的三位一体的聚居形式。从历史因素来说，改革开放后，乡村工业的兴起引起乡村空间格局开始转变，再到城镇化快速发展阶段，乡村吸收城市外溢的功能，其空间格局逐渐复杂。越来越多的乡村工商业、第三产业的发展与第一产业相融合形成混合的发展模式，而功能混合也带来空间形态的复合、多元或混乱。从村民自身利益来说，随着近些年城市的扩张，村民期望获得巨额的拆迁补偿款，由此激发村民申请新的宅基地另建房屋的欲望。从当前发展趋势来说，乡村旅游的兴起也引起了乡村聚落空间转型，如农居规模大型化并带有餐厅和旅馆等经营性质，道路变宽以适应增多的车流量，以及开辟较大面积的停车场等。

3）聚落空间同质化与异质化并存。就民居单体而言，首先，大多以城市建设模式作为模板（高度相同、体量相仿及颜色相近等），使得其自身所固有的地域特色逐渐隐没；其次，因政府相关文件中对“人畜分离”的强制性规定，乡村住宅已呈现出向单一居住功能化转变的态势；最后，受乡村“风水”文化的影响使得村民在建房时讲究“家家屋檐一样高”和“你家屋脊不能超过我家屋脊”等，进一步加剧了同质化现象。但同时尽管村民意愿一致，却因社会经济地位、价值取向和生活习惯等因素存在差异，村落内部的居住空间仍然存在分异现象。就整个地区而言，由于存在经济水平、思想观念、个人喜好的差异，在新建和改造过程中，乡村模仿或照搬国内外居住建筑的蓝本不一致，或原有乡村建筑本底差别，使其格局和形象出现分化，反映在聚落形态上，主要表现在建筑外观、建筑色彩和建筑符号上。

4）聚落公共空间被侵占现象严重。农户缺乏自律，主要体现在农户对村落公共资源肆意地侵占，如农户往往以各种借口占用门前土地用来扩建房屋、占用街巷及公共绿地空间来进行堆放杂物和停车等行为。而外来租户也存在部分占道经营、占道停车等问题。

随着乡村生产、生活行为的变迁，乡村内部环境出现恶化趋势，主要体现在村落绿化面积逐渐减少、生活垃圾清运不及时和卫生状况堪忧等多个方面。当然，在国家一系列政策引导与资金支持下乡村内部环境也存在好转的迹象。

2008 年浙江省安吉县出台《建设“中国美丽乡村”行动纲要》，首次正式提出“中国美丽乡村”计划，计划用十年时间，改善乡村的生态与景观，把安吉县打造成中国最美丽乡村，以此作为对 2005 年以来“社会主义新农村建设”的深化与补充。受到安吉县的影响和国家政策的激励，全国各地乡村均开始利用当地特色资源率先进行美丽乡村建设，各地乡村人居环境整治取得了阶段性的成果，垃圾、污水及农业污染得到了有效控制与治理，脏乱差问题得到了遏制，乡村风貌显著提升。

城镇化对乡村的影响除了表现为乡村聚落的物质空间环境方面的较大转变，

其对乡村传统文化也有较强的冲击。

亨廷顿认为，在这个新的世界里，最重要的、最普遍的、最危险的冲突不是穷人和富人之间、社会阶级之间或其他社会经济集团之间的冲突，而是属于不同文化特质人们之间的文化冲突。

自改革开放以来，中国城市与乡村的发展路径、发展态势乃至发展理念均存在巨大的差异，城市文化所推崇的现代、开放、创新、高效与乡村文化所体现的传统、封闭、守旧、恬静往往发生巨大的冲突，常常表现为乡村文化被同化、边缘化。造成这一现象的原因主要有以下几个方面：首先，改革开放后，越来越多的乡村青壮年进入城市务工，其原有的生活及思维方式、价值观念等都潜移默化地改变着，而留守在村内的老人、妇女、儿童无力开展晦涩烦琐的传统文化活动，两者“不在场”与“不作为”的状态使得乡村文化迅速丧失了认同基础。其次，城市是政治、经济、文化和军事的核心，其文化特质因地理位置和较强的辐射力成为主流文化，通过现代化媒体手段不断地向乡村灌输自己的理念和精神，乡村文化生存空间不断被挤压，日益边缘化。最后，城郊乡村中人口结构的多元化引起不同价值观念间的冲突，引起传统价值观丧失了主导地位，使得村民缺乏普遍的价值认同，削弱了乡村社会发展的凝聚力。

3. 生态空间

生态空间是为城乡居民提供生态服务和生态产品的空间，也是维持人类生存所必须生态要素的有机整体，包括林地和水域等，它为人们生产、生活提供了基础保障作用。当今社会，生态文明和生态安全愈发重要，在党的十九大报告中也被重点强调。城郊型乡村生态空间由于其地理位置的特殊性，整体十分割裂的呈现出污染与保护拉锯的特征。

城郊型乡村生态空间污染同时具有工业污染、城市污染、乡村污染共存的多重污染特点，主要有以下特征。

1）“点源污染”与“面源污染”并存。对于乡村自然生态环境来说，随着城市化进程的不断加快，乡村中一些显性与隐性的生态环境污染问题开始凸显。“点源污染”主要表现在市场化经济体制的推动下，经济利益至上的观念愈加深入人心，忽略了对工矿企业污染物排放的管制，致使对村落生态环境造成巨大破坏；“面源污染”是因为大量外来人员涌入城郊型乡村中居住，生活垃圾随之增加，乡村由于处理污水、垃圾等的基础设施缺乏和环境保护意识的滞后，造成大量未处理垃圾的随意堆放、污水随处排放，对土壤、大气和地下水等均造成严重的污染。现代农业的发展过程中，为了提高农副产品产量，滥用化肥、杀虫剂甚至激素物质，进而增加了对土壤的污染，严重影响土壤生产力。例如，东北地区的大豆基地由于农药过度使用，大大增加了害虫的抗药性，化肥的滥用致使土壤养分失衡，严重影响农产品品质；东部沿海地区现代农业的飞速发展，具有高投入、高产出的特点，新型农药和化肥的使用带来新的污染源；西部地区果业的蓬勃发展给该片区带来综合的农业污染，农药化肥的不当施用致使土壤污染加重。同时，农田中残留的农药会被雨水带入河流，影响村民的饮用水安全。

2）生态空间破碎化，生态环境遭受严重破坏。随着城镇化进程的快速推进，城市功能外溢和工业企业外迁均造成了城郊乡村建设用地无序扩张，致使大量乡村生态空间被蚕食，造成了两者间不可调和的冲突，同时在客观上导致了原先连片生态空间破碎化，变为一个个独立的斑块。城市外迁的工业致使城郊产生大量工业配套设施用地和乡村居住用地，乡村居住人口上涨所产生的生活垃圾、城市居民点生活垃圾及工业垃圾给城郊带来了很多污染，使城郊型乡村的生态环境造成了极大的恶化。伴随着城市的扩张，城市的环境保护和污染的治理难度大大增加，在目前经济新常态的背景下城市产业结构和发展转型的压力不断增大，城市普遍通过实施“退二进三”的方针来处理污染企业进而改善城市生活环境。

3）随着美丽乡村运动的兴起，各地加强了关于生态文明宣传教育，增强村民的环保意识与生态意识，美化了村庄的大环境，乡村重现了田园风光、绿水青山。加之，2017 年中央一号文件中提出要大力发展乡村休闲旅游产业，丰富乡村旅游业态和产品，强调利用好“旅游+”和“生态+”等模式。同年 10 月，党的十九大明确提出要实施乡村振兴战略，其中关键的一项要求就是产业兴旺。在此背景下，乡村生态旅游开始兴起，简单来说，它是乡村旅游和生态旅游的有机结合体，其主要活动空间仍在乡村地域范围内，主要活动项目依托于各乡村所特有的人文与自然资源，这一特质要求在开展旅游产业的同时注重生态关怀与生态保护，保障乡村自然与人文环境不受破坏。但同时，新型旅游生产不断侵蚀原有的农业空间、工业空间，形成了新的产业集聚，生态空间由碎片化向整体化扩展，破碎的生态空间被重新组合。

1.2.2 城郊型乡村典型特征的演化及发展现况

1. 多元资本流入，社会网络重组，乡村空间重构

城郊型乡村多为外生式乡村或综合式乡村。改革开放以来，在集聚效应的作用下，乡村的人力、物力、财力不断流入城市，城乡差距进一步拉大，这加剧了本来已存在的城乡二元结构，导致区域发展的不平衡。从资本生产的角度看，近 30 年来大多城市发展模式和政策都改变了资本逐利的方式，城市用地不断的大规模扩张，这使得城郊型乡村最容易成为资本积累的前沿阵地。首先，城郊型乡村是一个紧邻城市的空间，交通便利，与偏远的严峻生境或传统乡村相比，权力和资本更易流入。其次，城郊型乡村是城市和乡村互动最为频繁，联系最为紧密的地方，城乡之间的要素流动及其功能之间的物质能量交换十分频繁。最后，城郊型乡村在经济发展方面对于城市具有很强的依附性，城郊型乡村的产业发展大多以城市市场需求为导向，这决定了城郊型乡村更容易也更愿意接受资本的“入侵”，这使城郊型乡村最终成为权力和资本的绝佳选择。在城市市场不能满足自身发展需要、出现资本积累过度问题时，城市必然会将权力和资本转移到城郊乡村，把资本转移到生产和消费的物质环境中，城郊型乡村自然会成为资本积累的空间。一方面，可以让过度积累的资本得到转移，不至于出现资本过度积累危机，另一方面，通过对物质空间环境的新建、改造和更新，可以将更多的空间纳入到资本循环的回路中，推动空间再生产。随着市场化和城镇化的不断深入发展，城乡二元体制的弊病亟待改善。城郊型乡村长期处于要素净流出状态，必然导致其经济衰退。要实现城郊型乡村的转型发展，动力在于构建城乡畅通的要素流动体系，特别是从城市到乡村的要素回流。随着“两个反哺”和美丽乡村建设等支持乡村发展的政策出台，城乡之间的要素流动被有意识地调控着。在“要素-结构-功能”的逻辑框架下，乡村空间的重构与社会网络的重组是要素流动后的必然结果。在此背景下，城郊型乡村社会网络结构开始解体，功能出现转型，乡村空间也不断发生重构。在内在资源禀赋的基础性作用和区域经济社会发展带来的外部核心驱动的共同作用下，不同类型的乡村出现了不同的空间重构特征，城郊型乡村的空间重构便是其中一类。城郊型乡村的空间重构出现产业空间的复合发展、土地功能的混杂利用、教育医疗养老设施的共享、商业和文化服务设施的快速兴起和更新、基础设施的改善和共享等现象，为快速流动的多元化人群提供了丰富的服务供给。

改革开放前，传统乡村的本质特征是乡土性，主要体现在两个方面：一是村民已习惯以农为生，世代定居是常态，迁移是异态，大旱大水、连年兵乱可能才会导致村民背井离乡求生存。这也就导致传统乡村在更大地域空间范围内的孤立与隔阂，相互间交流联系少，各自保持着孤立的圈子。二是受限于生产力水平、科技水平、思想观念、基础设施等因素，乡村社会呈现出一种动态的稳定，稳定指的是结构的静止，村民大致可看作由本色居民、流动居民和乡村精英三类人群组成。本色居民指专门从事农业生产或以农业生产为其主要经济来源的乡村居民；流动居民指从事商业、工匠、艺人等职业的乡村居民；乡村精英指作为制度化身的一类村民群体，譬如“乡绅”集团和“官方领导”等，动态指的是填入结构中的个人是在变化的。

改革开放后，随着乡村经济体制改革的阶段性进程，以及城市经济的快速发展与乡村经济的多元化发展，我国农业就业比例从1978年的70.5%迅速下降到了2016年的27.7%左右（表1-9）。

表1-9　第一产业就业人口与比重

年份	就业人口（万人）	第一产业就业人口（万人）	占比（%）
1978	40 152	28 318	70.5
1984	48 197	30 868	64.0
1992	66 152	38 699	58.5
2000	72 085	36 043	50.0
2008	75 564	29 923	39.6
2016	77 603	21 496	27.7

资料来源：2017年中国统计年鉴

从城市化的角度来看，大量的劳动力从农业生产中解放出来，他们成为庞大的地域迁移性流动人口中的重要组成部分，且其流动具有显著和持续的方向性，在地域空间层面上具有明显的跨区域流动与职业变换特征，在城乡关系上具有明显的从乡村到城市的流动特征，乡村第一产业就业人口持续降低，同时需特别指出在乡村地域以生产和生活非农化为主要特征的就地身份变迁逐渐显现。城郊乡村因其优秀的地理位置受到多数流动人口的青睐，乡村人口结构呈现出多元化的特征。

首先，地域城市化带来城郊乡村经济机会急剧增长（譬如，大学城周边乡村房屋租赁、餐饮、住宿等需求上升；工业园区周边乡村服务业需求增长等），吸引外界有一技之长或有一定的资本投资者、投机者蜂拥而至，主要从事商业、服务等经济活动。其次，一方面城郊乡村作为农村户籍流动人口进入城市的桥头堡，凭借其低廉的房屋租金、较为便利的交通条件、较完善的公共服务设施和基础设施、与城市中工作场所相距不远等优势条件，使其成为外来务工人员的理想寄居地；另一方面随着城郊工业园区的不断建设，城郊乡村原住民往往会选择在园区中就业，但其身份发生转变。再次，在城市中从事调查研究、科技交流等活动的人群会短时间滞留在城郊乡村中的宾馆、招待所，但所占比例很小。最后，由于城市地方政府和乡村自治组织“双轨”并行且交叉运行，致使城郊乡村部分区域治理存在竞争与排斥、包揽与推诿等现象，滋长了社会闲杂人等的聚集。总体来看，城郊乡村人群结构愈加复杂多元，既有原来的乡村农民，又有郊区化的城市居民、科研人员，还有来此“淘金”的商人、居住的务工人员和“混世”人群。

2. 管理体制复杂，治理权责难辨

从古至今，我国乡村多在“双轨政治”模式下，以国家政权体系构成官僚权力空间以及以乡绅为主导构成的乡村自治网络，它们在互动中维持着平衡，这是我国传统的具有标志性的社会政治运作框架。在国家政权对于乡村治理的发展中，为了打通国家政权体系与乡村社会之间的壁障，将长期处于“一盘散沙”状态的乡土社会融入国家体系中，经历了一系列艰苦卓绝的实践运动。

中华人民共和国成立初期，中国农村社区进行了一场深刻的经济变革运动，即“农业合作化运动”，人民公社便是这一时期的产物，其既是国家政权在乡村的基层单位，也是乡村的合作经济组织，这一时期乡村的管理体制呈现出一种高度集中的组织和管理体制。20 世纪 80 年代前后，随着人民公社解体，家庭联产承包责任制首次登上历史舞台，使得村民获得了生产经营自主权，并创建了村民委员会这一新的组织形式，村民自治开始萌芽。到了 1982 年，《中华人民共和国宪法》中所提出的乡镇人民代表大会和人民政府的设置及其相应的权力和行政职能、村民委员会的“基层群众性自治组织”性质，确立了中国乡村社区“乡政村治”的治理模式。1983 年，国家大力推动政社分开和乡镇政府建设。

在 1998 年 11 月，九届全国人民代表大会常务委员会第五次会议中通过的《中华人民共和国村民委员会组织法》，标志着“村民自治”进入制度化运作阶段，乡村居民依法行使民主权利、乡村住区实行自我治理成为我国一项基本政治制度。与此平行的，乡绅为主导构成的乡村自治也是乡村治理的一大抓手。

村民自治，其在特定地域范围内，依托某种较为恒定的价值体系以及地方社会组织，促成了地区的安定局面并保证了地区村民的一些基本权益，从而使整个社会结构的稳定有一个坚实的基础。其权威并不来自法定，而是来源于乡村普通民众的心理认同，其合法性有相对较高的民意认可基础。

从大量的历史文献、乡规民约、家谱族谱再到祠堂等历史遗迹，均可看到中国乡村村民自治的影子。从大的历史角度来看，这种自治传统一直延续至今。虽然古代传统社会整体上缺乏村民自治的政治环境，但是在基层还是存在一定的权利空间。时过境迁，传统村民自治中所弘扬的一些价值理念，在现代社会依然具有普适性。当前，伴随城镇化进程的稳步推进，乡村受到城市经济、文化等多方面的冲击，传统乡村中的熟人社会、宗族观念等开始瓦解，这一现象在城郊型乡村中更为明显，其日常管理既存在传统的乡村自治观念，也存在自上而下的政府管理与调控，两者间相互冲突引起在土地利用规划与管理、人口管理、社会治安、环境整治、房屋建设等方面的管理低效，主要体现在以下几个方面。

（1）多重管理权利主体间的博弈

当前城郊型乡村已形成国家公共权力、乡村精英与基层民众三方面力量构成，其中国家公共权力占有强有力的统治与影响作用，相互间的博弈主要体现在乡镇政府（街道办事处）权力与乡村精英间的博弈，乡村精英之间的博弈以及乡村精英与基层民众间的博弈。

城郊型乡村地区乡镇政府与街道办事处、居委会与村委会等机构间的关系应是指导与协调的关系，而不是领导与被领导的关系，但实际上两者间的关系常常存在着偏离现象，主要体现在三个方面。

一是两者管理交叉，权责难分，管理效率低下。城郊型乡村中“一地两管”“一地多主”的现象普遍。例如，北京市清河街道辖区内现有东升乡清河村委会、小营村委会、西北旺镇安宁庄村委会，整个区域内，属于村委会管理的区域占到清河街道辖区面积的1/3以上，这些地区农居混杂，都市村庄众多，与街道办事处管理的居民区域形成了“你中有我，我中有你”的局面。这也造成了在同一地域空间内对于同一事件，存在两套完全平行的管理人员，造成了大量人力物力的无端消耗。

二是乡镇政府（街道办事处）对村委会的干预过多，影响了村民自治的正常运行，如干预乡村公共物品管理、住房管理、村委会选举等方面。

三是乡村自治过度膨胀，村委会将自治视作无组织、无纪律的绝对自由，这将导致城郊型乡村在管理与发展上偏离上级政府政策的目标，使得管理效率与成效降低。

（2）多头管理体制与管理技术的不一致

城郊型乡村空间管理正面临着“政出多头、多龙治水”的迫切问题。当前多个管理机关均对其乡村土地制定了空间规划和空间管制，遇到问题后常常互相推诿。如发展和改革委员会、国土、环保、住房与城乡建设等部门分别出台了不同的功能区划、土地利用规划、生态功能区划和城乡总体规划等，且由于各部门编制理念、利益出发点各不相同，致使各规划在制定过程中常出现自相矛盾的地方，“多元编制”“多规管控”的问题亟待解决。各类规划管理技术不统一表现为没有统一城乡空间分类标准，导致各类空间规划常自相矛盾，严重影响政府公信力和管理效率。

（3）政企不分，调任频繁，影响城郊型乡村的行政管理与经济发展

在城郊型乡村地区，行政机关是乡镇或街道的管理机构，而不是经济组织和企业生产经营的直接组织者、管理者，其职责重心应该是日常行政管理、城市管理等方面，而不是经济建设。但是在实际管理执行中，其往往既是乡村管理直接负责人，又兼任着企业主或直接获益人等身份，这种“政企不分”的管理方式，

既影响了乡村管理人员在处理相关事务时立场飘忽，增加了城郊型乡村管理工作的困难，淡化了管理机构的工作职能，也导致政府对企业干预过多，挫伤企业自主经营的积极性。

在现阶段发展背景下，乡镇政府（街道办事处）的任职调动是频繁的。例如，全国县长、镇长的平均任期是三年，实际上时间可能会更短。在此情况下，将会导致领导对任职地中所发生的问题没有一个全面且深刻的认知，日常运行管理方针策略推行困难；频繁的职位调动将官员的长期行为变为短期行为，相关负责人的工作积极性下降，管理低效；前后就任者对同一问题产生的原因、解决办法等均有差异，这将导致相关规定、策略频繁更换，不利于城郊型乡村管理机制体制的健全。

3. 公服设施配建方式多元化，部分基础设施建设滞后

（1）城郊乡村居民生活质量提高，公共服务需求增加

随着城郊型乡村居民生活质量和交通通达能力的提高，城郊型乡村居民与城镇居民共享城镇公共服务设施、空间相近的村庄共用公共服务设施、乡村自建公共服务设施等多种配建方式并存。

城郊型乡村的公共服务空间作为村民生活及社会文化活动主要发生地，对于乡村的精神文化建设以及和谐稳定发展起到至关重要的作用。一般来说，城郊型乡村的公共服务设施根据《乡村公共服务设施规划标准》（CECS 354：2013），按其使用性质分为行政管理设施、教育机构设施、文体科技设施、医疗保健设施、商业金融设施和社会福利设施等 6 类。公共服务设施一般根据各村人口规模设置。城郊型乡村区别于城市与普通乡村，其特殊的地缘优势，加之复杂的经济社会发展状况和人口流动状况，使得城郊型乡村公共服务设施的配建方式更加多元化以适应特殊的地缘特征，出现与城镇共享、空间分布密度较大且相连的村庄设施共用，乡村自建等多种配建方式并存。

随着经济的增长和居民可支配收入的增加，人们对于公共产品需求的快速增长。近年来，众多城郊型乡村的人均纯收入均有了较大幅度的提高，城郊型乡村居民对于商品的消费能力也有了较大的提升，得益于农村居民的收入来源更加多元化以及农村福利保障制度的不断完善，农村居民对于不同种类公共产品的需求也在快速地增长。由于城郊型乡村社会结构复杂，人群比较多元化，不同居民对于公共产品的需求在种类、数量和质量上都比以往有较多的变化，导致城郊型乡村的公共产品供给仍存在不足与供需不平衡的现象。

同时，我国福利性公共产品的供给长期处于较低水平，高品质的公共产品集聚在大城市中心城区，大城市的城郊乡村地区具有毗邻中心城区、与大城市中心城区联系密切的优势，其公共设施建设的数量和质量明显优于边远地区的乡村。其余城郊地区乡村仍存在不同程度上的公服配置的数量和质量问题。且公共服务

设施的数量可以评估，但质量较难监控，导致现状质量参差不齐。

不断提升的公共服务需求与公共产品配置持续滞后的现象成了现状城郊型乡村的突出问题之一，并且在一定程度上限制了农村地区的城镇化进程。通常，离城最近的城郊型乡村可以和城镇共同使用公共服务设施，但是其余城郊型乡村还是多以几个村子集中资源在其体系偏中心位置设置各项公共服务设施的模式为主。这也体现了城郊型乡村在面对复杂的发展过程中自适应的一面。形成这种情况的主要原因与城郊型乡村社区各项公共服务设施的供给资金由政府和集体经济分担有密切关系，长期以来受到城乡二元体制的影响以及集体经济发展水平的差异，导致公共服务设施的配建出现不平衡现象。部分城郊型乡村社区公共服务的供给需要乡村社区居民承担部分资金，这部分资金负担也严重影响城郊型乡村社区居民对公共服务供给的满意度。

(2) 城郊型乡村基础设施建设不够完备，部分基础设施发展滞后

基础设施是乡村建设发展应最优先解决的问题，由于城郊型乡村的区位优势，其基础设施在道路交通系统、给水系统及邮政通信系统等方面强于普通乡村的基础设施。

但由于资金不足、建设缺乏规划指导和规划没有全面落实而导致城郊型村庄在排水系统、供热及燃气系统、环卫及照明系统还不够完善。

具体体现在照明不符合要求，公厕欠缺，供热及燃气供应方式落后并存在安全隐患等建设水平低或欠缺等问题，以及由于缺乏配套的垃圾和污水处理地点和设施，生产生活垃圾、废水随意倾倒，造成土壤、水体等生态环境污染，而导致乡村环境污染的严峻问题。

4. 乡村风貌混乱，乡村特色难寻

中华人民共和国成立到改革开放前，即 1949 ~ 1957 年，我国农村地区主要进行了恢复生产、重建家园的工作，建设了一批住房，农民的居住生活条件得到了极大的改善，卫生条件初步好转；1957 ~ 1977 年，我国农村开展“人民公社化”和“农业学大寨”运动，在此期间，村庄得到了进一步的发展和规划，修建了与集体生产和集体活动相适应的场所和建筑物。但由于当时国家的战略重点是在城市地区建设国家工业体系，农村相对不受重视，建设发展速度缓慢，低矮土坯房是当时中国农村的缩影，仅能满足村民基本的生存需要。

改革开放后到 20 世纪 80 年代末，即党的十一届三中全会召开后，全民经济水平得到了一定的提升，农民也有了一定的资金积累，开始积极地、自发性地建设住宅和集镇，因此出现了农房大量侵占耕地的现象，在城郊乡村地区最为常见。

20 世纪 90 年代初到 21 世纪初，在 1993 年、1994 年建设部相继出台了多部关于村镇建设相关文件，如《村庄与集镇规划建设管理条例》、《村镇规划标准》

(GB 50188—93)、《关于加强小城镇建设的若干意见》等，以规范包括城郊型乡村在内的所有村镇的发展建设活动。2000 年建设部发布施行《村镇规划编制办法（试行)》，规定了村庄规划的具体编制内容，用以改善村庄规划建设滞后现象。但由于城郊型乡村缺乏规范的用地使用管控，村民为满足自身需要，肆意乱搭乱建、将公共空间据为己有，破坏了原有乡村的肌理与风貌，使得城郊乡村的布局杂乱无序。

进入 21 世纪以来，我国城镇化水平不断提升，为了满足经济快速发展的需要，在城郊型乡村建设过程中，通常有以下三种情况。

1）政府领导、规划人员和村民对于乡村建设没有明确的认识，因此期望采用推倒重建的快速建设模式，以达到产生经济效益的目的。或者过分强调城郊乡村美化，盲目模仿其他城镇、美丽乡村示范村、典型乡村的建设模式，而不与村庄实际相结合，使得本土乡村文化环境遭受严重破坏，地域特色消失，从而形成了一致但不协调的乡村风貌。

2）由于城郊型乡村地处城市与乡村的过渡地带，政府之间的权力制衡与管理界限模糊，加之村集体管理不规范，导致城郊型乡村集体土地和宅基地管控较为随意，同时村民意识薄弱，村民之间极易因利益问题而产生矛盾冲突，政府、村集体、村民诉求有差异，协商较难达成一致，出现部分经济条件较好的村民对自家住宅进行违规改建、扩建，随意占用了公用道路等公共空间，违背了规划中对于村庄风貌的统一协调规定。并且因建筑质量较差，威胁村民自身生命和财产安全，具体表现在排烟、消防、抗震等方面。

3）随着大城市中心城区建成空间的不断扩张，城郊乡村空间不断被压缩，城郊地区大量农业用地遭到侵蚀，乡村景观逐渐消失，传统的农业景观也逐渐被城镇景观和现代农业景观所取代。城镇空间粗放的“侵略性”扩张，大幅降低了区域景观的多样性和异质性，传统的城郊乡村景观快速衰落。

1.3 城郊型乡村人居环境现状

1.3.1 城郊型乡村发展类型分析

部分学者从我国乡村的距离维度出发，将其分为近郊乡村、远郊乡村和偏远乡村。或从其主导产业布局入手，将其分为主导农业型、旅游型、商贸型和劳务输出型。或从乡村综合全局考虑将其分为战略性控制发展型、引导控制发展型和鼓励性控制发展型三维度。也有部分学者从乡村经济、建设和乡村生态平衡三维度的视角出发将城郊型乡村分为经济全优均衡型、经济现代化滞后型、建设现代化滞后型、生态现代化滞后型和乡村整体落后型等。城郊型乡村类型划分方法是研究视角与研究结果的桥梁，本书着重从地理空间下的数据模型分析和以人主观感受统计为数据依托的感知评价体系分析视角进行城郊型乡村类型划分方法研究。数据模型分析的主要方法有聚类分析法、多因素分析法、GIS 空间分析法等。感知评价体系的主要方法为需求调查法、类型比较法、影响因子分析法等。另外，定量与定性结合的方法有层次分析（AHP）法、德尔菲（Delphi）法、因子分析与解释方差等数理公式结合的方法。当前研究多偏向于将感知研究与数理方法结合，提升研究结果的人本性、客观性、科学性及实践有效性。

1. 按城乡空间组织结构及地理区位特征划分

参考杜能区位论和阿隆索地租模型，区位较敏感即支付地租能力较强的竞争者（如商业服务业）获得市中心区的土地使用权，其他活动的土地利用依次外推，地租和地价随远离市中心区的距离逐渐降低，出现一个有特点且围绕最高价值点（市中心区）的同心圆城市土地利用级差模式。

通过空间自相关及 GIS 网络分析，结合地租模型的理论依据，可将城郊型乡村分为以下三种典型模式。

（1）城市边缘型城中村、城市边缘型乡村——位于城市边缘，城镇化明显

城市边缘型城中村及乡村的演化过程为：早期城市与乡村的景观差异明显，但随着城镇化过程的推进，城市不断向外围扩展，使得周边乡村地区的土地利用类型由农业向工业物流用地、商业用地、城市居住用地、教育科研用地以及其他职能转变，并相应建设了城市服务设施，从而形成边缘型城中村或城市边缘型乡村。随着城镇化的快速推进和社会经济的高速发展，原有村庄社会网络和空间结构发生了快速变化，人员及要素的流动日益频繁，打破了传统乡村的稳静化发展模式，伴生村庄建设快速转型与规划管理体制落后等矛盾，出现了村庄外围粗放式扩张发展或沿村庄边界、过境道路等区域集聚发展的态势，而村庄内部空间存在发展不均、分异明显甚至衰败的趋势，究其原因包括劳动力的非农转化、外来租户和外来务工人员的侵入、农村居民传统思想意识的转变、农村社会网络和家庭结构演化、村庄建设管理等多方面。

受城镇化影响较大的乡村或土地非农化率较高的乡村聚落主要集中在大都市内核的近郊区域，如因大学生大量集聚而逐步非农化的大学城周边乡村，以及受区域一体化等城市发展和扩张影响的乡村。这些非农化率较高的乡村地区，通常紧邻传统的城市腹地，区位和资源优势突出，区域农村聚落自发非农化的快速发展，促进了乡村城镇化的全面推进，其产业类型多为服务周边人群生活生产所需的多元的第三产业。另一方面，工业、企业、流动人口等主要集中的高新区、经

济技术开发区（高新科技及工业中心）、港务区（保税、物流运输中心）等城市近郊区域也存在城镇化或土地非农化率较高的村庄。由于大量生产要素和流动人口聚集在近郊区域，出现了一批以工商业、房屋租赁业务为主要产业的农村聚落，这些外部力量也提升了农村土地非农化水平。

（2）近郊型乡村——位于城市近郊区或小城镇周边，受一定程度的城镇化影响

近郊型乡村的演化过程：随着城镇化的发展，近郊型乡村居民从事第二、三产业的比例相当高，且兼业现象突出。许多近郊地区的村庄正在经历劳动力流失或非农化的过程，村庄也从农业村向非农业村转变。与此同时，另一部分农业优势突出的乡村正在经历着由妇女或老人耕种剩余耕地的生产方式，向村集体集中农田或渔牧林等经济作物相关产业承包给专业农户进行经营生产的转变。这种劳动力非农化与农业专业化的趋势往往是并存的。近郊型乡村的出现是一种产业调整与村庄发展的过程，是城镇化和农业产业化的一种中间形式。

除此之外，在人们日益增长的对休闲服务业需求的基础上，很多城郊型乡村抓住机遇，利用自然资源和人文资源优势，大力发展第三产业。有以人文资源为主，生态环境为辅，但也不乏将农业从第一产业转化为以第三产业为主第一产业为辅的产业结构；也有在发展人文或自然资源优势的基础上增加了其自然人文周边产品的带动，在打造第三产业的同时，第一、二产业也跟着迅猛发展的城郊型乡村发展模式探索。

（3）远郊型乡村——位于城市中远郊区，多数劳动力从事农业相关产业

远郊型乡村的演化过程：从第一产业入手，发展都市农业、生态农业和农产品加工业已成为一些农业基础较好或者无法规模化发展第二、三产业的远郊型乡村发展的突破口和新模式。目前这一模式主要出现在经济实力较强及城镇化水平较高的地区，如上海“城郊农业向都市农业转变”的实践；北京提出以现代农业作为“都市经济”新增长点，强化其食品供应、生态屏障功能以及科技示范和休闲观光等方面的发展。远郊型乡村的城郊农业村发展，是从城市的需求出发，采取规模化产业化的生产方式，突出信息通畅、技术先进、绿色生态、供需鲜明的特色。这种模式对农业村的高效稳定发展具有推动意义。

2. 按居民生活质量划分

建立生活质量感知体系，将乡村生活质量分为文化感知、社区感知、环境感知、利益感知、就业感知、政策感知、物价感知、福利感知，对乡村空间的聚集和离散区进行空间叠加，可将城郊型乡村类型划分为准城镇化乡村、中度城镇化协调型乡村、低城镇化发展型乡村和低城镇化传统型乡村。

（1）准城镇化城郊型乡村

该类型乡村性低且接近城市生活水平和状态，城市生活观念强，传统的乡村

特征随着经济社会的发展受到削弱；与之对应，其乡村空间功能由过去单一的农业生产和居住功能转变为集商贸、旅游、生产、休闲、疗养、产业等多功能复合为主。

（2）中度城镇化协调型城郊型乡村

该类型工业化程度高和规模经济活跃。由于该类型对居民收入指标赋予高值，城镇化的潜力较大，将成为该区域人口集聚中心和农民空间转移的核心承接地。该类乡村具有通过整合提升乡村功能、增强乡村服务、集聚乡村人口进一步转型发展的潜力。

（3）低城镇化发展型城郊型乡村

该类型乡村性极强和乡村生活状态高，成为具备发展多种形式的规模农业条件的主导村镇建设和聚落空间，需要进一步引导农业人口的集中居住，结合居民的生产生活需求对空心村进行整治，完善人口集中居住区的公共服务和基础设施体系建设，增强乡村发展的软实力。

（4）低城镇化传统型城郊型乡村

该类型乡村性、乡村生活水平、乡村生活状态极高且常拥有良好的农业生产条件和生态保护屏障。对该类型区域主要采用保护发展方式，依托都市郊野公园和土地综合整治工程改善乡村经济的生态质量、优化区域空间结构，提升生活品质，以满足居民生产生活需求；以农村集体建设用地减量化推动低效工业用地的退出和闲置居民点的归并，以提高区域的生态品质形成功能复合的乡村生态空间；通过农业产业结构调整、生态补偿和村庄提质改造，实现生产力提升；通过利益反哺的造血机制，减少恶性生计活动对生态系统的干扰以及因村庄活力不足导致的人口流失。

3. 按产业发展类型划分

除了以上两种分类方式，还可以将城郊型乡村按产业的时空分异特点划分为农业主导型乡村、工业主导型乡村、商旅服务型乡村、均衡发展型乡村等主要类型。

（1）农业主导型乡村

农业主导型乡村呈现出向都市农业、特色田园乡村、休闲农业村、生态旅游农业村、现代化农业村发展的态势，并通过提高养殖品质、推动种植业提档升级、推广养殖种植生态循环圈、加快农业产品品牌化建设等模式提高经济发展效益并加快农业主导型乡村向现代农业迈进，这些城郊型乡村不仅给农业现代化建设提供了发展模式研究的实验样本，更能作为模板使更多的农业乡村寻找到适合自身发展的农业现代化道路。

（2）工业主导型乡村

工业主导型乡村最早在20世纪80年代由以村为单位的乡镇企业推动，其间工业用地规模较小，布局分散。后在90年代中期，受"苏南模式影响"和市场化改革推进，部分区位条件和产业优势差的乡村工厂逐渐萎缩，更多乡村随着"改制"借助区位优势大力发展工业，工业用地逐渐使乡村聚落空间和农业生产空间被压缩。21世纪初期，乡村逐渐形成了规模较大的产业园，并与乡村空间相互交织。2015年，随着国家土地政策收紧，工业主导乡村不再大批量生产而改为柔性生产并持续创新。现在，大量中小企业自发的集聚在特定的乡村空间，并通过小企业空间聚集的专业化和网络化进行柔性生产。目前，工业主导型乡村呈现出厂村混杂型、厂村共生型、厂村分离型三种布局类型。其中混杂型与共生型乡村农业生产能力逐渐下降甚至丧失，其生活服务与居住职能需求上升，房租经济兴盛。厂村分离型因产业园与生活区分离发展，所以保留了较强的生产能力，并同时承担园区部分居住和服务的职能。

（3）商旅服务型乡村

城郊型乡村地处城市和乡村交错的区域，融合了城乡的部分功能与景观并不断迎合城镇居民的需求，因其地理区位优势、自然生态景观及历史文化资源而越来越多地成为以城镇居民为主要客源，提供观光、休闲、娱乐、购物、体验、教学等一系列活动的商旅服务型乡村。其主要功能可细分为历史及民俗文化类、商业休闲购物类、景区生态旅游类，涉及产业如表1-10所示。

表1-10　商旅服务型乡村产业发展方向

功能类型	主导产业	产业类别细分
历史及民俗文化	文化教育 餐饮住宿 会展及活动承办 文创产品 度假休闲 医疗养生	历史或民俗文体类活动及展览、历史文化或民俗类特色场馆（美术馆、民俗馆、图书馆等）、文化传承教育基地、养生会所、主题餐厅、特色酒店民宿、主题咖啡馆及酒吧、体育活动承办地（登山步道、山地车赛道）
商业休闲购物	便民服务产业 儿童游乐体验馆 "微度假"购物	餐饮、银行、有机超市、绿色农产品展示、自助烹饪餐厅、购物
景区生态旅游类	休闲度假、文化活动承办、文创商店、餐饮住宿、医疗养生、健康养老、加油充电站、娱乐聚会场地出租	度假庄园、生态农业园、精品民宿酒店、特色酒吧、有机农场、娱乐竞技场、停车场、加油站、充电站、文创小店、文化活动承办、养生会所、养老社区

(4) 均衡发展型乡村

均衡发展型乡村是农业、工业、服务业主导型乡村遭受单一产业经济发展局限性而向多产业融合发展转型的乡村类型，也是部分城郊型乡村近年的发展趋势。

1.3.2 人居环境现状总结

根据宏观、微观及制度三个视角，将城郊型乡村人居环境分为7个第一层级构成因子和17个第二层级构成因子（表1-11）。

表1-11 城郊型乡村人居环境体系

视角	第一层级	第二层级
宏观	格局肌理	乡村聚落空间（聚居模式）
		自然生态环境
	人文环境	在地性文化
	生活保障	经济产业模式
		居住人口与就业通勤
		福利性公服和基础设施
		营利性公服和基础设施
微观	人居行为	居住空间行为
		消费空间行为
		交往空间行为
	人居空间	居住条件
		环境卫生
		景观风貌
	效用评价	空间效用评估
制度	可持续发展能力与管理实施能力	乡村可持续发展政策
		空间约束条件相关规划政策
		人居环境建设及管理政策

1. 农业主导型乡村人居环境

宏观视角下，农业主导型乡村的格局肌理较普通农业村的乡村聚落空间分化更加明确，农田与居民点的肌理整齐清晰，自然生态环境良好，如图1-2所示。

图 1-2　农业主导型乡村典型肌理示例（2019 年冬）

农业主导型乡村的人文环境较为丰富，因外来文化对此类型乡村的冲击较小，其在地性文化的传承发展性强，主要包括农耕文化、乡贤文化、传统民俗文化等。农业主导型乡村在地文化不容易遭受冲击原因在于两点，一是农耕文化和乡贤文化与农业产业息息相关，文化与生活实践、社会管理形态紧密相连。二是“互联网+民风民俗”模式的发展，在城郊型乡村尤其是农业主导型乡村，在乡村及农户对农产品进行品牌推广时不可避免会有民风民俗文化的加入。

农业主导型乡村的生活保障位于另外三类乡村之上或三类之下，经济及公共服务设施分异明显。参考阿隆索地租理论观点，结合现阶段发展形势，近郊型农业主导型乡村经济发展模式的经济目标制定较高，实施方式方法及时间点明确，产业服务对象清晰，产业生产针对性和目标性强。居住人口多数为本村村民或邻近乡村村民，部分文化水平高的村民在临近城市中心就业通勤，也有少量城市创业者在此类乡村经营农产品种植体验及售卖相关产业，以互动化、批量化、精细高质量生产形式为主。福利性及营利性公共服务设施都十分齐全。远郊区农业主导型乡村则相反，其经济发展模式较为单一且目标制定较低，农产品服务对象的针对性较弱。居住人口大多为村中中老年人群及部分儿童群体，中青年人群多在邻近城市里打工。村中福利性公共设施齐全，但营利性公共服务设施因主体消费人群涌向城市而相对缺失。

微观视角下，农业主导型乡村的人居行为特征主要体现在居住场所除居住功能以外，常伴有具备养殖功能和自家菜地功能的小院或棚子；消费主要为农产种植及养殖相关材料及器械的租赁购买及日常生活用品的购买；交往主要以邻里之间、农户之间的交往为主。

农业主导型乡村的人居空间特征主要呈现出平房或小二层带院子并离自家农田较近的居住空间；生态环境较好，排水及固体废弃垃圾偶见处理不到位；因没有大工业和大型建设，乡村多保持原生态自然本底，景观风貌良好。

农业主导型乡村的空间主体为居住和农田，随着农业现代化的不断推进，公共服务设施用地也逐渐增加。

制度方面，农业主导型乡村远郊地域与近郊地域的可持续发展能力分异较大，远郊地域的乡村常因产业结构的单一而导致可持续能力较弱，近郊地域相反。远郊区与近郊区的农业主导型乡村因伴随深远的乡贤文化，管理实施能力较其他类型乡村更强。

2. 工业主导型乡村人居环境

宏观上，乡村聚落空间通常围绕工厂与乡村空间组织关系展开，一般分为厂村混杂型、厂村共生型、厂村分离型，如图 1-3 所示。厂村混杂型乡村因用地混杂和多年的小作坊排污不当，其内部空间呈现出不同程度上的自然生态环境脏乱差，如排水混乱淤积、固体废弃物或工厂废料随街可见等。厂村共生型因大量的土地流转改变了农业土地空间结构，进而工业用地不断吞噬和压缩农田及自然水体，部分生态环境遭受破坏。厂村分离型乡村生态环境良好，未因工业发展受较大影响。

工业主导型乡村中厂村混杂型、厂村共生型乡村的人口结构及来源复杂，人员流动性大，村中的在地性文化一般无法继承。极个别乡村因为工业产业的集聚性及单一性，而对周边地域而言具有特殊性，从而衍生新的在地性文化，这类文化因产业发展而生，是否能得到继承取决于产业在其辐射大区域的兴衰。厂村分离型相较于以上两种类型，能一定程度上的保持其原有在地性文化。

工业主导型乡村的产业经济主要由集体经济分红、土地流转收入、私房租金、个人劳务所得构成。相对应的其经济产业模式便有组建社区股份合作社，集资建设厂房、商业设施等集体物业出租获利分红和组建土地股份合作社，集中发包流转农地出租进行规模化经营。另外，随着大量务工人员的涌入，房屋租赁也成为村民一个主要收入来源。大多数本村人不再从事农业生产，而是在本村企业或者邻近城镇企业打工，少部分村民自己创办小作坊或外出经商。工业主导型乡村的另一条经济发展道路是在工业兴盛时期名噪一时，现在却逐年衰败的乡村转向发展工业景观游览体验产业，变为商旅主导型乡村。

工业主导型乡村在人口和就业方面相较于普通乡村的空心化问题，从人口结构上反而呈现出本村人口的“溢出”和外来人口的“流入”。从人口结构角度分

厂村混杂型

厂村共生型

厂村分离型

图 1-3　工业主导型乡村典型肌理图（2019 年冬）

资料来源：陕西省地理信息公共服务平台

析，大多数村中年轻人因村产业的更新动力较弱且结构单一，而多在邻近城镇就业并生活居住。村里的中老年人群迁居意愿较弱，多数仍在村中生活；外来人口受乡村临近城镇、交通便利、企业不断扩张吸引，进村务工并就近居住。

工业主导型乡村的公共服务设施重点多放在工业相关的服务设施建设上，村民的生活服务设施不完善。由于资金问题，市政公共服务设施尤其是排污设施常与工厂无互通。由于厂区常邻近交通干道，而主要的商业服务设施也集中在交通干道沿线，导致大多工业主导型乡村因厂区密集侵占土地而休闲游憩活动场所减少并且必要的服务设施也无提升配套。总体来说，此类城郊型乡村的福利性公共服务设施较为欠缺，但由于外来人口的消费需求，营利性公共服务设施较为齐全。

微观上，工业主导型乡村的人居行为特征呈现出多人“混租混住”的居住行为，通常面临人口流动性强、人员不稳定、居住需求不易满足，最终出现外来人口在村家庭的持续发展问题；消费需求及消费能力分异明显，从而引发不同的消费行为；因外来人口缺乏有效融入村集体的机制，村中交往行为多以厂内工友交往和村原住民老年人群之间邻里交往为主。

工业主导型乡村的居住空间多为村民的低层私宅或工厂企业给务工人员配套的多层职工住房。村中中老年人群占人口比重很大，均需文化空间及医疗空间，而外来务工的村中居住人口更需要商业空间，这种供需的错位和生活方式的不同，给村中居住条件的改善和服务设施合理配给造成了一定的难度。同时，随着城镇化的推动，村中居民对公共活动场地、环卫及景观游憩设施提出更高要求，但改造资金往往是这些需求的阻力，使大部分乡村有改造的想法，却无法着手改造。

制度上，工业主导型乡村大多走“产村融合”的道路，针对工业用地碎片化、土地效益低、基础设施配套缺失、污染物处理不达标等问题，开展土地综合整治，促进空间、社会、产业等多元整合互动及土地集约节约。同时，不断努力推动“产村一体化”发展，从功能一体化、交通一体化、设施一体化、规划一体化着手，促进居住与厂区在生产、生活、生态中的互补，为乡村的可持续发展提供保障。

3. 商旅服务型乡村人居环境

宏观上，乡村聚落空间呈现商住结合、商住交错、商住分离三种形式，如图 1-4 所示。此类乡村自然生态风光优美，在地文化浓厚，环境宜人。

商旅服务型乡村的经济产业模式主要有村民个体经营模式、村民集体入股参与模式、专业合作联营模式、旅游公司投资模式、村民-企业-合作社协作模式、政府主导企业经营或村民-企业-政府协作经营模式。此类乡村的村民在产业经济效益高时，多数留在村中。部分村民因对消费及公共服务的更高需求，选择将自家商铺出租并在临近城镇打工。村中福利性公服设施齐全，但无法满足村民增长的需求。营利性公服设施多数是为游客需求服务的配套公服设施。

微观上，商旅服务型乡村居住模式根据商旅功能区的组织形式决定，分为前商后院型和商住分离型，村民居住条件普遍较好。由于从事第三产业，具有“低成本，高收益，短平快”的收益特征，村民经济能力普遍较好，村中因商业主题的单一化及村民日常生活消费土地的受限，无法满足村民的生活消费需求，多数村民普遍在周边城镇消费娱乐。村民除亲缘外的交往关系多存在于邻近商铺之间及邻里之间。村中环境卫生和景观风貌也因旅游业的发展而被格外重视。

制度上，不同发展模式的乡村都制定了各自的可持续发展道路。以陕西省礼泉县烟霞镇袁家村为例，袁家村采用集体经济模式从农业、工业的探索一直到发展乡村旅游，通过全民参与和村民入股制下的全民监督和全民创新，实现

商住结合

商住交错

商住分离

图1-4　商旅服务型乡村典型肌理图
图片来源：陕西省地理信息公共服务平台

了袁家村从乡村民俗旅游到旅游、农业养殖业发展、农产品加工、饮食品牌打造推广的多方位产业结构扩充发展，提升了经济产业的可持续性。

4. 均衡发展型乡村人居环境

宏观上，乡村呈现出没有突出的村民聚居点，不同产业功能区按产品生产流程合理布置且地块分化明显。因工业不再占据主导地位，且产业发展方向逐渐向第三产业转移，自然生态环境较好。典型肌理如图1-5所示。

乡村的多元发展离不开在地性文化，产业的主题和内在精神均需在地本土文化的引领。均衡发展型乡村在发展产业时为突出品牌效应和村集体凝聚力，在地性文化更需大力弘扬和继承。

均衡发展型乡村的经济产业繁多，业态较为复杂。根据各产业的发展优势和产业特点，可将均衡发展型乡村分为田园生态体验、历史及民俗文化、商业休闲购物、工业体验旅游、景区生态颐养五种经济功能类型。各功能类型都在乡村原始产业衍生基础上，融合新兴产业多元发展，具体见表1-12。

图 1-5 均衡发展型乡村典型肌理图

图片来源：陕西省地理信息公共服务平台

表 1-12 均衡发展型乡村多产融合现状及案例

功能类型	主导产业	新添产业	典型案例
田园生态体验	露营娱乐 儿童农耕教育体验 家庭农场 微型动物园 体育运动场 餐饮住宿 度假及聚会场地出租	农产品电商平台 农产品副食加工 经济作物农艺品工厂 现代化农业科技实验基地 农耕体验基地	浙江省湖州市安吉县鲁家村、湖北省鄂州市长港镇峒山村
历史及民俗文化	文化教育 餐饮住宿 会展及活动承办 文创产业 度假休闲 医疗养生	文创产品工厂 文创电商平台 医疗养生研究所	河南省洛阳市孟津县卫坡村、广东省雷州市白沙镇邦塘村

续表

功能类型	主导产业	新添产业	典型案例
商业休闲购物	便民服务产业 儿童游乐体验馆 “微度假”购物	有机种植体验 小型果蔬自种植商品 绿色农产品线下展示与采购平台 产业周边商品购物综合体（部分工厂更新改造）	陕西省西安市长安区晨光村（周边为首创奥特莱斯）
工业体验旅游	餐饮野营 环境教育 儿童活动 工业产品制作展示 休闲度假	工业主题公园、工艺作坊 工业主题饮食作坊及旅店 疗养会所、工业博物馆 主题书坊、艺术家工作室	福建省福州市晋安区寿山乡岭头村
景区生态颐养类	休闲度假 文化活动承办 文创商店 餐饮住宿 健康养老 加油充电站 娱乐聚会场地出租	文创产业园 文化衍生及特产产品加工生产工厂 中医药研究企业 有机农场 家庭式农产品种植园	浙江省湖州市德清县莫干山武康镇五四村

这些产业业态下的产业模式通常以“旅游公司+合作社+农户”的形式组织经营。村内居住人口大多是本村村民，不仅中老年居住就业于村，村内丰富的产业就业需求也留住了村中年青一代。村内福利性公共服务设施和营利性公共服务设施均满足村民需求。

微观上，村中居住空间的功能除居住以外可能还存在部分商业和观赏的功能，居住条件舒适，环境风貌独特，体现了村中的历史、民俗、地域特色，卫生环境良好。消费方面，村内供应的商品满足日常消费，但节假日或特殊消费还需城镇提供。交往行为方面，村内以亲缘交往和邻里交往为主，同时存在多方面的与其他产业行业人交往的可能。

制度上，结合乡村振兴的战略规划内容，通过体制改革打通农村与农村、农村与城市、农村与国外的资源流动格局。同时，根据产业融合形式、规模及内容，安排各种资源，优化资金配置。通过完善农村基础设施和公共服务为农村产业融合提供硬件支持。

综上所述，城郊型乡村的产业及其特性不是一成不变的，发展到时代的不同阶段会变换为对应的角色，产业主导型乡村和均衡发展乡村交错更替，产业也在不断更替，人居环境的特征受其影响会出现包括人口结构，居住生活空间、政策等多方面的更新。

5. 城郊型乡村人居环境现况实例

本节针对 2018 年前后的城郊型乡村人居环境现状总结概述，并以陕西省西安市为例，按不同的经济发展水平及社会职能发展方向作为分类依据，选取样本。分别选取位于高陵区张卜街道南郭村（农业主导型乡村）及鄠邑区五竹村(工业主导型乡村)、西安市长安区上王村（商旅服务型乡村）及杨凌区毕公村(均衡发展型乡村）为案例，通过对城郊型乡村人居环境各构成要素的具体描述，更深入的体会城郊型乡村人居环境的发展现状。

（1）高陵区张卜街道南郭村

南郭村距张卜街道办事处 4. 8 千米，距离高陵区中心约 10. 7 千米，位于西安半小时都市圈内，乡村西邻渭河，自然环境优越。

根据城郊型乡村人居环境体系内容，其人居环境发展现况如表 1-13 所示。

表 1-13　基于人居环境体系的南郭村具体现状

层面	第一层级	第二层级	内容
宏观	格局肌理	乡村聚落空间（聚居模式）	乡村居住用地片状分布，居住用地被农用地包围。居住中心与农业产业发展中心分离。 标点区为源田梦工场田园综合体游客服务中心与农耕体验活动场地，红色线框为南郭村居住聚落空间范围  图片来源：陕西省地理信息公共服务平台
		自然生态环境	南郭村地处典型的关中平原地形，乡村紧邻渭河，生态环境良好
	人文环境	在地性文化	村中农耕文化及乡贤文化浓厚
	生活保障	经济产业模式	以“政府+村集体+企业+农民”的合作组织模式，向“原住民社区+共享农庄+源田旅游综合区”的经济产业目标发展

续表

层面	第一层级	第二层级	内容
宏观	生活保障	居住人口与就业通勤	村中包含南郭村、北郭村、吴村杨三个自然村，约有 860 户，3263 人。村中就业机会目前较为单一和匮乏，大量年轻劳动力外出务工
		福利性公服和基础设施	现有村委会、文化活动室、小学、公办幼儿园、村卫生所、污水处理厂、村级硬化道路、水塔供水设施、村变电站、移动信号站、公共厕所、垃圾收集点
		营利性公服设施	民办幼儿园、依托村民自建房的商业设施
微观	人居行为	居住空间行为	部分村民自住，部分出租，出租对象多为对田园生活向往的周边城市居民（基于“共享村落”的宅基地“三权分置”办法）
		消费空间行为	多为基础的日常生活需求消费，村中消费供给以日常生活基本产品为主的农户自营小商店为主
		交往空间行为	邻里交往为主
	人居空间	居住条件	由砖混平层与简易房构成的农家小院，简易房面积占比较少
		环境卫生	村容风貌统一，街道干净整洁
		景观风貌	村内道路普遍无路灯照明设施
	效用评价	空间效用评估	居住用地紧凑，土地利用率高。村中文体活动场所极少，信号站、公共厕所、垃圾收集点较少
制度	可持续发展政策	探索村庄内闲置宅基地和闲置农房的“三权分置”，在坚持宅基地所有权属于农村集体、资格权属于集体经济组织成员的基础上，适度放开宅基地的使用权，并通过多种途径，更好地利用宅基地，充分发挥闲置宅基地的财产价值，增加农民收入、加强村庄集体经济建设	
	人居环境建设及管理政策	西安市源田农业技术开发有限公司与张家村集体经济合作社、南郭村集体经济合作社三方共同成立源田梦工场田园综合体，旨在创建现代农业、文化旅游、田园社区为一体的田园综合体。其中营造了源田会客厅、乡村集市售卖厅、生态采摘园区、自然草坪教育区、儿童游乐区等满足不同年龄、不同互动需要的活动空间	

（2）鄠邑区五竹村

五竹村西距鄠邑区政府 4 千米，位于是鄠邑区的东大门，北距西安市中心城区 15 千米，位于西安市半小时都市圈内。五竹村交通便利，工业环境良好，东距京昆高速与西咸北环线 1.5 千米，南紧邻西安沣京工业园。

根据城郊型乡村人居环境体系内容，其人居环境发展现况如表 1-14 所示。

表 1-14　基于人居环境体系的五竹村具体现状

层面	第一层级	第二层级	内容
宏观	格局肌理	乡村聚落空间(聚居模式)	乡村呈现“厂村共生”的空间组织模式。 红色线框为五竹村乡村聚落空间范围  图片来源：陕西省地理信息公共服务平台
		自然生态环境	五竹村工业厂房较多，多为建工或电子设备制造企业，“散乱污”现象明显，自然生态环境较差
	人文环境	在地性文化	村中无明显的在地性文化
	生活保障	经济产业模式	以“集体经济分红、土地流转收入、私房租金、个人劳务所得”的经济收入模式构成，承担沣京工业园发展所需的部分工业土地和人力服务需求
		居住人口与就业通勤	约有 839 户，3396 人。村中就业机会较多，以建工、生物科技、化工为主，村中大量年轻劳动力外出务工，部分外来人口暂居村中务工
		福利性公服和基础设施	现有村委会、文化活动室、小学、幼儿园、村卫生所、污水处理厂、村级硬化道路、村变电站、信号站、公共厕所、垃圾收集点
		营利性公服设施	依托村民自建房的商业设施
微观	人居行为	居住空间行为	部分村民自住，部分出租给外来务工人员
		消费空间行为	以餐饮和超市为主，且分布于居住聚居区的主要道路两旁
		交往空间行为	工友交往、邻里交往

续表

层面	第一层级	第二层级	内容
微观	人居空间	居住条件	由砖混平层与简易房构成的农家小院，其中简易房面积与砖混房面积占比 1∶1
		环境卫生	村容风貌杂乱，街道因长时间货车碾压而变形，环境卫生较差
		景观风貌	无景观营造，环境较差
	效用评价	空间效用评估	工业用地经常侵占居住用地和农用地，村中文体活动场所、公共厕所、垃圾收集点较少
制度	可持续发展政策	尚无支持乡村可持续发展的相关政策	
	人居环境建设及管理政策	2018 年对村中无害化户厕提升改造，硬化道路更新。2019 年关于饮水安全的相关整治工作及黑臭水体治理工作	

（3）西安市长安区上王村

上王村西距长安区政府 19 千米，车程约 20 分钟，北距西安市中心城区 20 千米，属于西安市半小时都市圈内。上王村位于秦岭清华山脚下，北临关中环线，西临秦岭野生动物园、黄峪寺、翠微宫等著名旅游景点，临近长安大学城及西安南郊区域，客源丰富。

根据城郊型乡村人居环境体系内容，其人居环境发展现况如表 1-15 所示。

表 1-15　基于人居环境体系的上王村具体现状

层面	第一层级	第二层级	内容
宏观	格局肌理	乡村聚落空间（聚居模式）	乡村呈现“商住结合”的空间组织模式。 红色线框为上王村乡村聚落空间范围 图片来源：陕西省地理信息公共服务平台
		自然生态环境	位于秦岭清华山下，风景秀丽，自然生态环境良好

续表

层面	第一层级	第二层级	内容
宏观	人文环境	在地性文化	村中传统民俗文化浓厚
	生活保障	经济产业模式	以“政府+社区+农户”为主体的乡村旅游开发模式，产业包括农家乐、现代化果树种植。同时注入长安跨境电商人才孵化中心、阿里巴巴创新中心（西安长安）实训基地、长安区电商服务中心等电商及其人才培养平台
		居住人口与就业通勤	约有163户，总人口为596人。该村90%村民从事农家乐产业，外来劳动力约有100人
		福利性公服和基础设施	现有村委会、文化活动室、村卫生院、村级硬化道路及其排水系统、村变电站、信号站、高级公共厕所、垃圾收集点、生态停车场
		营利性公服设施	依托村民自建房的农家乐或超市等商业设施
微观	人居行为	居住空间行为	部分村民自住，部分出租给外来务工人员
		消费空间行为	村民在村里主要在生活超市消费，大型消费行为均在周围城镇。游客消费以餐饮、住宿、休闲娱乐为主
		交往空间行为	邻里交往、商客交往
	人居空间	居住条件	以砖混、木结构、钢结构为主要建筑形式的精致的特色农家小院
		环境卫生	村容风貌统一，环境卫生良好
		景观风貌	景观营造丰富多样，乡土文化氛围浓厚
	效用评价	空间效用评估	空间利用总体合理，村民消费空间较少，村中教育设施用地缺失，农用地较少
制度	可持续发展政策	2016年电商平台注入，激发乡村旅游新活力	
	人居环境建设及管理政策	2018年秦岭北麓违规建别墅开展专项整治工作，上王村部分土地复耕复绿并建设翠微宫园区	

（4）西安市杨凌区毕公村

毕公村位于杨凌城区西部，距五泉镇政府 5.8 千米，距扶风县政府 13.4 千米，距杨凌城区 15 千米，属西安半小时都市圈内。毕公村对外交通便捷，杨扶公路穿村而过。

根据城郊型乡村人居环境体系内容，其人居环境发展现况如表 1-16 所示。

表 1-16　基于人居环境体系的毕公村具体现状

层面	第一层级	第二层级	内容
宏观	格局肌理	乡村聚落空间（聚居模式）	乡村呈现“分散布局，各司其产”的空间组织模式 红色线框为毕公村乡村聚落空间范围。红色标点分别为马援祠遗址和现代农业园 图片来源：陕西省地理信息公共服务平台
		自然生态环境	自然生态环境良好
	人文环境	在地性文化	村中马氏文化和汉文化浓厚，现存马援祠遗址及“扶波古莊”老堡子遗址
	生活保障	经济产业模式	以“研、产、销一体”苗木种植和特色农业相关的现代化农业和休闲旅游业为主导产业
		居住人口与就业通勤	村内有 4 个村民小组，共有 520 户，2150 人，其中 406 名（19%）村民长期在外务工，已不在村内生活
		福利性公服和基础设施	现有村委会、文化活动室、卫生院、村级硬化道路、幼儿园、初小一贯制学校，幸福院、变电站、信号站、公共厕所、垃圾收集点、生态停车场
		营利性公服设施	商业街、小商店、五金店和农肥店、景区游客服务中心

续表

层面	第一层级	第二层级	内容
微观	人居行为	居住空间行为	部分村民自住，部分出租给外来务工人员
		消费空间行为	村内商业满足村民日常生活需求，大型消费行为均在周围城镇。游客消费以餐饮、住宿、农耕体验、景区游览、文创产品及农特产购买为主
		交往空间行为	邻里交往、商商交往、商客交往
	人居空间	居住条件	以砖木结构、砖混结构为主要建筑形式的精致农家小院
		环境卫生	街道硬化已基本全覆盖，街道路灯特色化明显且体系完善，给排污管道基本全覆盖，环卫设施较为健全。整体村庄建有垃圾收集站，村庄基本形成了完善的垃圾收集处理系统
		景观风貌	村容风貌统一，文化特征较鲜明
	效用评价	空间效用评估	空间利用总体合理。马氏文化和汉文化氛围浓厚。村内的公共活动空间“马援祠广场”，建设质量较为粗糙，空间尺度较大，透水砖铺地大面积碎裂，建设质量较差，利用率低
制度	可持续发展政策	毕公村约有70%的村民掌握核桃苗木先进培育技术，年苗木交易量巨大，由此产生的收益更达到了千万。乡村规划将独有的马援文化和特色农业产业结合，以农业发展为核心，扩大了苗木产业规模，完善产业链，并加速村庄旅游资源的挖掘，加快第三产业发展，以马氏文化和汉文化为机遇，大力发展了特色休闲旅游业。2013 ~ 2018 年毕公村村民纯年收入均高于全国平均水平，且远高于陕西省农村平均水平，在杨陵区范围内，也属于前列	
	人居环境建设及管理政策	毕公村各村组的“门前统建”情况良好，街道按照门前统建的形式建设的水泥砖花池，门前绿化空间、休息空间、花架、花池、地面装饰等特色化明显，营造出良好的绿化景观	

1.4 城郊型乡村人居环境整治的意义

1.4.1 理论意义

1. 为乡村人居环境理论研究提供新视角

长期以来，城市人居环境研究一直是国内外学术界关注的焦点，而乡村人居环境的研究近几年才引起学术界的重视，相较而言发展较为缓慢。联合国人居署作为世界上规模最大、成果最丰富的人居环境研究机构，其研究成果引领着全球人居环境研究的趋势。在《全球人类住区报告》与《世界城市状况报告》这两份研究报告中，从历年报告的主题中发现其主要关注城市人居环境问题，对乡村人居环境涉及较少（表 1-17）。同时分析 1986 年以来的各届世界人居环境日的主题，仅有 1 次关注乡村问题，其余大多关注城市和住房问题；另外分别于 1976 年、1996 年和 2016 年召开的三次人居会议中只有 1996 年的《伊斯坦布尔宣言》中明确提出了可持续的人居环境发展观，强调城市与乡村的发展紧密联系，应改善地区的人居环境。

表 1-17 《全球人类住区报告》《世界城市状况报告》部分年份主题

《全球人类住区报告》	
年份	主题
1996	城镇化的世界
2001	全球化世界中的城市
2003	贫民窟的挑战
2005	为城市低收入人群的住房筹措资金
2007	加强城市安全与保障
2009	规划可持续的城市
2011	城市与气候变化
2013	可持续的城市交通规划
《世界城市状况报告》	
年份	主题
2004 ~ 2005	探索了如何利用城市的潜力，以应对目前的挑战，并创造出有生机的、包容的城市环境
2006 ~ 2007	发现揭示了一个新的城市现实，即亟须制定有益贫民的和性别平等的城市政策和制度
2008 ~ 2009	随着城市规模与人口的增长，城市空间、社会和环境等方面与居民之间的和谐变得极为重要，而这种和谐取决于公平性与可持续性两大支柱
2010 ~ 2011	提出了“城市分化”的概念，其提供了一个理论框架，这个框架令理解当今的城市，尤其是发展中国家和地区城市的现实，成为可能
2012 ~ 2013	呼吁城市应该为所有民众强化公共领域，扩大公共物品供应，巩固“公地”权利，以此作为扩大繁荣的手段
2016	提出各国应为推动城市的繁荣发展和公平增长制定新的议程，推进可持续的城市发展

资料来源：根据《全球人类住区报告》《世界城市状况报告》整理

我国研究人居环境起步较早的是以吴良镛教授为首的一批学者，1993 年首次在国内提出要建立“人居环境科学”，并“初步将人居环境科学范围分为全球、区域、城市、社区（村镇）、建筑等五大层级”，试图建立“建筑、地景、城市规划三位一体”的人居环境科学体系，其主要是从建筑学、城市规划学、景观学的角度研究人居环境科学的系统构成、原则和方法论。国内相关研究主要集中在人居环境自然适宜性、城市与乡村人居环境综合评价、不同群体对人居环境的需求、人居环境演变影响因素及动力等方面，因此对人居环境评估指标体系及方法的研究较为成熟。

随着我国自上而下对乡村问题及发展的关注，以乡村为对象的相关研究重新成为研究热点。但是较多的研究把乡村作为同一的研究主体，对于不同区位、性质、发展阶段的乡村类型，较少进行更细的分类研究。然而，目前新型城乡关系与城乡一体化发展战略的背景下城郊型乡村的空间、经济和人口结构普遍由封闭转向开放、由单一变为多元，这种变化造成了城郊型乡村村民行为方式的多样化与不可预测性增强，冲击了乡村传统空间秩序，但受限于原有秩序的稳定性和较难改变的惰性，导致一些城郊型乡村人居环境问题严重且在某些方面不断再现和演化，譬如历史风貌和景观特色的丧失、污染源头的复杂化、基础设施和公共服务设施的配置问题等方面。城郊型乡村数量庞大，且面临的问题和变化较多，与城镇的关系密切，是城乡一体化发展的关键组成，也是新型城镇化发展的重要承接地，乡村振兴的示范样板，对其人居环境整治的研究难度大，问题多，研究任务迫切。

本书通过“城郊型”的视角，直面新型的城乡关系，总结城郊型乡村人居环境暴露的重点问题并逐个剖析，深入揭示其形成原因和发展机制，追溯中西方理想人居环境思想本源，并结合国家政策及百姓诉求，提出城郊型乡村人居环境整治理念与方法，为乡村人居环境的研究提供了一个新的研究视角，深化了乡村人居环境研究的内容。

2. 为城郊型乡村人居环境整治提供切实可行的系统化研究方法

中国的城镇化道路较为曲折，计划经济时期形成的城乡二元经济社会结构，致使城市与乡村两者间的经济、景观、文化、建设条件等的差距逐渐扩大。虽然之后国家有意扶持城郊型乡村以拉动乡村经济发展，整体改善乡村居民生活条件，却因时代局限性，较多追求经济发展，缺乏科学合理的规划、生态友好、以人为本的发展理念，造成乡村人居环境改善迟缓。譬如，“村村点火”式的乡镇企业发展、大城市工业转移等造成了城郊型乡村自然生态环境严重破坏，饮水安全、土地污染、垃圾处理等问题愈发严重，并且工业与居住生活功能间杂且无序发展，人口的迁移造成公共空间的衰败，基础设施与公共服务设施发展滞后，供给数量与质量均不能满足现状与未来的需求。与此同时，城市文化的冲击，也造成城郊型乡村聚落空间、消费空间、社会关系网络发生转变。

从2005年十六届五中全会提出新农村建设，到2008年浙江开展并推向全国范围的“美丽乡村”行动，再到2017年在党的十九大报告中提出的乡村振兴战略，为乡村地区人居环境整治提供了良好的发展背景与机遇。各级政府在发展政策与资金上的强力推进下，乡村地区的生态环境、基础设施建设、基本公共服务、乡村风貌等方面取得了显著的成就，但是在这一过程中也出现了种种问题需要得到重视。

在进行社会主义新农村建设中对城郊型乡村人居环境建设的认知与关注不足，单单片面的追求城郊型乡村经济上的增长、道路的硬化、建筑外貌上的改善等，而蕴含在乡村深处的优秀传统文化、建筑样式等却没有得到继承与推广。存在简单的拷贝“城市模式”或经济发达地区“美丽乡村”建设模式等情况，使得其本身不仅丧失了各地域乡村的自然原生的有机形态，还失去了对整个人居环境良好的支持。

本书基于实地调研、案例和资料的整合，自上而下整体统筹，深入剖析当前城郊乡村规划建设中出现的问题及其成因，探讨并明确了乡村人居环境整治的目标，梳理了不同阶段不同地区乡村人居环境整治规划编制现状，总结了乡村人居环境整治规划中存在的问题，在新的价值研判和规划理念指引下，系统化、层次化、模式化的提出城郊型乡村人居环境整治规划技术体系，对城郊型乡村人居环境整治做到闭环式的规划实施反馈流程，即评价—规划—实施—反馈—再修正。并对实施重点、方法模式等方面进行详细的技术指引。

1.4.2 现实意义

1. 有效缓解城乡差距，推动城郊型乡村与城镇融合发展

2003年国家开始农业税费改革，推进农业税的取消，标志着乡村在资源配置中的不利地位发生转变，党中央关注目标也发生了转向，“工业反哺农业、城市支持农村”的方针政策得到贯彻落实，将引来进一步的区域统筹深化发展。

2006年10月，中国共产党第十六届中央委员会第六次全体会议通过了《中共中央关于构建社会主义和谐社会若干重大问题的决定》，决定中指出要扎实推进社会主义新农村建设，促进城乡协调发展，这也表明乡村建设以及城乡协调已成为我国社会经济发展中不可或缺的一部分。

随后的10年中，国家相继颁布了建设指南、意见等一系列文件来推进乡村建设工作，系列文件中不乏对乡村人居环境整治工作的普适性规定。譬如，在

《美丽乡村建设指南》（GB/T 32000—2015）中，从村庄规划建设、生态环境、经济发展、公共服务、乡风文明、组织管理等方面对乡村人居环境发展做出了规定；在《农村人居环境整治三年行动方案》中对农村生活垃圾治理、厕所粪污治理、农村生活污水治理、村容村貌提升、村庄规划管理、建设管护机制完善等六项内容作了要求，具有成效好、见效快、操作简易等特征。乡村人居环境的改善也进一步促进了村民生活质量以及经济水平的提升，对于城乡协调发展具有重要推动作用，因此乡村人居环境的改善也是新时期乡村建设的重要抓手。但此时对如何把握处于不同地理位置乡村的特殊情况没有再进一步提出针对性的措施，对区域范围内统筹城乡发展，分类指引乡村人居环境整治技术没有再进一步提出具体的规划技术方法。

2019 年我国的城镇化率将突破 60%，从城镇化发展的诺瑟姆曲线看，我国的城镇化发展正处于快速发展的后期阶段，而长期“重工轻农、重城轻乡”也引发了粮食安全隐患、社会不公、环境污染等问题。因此《国家新型城镇化规划(2014—2020 年)》提出了新型城镇化战略，旨在通过城乡一体化，使乡村振兴、人居环境整治等向城乡平衡发展靠拢，进而促进经济社会平稳运行。城郊型乡村作为城市和乡村的连接点，是实现新型城镇化的前沿阵地及关键领域；对城郊型乡村人居环境规划与实践的研究，可以有效缓解城乡差距，对于推动乡村与城镇融合发展也具有较强的现实意义。

2. 探索城郊型乡村在快速城镇化进程中健康发展的规划路径

20 世纪后，随着城市建设速度的不断加快，城乡协调发展的要求使得乡村对于产业转型和基础设施升级的需求大幅提升，但由于“不平衡不充分发展”而并未得到满足。这也导致目前乡村建设初现疲态，如何突破发展的瓶颈寻找新的发展路径已经成为一个紧迫的议题。城郊型乡村作为城镇化过程中的活跃地带与承接地，其健康平稳发展对于统筹协调我国城乡建设具有切实的推动作用。

城郊乡村区别于其他乡村的独特属性即它的特殊区位，这使它不仅在生态环境、乡村风貌等方面极具乡村特色，而且在产业结构 及基础设施等方面也受到城市的辐射和影响，这种独特的属性对于城郊型乡村来说既是机遇也是挑战。过去我国城郊型乡村发展多依赖于传统农业、基础工业 ，但是随着城市化不断推进，仅以工农业为主的城郊型乡村在经济水平、居住环境等方面与城市的差距越来越大，城郊型乡村的发展在突破中遇到了瓶颈。而人居环境作为城郊乡村的经济社会发展水平及其乡土性的表征，更是整治城郊乡村的重要切入点。因此，系统地对城郊型乡村人居环境进行分析并给出解决问题的对策和建议，对于城郊乡村乃至周边城镇及乡村的健康协调发展至关重要。

本书立足于城郊型乡村人居环境品质的提升，在对城郊型乡村人居环境建设现状进行充分调研的基础上，总结归纳典型共性特征，有助于使人深刻了解城郊型乡村人居环境建设的理念和智慧，深入剖析城郊型乡村人居环境建设存在的关键问题及其产生的原因和背后形成的机理，有助于使人对当今大规模“仿城市”“仿洋”或一味仿古的乡村建设手法进行反思。在梳理古今中外理想人居经验、自上而下的国家政策导向与自下而上的乡村居民需求的基础上，提出城郊型乡村人居环境整治的目标。在研究城郊型乡村人居环境整治规划中主要矛盾和重难点问题的基础上，进行经验总结，对已有规划相关理论方法等方面进行分析，尝试提出解决策略和建立技术体系与保障机制等整治规划核心内容。从而形成以县市域层次城郊型乡村人居环境综合评价为基础，构建宏观层面的统筹规划和微观层面的实施规划相结合的城郊型乡村人居环境整治规划技术体系，有助于科学合理地评估不同城郊型乡村的发展情况，统筹城乡规划，并有助于不同层级规划的竖向传导，使上位规划的意图能够顺利落实。从城乡规划的视角对不同类型城郊型乡村所面临的问题进行分类归纳与系统研究，进一步将城郊型乡村进行分类整治，针对性地提出各自人居环境问题的重点及整治规划模式，最后将整治规划模式运用到实践中，为紧跟城镇化建设步伐的城郊型乡村发展提供有力的支持，并做出积极健康的引导。希望能够指引我国城郊型乡村人居环境规划建设的科学发展及有效落实，希望对当前我国正在全面推进的乡村人居环境整治工作提供些许参考。

第 2 章 城郊型乡村人居环境的问题及其成因分析

2.1 城郊型乡村人居环境存在的问题

2.1.1 产业与城市关联强，综合效益有待提升

1. 农业生产现代化水平不高

城郊型乡村是城市副食品的主要生产地，被喻为城市的“菜篮子”“果盘子”，是城市鲜活农产品的供应基地。城郊型乡村农业为城市消费者提供大量的蔬菜、肉蛋奶等农副产品。相比于一般乡村地域，城郊型乡村作为农业生产地，与城市消费地之间的关系更为密切，受到城市市场需求的影响更直接，农产品的种类更为丰富，农业发展的前景也较为广阔。

城郊型乡村农业发展虽具备上述众多优势和潜在发展条件，但目前大部分城郊型乡村仍存在产品品质不高、产出效益低等问题。现阶段的大部分城郊型乡村农业还停留在初始阶段，小农户土地分散，种植产品不一，在农业生产的社会服务中，很难提高农业生产效率，这一问题导致农业不能成为城郊型乡村居民的主要经济来源，制约了农民增加农业投资的积极性。

同时，现有的城郊型乡村农业大多数仍为粗放式经营。一是城郊农业生产要素粗放投入，整体效益不高。我国大多数城郊型乡村农业的劳动生产率、土地报酬率、资金报酬率、农产品加工增值率等，还都低于世界农业发展的平均水平，更远低于世界发达国家农业生产发展的水平，处于粗放式增长阶段；二是城郊型乡村农业的技术含量较低，机械化水平不高。除少数地区外，大多数地区还未完全改变采用人工为主的传统生产方式。农机具的研制滞后，其配套服务体系不健全，也影响了城郊农业机械化的发展；三是城郊型乡村农业的产品结构优化效益较低，还未实现向质量型转变。目前城郊农业农产品优质率低、名特优产品生产未形成一定的规模、农产品加工停留在浅层阶段，还未实现完全由数量型向质量型转变。

随着城市化水平的提高，城市人口不断增加，对农副产品的需求会随之上升。人们生活品质的提升，也会使农副产品需求更为多样，质量层次要求更高。但由于城郊型乡村土地有限，农业发展的空间受限，所以需要将先进的农业科学技术也逐渐引入城郊型乡村农业，改变传统农业的粗放式发展的模式，不断应对市场需求的变化、丰富产品的种类，通过提升农业现代化水平，提高劳动生产率、向精细化方向发展来满足市场的需求。例如通过建设特定的农业设施，可实现自动化调控光、热、空气成分、机械支持等植物生长的条件，使植物产量达到最高；城郊畜禽养殖业也可向自动化方向发展，以实现家畜个体管理，既能降低饲料成本，又可以减少医药开支，在很大程度上提高养殖业的效率和经济效益；为了确保人民群众的食品安全，应对农产品加工出口的技术壁垒，必须大力提倡无公害生产与天然绿色食品生产，采用国际化标准化生产技术，在不断改进产品内在品质的同时，注重商品外观品质的提升，生产出安全、卫生、符合标准的农产品与食品。

2. 工业生产的规模效益不高

城郊型乡村的工业发展与城市工业产业关联度高。城市高度发育的市场体系，丰富的技术资源，高素质的劳动力资源及发达的信息交换网络，为其周边的城郊型乡村发展工业生产提供了得天独厚的外部环境。城郊型乡村往往也借助于毗邻城市的区位优势，主动融入城市的工业产业体系。在工业生产领域，城郊型乡村的工业多为城市工业提供配套产品生产。

城郊型乡村位于城市向乡村过渡的中间地带，随着城市产业向以信息、通信等为代表的高新技术升级，城市进行产业结构调整和优化时，城郊型乡村就成为城市淘汰产业、衰退产业的承接地。如传统工业城市在职能上逐步从单一的工业城市向二、三产业协调发展为目标的综合性城市转化，城市中机械制造、纺织印染、食品加工等传统的工业生产逐步向外围的城郊型乡村扩散转移，一定程度上促进了城郊型乡村的工业发展。但夕阳产业在城郊的拥挤，降低了城郊型乡村产业的市场竞争力。

由于对自身长远发展战略的谋划不足，城郊型乡村在工业项目的选择上缺乏统筹规划，从而导致城郊型乡村工业的主导行业、主导产品不突出，工业产业结构和产品结构单一，难以形成带动性强、关联效应大的产业链。企业之间的专业化协作程度不高，相互依存度低，缺乏规模效益。

城郊型乡村的工业多为劳动力密集型，企业的融资能力、技术水平和人才条件相对于城市而言，属于发展要素相对匮乏的地域，这种发展要素特征使得资金密集型、技术密集型的工业发展受到制约，造成产业升级困难。

城郊型乡村的工业在布局上，由于发展之初缺乏规划，布局分散，工业企业之间缺少生产协作，原料、能源、检测、信息、技术等供应及服务缺乏集约效应，限制了城郊型乡村工业外部经济效益的发挥。

3. 旅游开发特色潜力挖掘不足

城郊型乡村旅游开发都至少把一个大中城市作为它的一级客源市场，围绕城市客源的消费需求，结合自身自然、文化条件开发旅游产品。近年来，城郊型乡村旅游的迅速发展，得益于其在保留了乡村风貌特色和田园风光的基础上又吸收了现代都市文明的娱乐方式，加上消费不高、离城市较近，交通便利，能够满足忙碌的都市人回归自然的休闲放松需求。

从城郊型乡村的旅游业发展类型来看，可分为市场型、资源型、混合型等不同类型。其中，市场型城市的城郊型乡村，凭借其紧邻大中城市的区位优势，可直接满足城市客源对于周末度假、民俗佳节庆典活动等方面的需求，因此拥有稳定且庞大的客源市场；资源型城郊型乡村旅游数量较多，不同地域均有其不同的资源特色，因此城郊型乡村借助于独特的资源优势，打造特色观光游览体验区；混合型城郊型乡村旅游表现为以上两种类型的结合，这类城市数量最多，以经济发达的大中城市为主。这里居民的收入水平，闲暇时间，出行意愿以及休闲意识决定了他们是城郊型乡村旅游的主体消费群。

合理的特色旅游项目往往是城郊地区乡村旅游健康发展的基础和关键，受欢迎的旅游产品能给经营者带来广阔的客源消费市场和较大的社会、经济效益。就目前城郊型乡村旅游的整体发展情况来看，普遍存在旅游资源开发的形式趋同、品味不高、特色不明显等问题，“吃农家饭、赏农家景、干农家活、住农家房”成为城郊型乡村旅游的固定模式，旅游产品与乡村文化、地域性和民族特色等结合不紧密，缺乏体验性、趣味性、参与度，从而难以对客源市场形成持续的吸引力。加之经营管理不善和服务质量水平不高等诸多方面的原因，使得城郊型乡村旅游的健康可持续性发展难以得到有效的维持。

以西安市的城郊型乡村旅游为例，大多数农家乐均具有不同的主题特色，旅游产品开发设计虽根据不同的特色有所侧重（表 2-1），但其共性问题是项目主要集中在饮食、住宿、农产品采摘等方面，缺乏真正的乡村风情的农业劳动体验，自然景观观赏也比较单调，易受季节变换、天气条件等客观因素的影响。同时，许多城郊型乡村旅游中新元素、新产品和新业态的引入不足，以生活、生态、文化体验为一体旅游模式尚未形成，因此造成城郊型乡村旅游产业的链条短、各方面融合度低。

表 2-1　西安市城郊部分农家乐分类及项目

主题特色	民俗艺术型农家乐	种植型农家乐	养殖型农家乐	文化休闲型农家乐	景点依托型农家乐
代表村落及其特色	临潼区秦俑民俗村	虎锋村杂果林观光园	草滩生态产业园（最大的鸵鸟生产基地）	白鹿原生态休闲农业	温泉洗浴为特色的汤峪乡村游、山野味为特色的翠华山
项目	观光、民俗体验（戏曲表演、文化馆）、手工艺品及陶俑的销售、特色民宿及美食	猕猴桃采摘、民俗体验（庙会、篝火晚会）、特色民居及美食	休闲度假、垂钓、采摘、参观了解鸵鸟的养殖及其他知识	垂钓、水果采摘、生态农业观光、特色民宿及美食	泡温泉、水果采摘、观光、特色民宿及美食
村庄实景					

2.1.2　公服设施供给不均衡，基础设施尚存短板

乡村振兴战略自党的十九大报告首次提出以来备受重视，2018 年中央 1 号文件围绕实施乡村振兴战略做出全面部署，提出“要坚持农业农村优先发展，按照产业兴旺、生态宜居、乡风文明、治理有效、生活富裕的总要求，建立健全城乡融合发展体制机制和政策体系，加快推进农业农村现代化”。加快建设和完善农村公共服务体系，为农民提供基本而有保障的公共服务，是实现乡村振兴战略的重要任务和基础环节。

《中共中央国务院关于实施乡村振兴战略的意见》中指出：“坚持农业农村优先发展。在公共财政投入上优先保障，在公共服务上优先安排，在要素配置上优先满足，在干部配备上优先考虑，加快补齐农业农村短板。”在这样强大动力的推动下，农村公共服务体系建设必然会兴起一个新高潮，迎来一个大发展、大进步的时期。而随着乡村公共服务设施与基础设施的完善、服务水平的提高、服务质量的改善、城乡基本公共服务均等化目标的总体实现，也必将极大助力乡村振兴战略的实施，促进农村现代化建设的进程。

目前，在城郊型乡村的发展过程中，低水平的公共服务设施及基础设施仍是制约发展的关键问题：一方面，城郊型乡村的公共服务供给与人们的需求还有差距，导致城郊型乡村居民流入城市以获得更优质的教育、医疗等公共服务，城郊型乡村则逐渐演化成无人居住的“空壳”村落或以老年人和外来务工人员为主

的低收入人群聚集区，使得城郊型乡村的自我发展动力不足；另一方面，它降低了城郊村落的整体居住环境质量，限制了城郊型乡村对资本、人才、游客等转型发展要素吸引力的提升，不利于其可持续健康发展。

1. 设施配置完善度待提高

城郊型乡村发展所需要的基础设施建设包括生产性基础设施、生活性基础设施和生态环境建设。生产性基础设施主要包括现代化农业基地及农田水利设施；生活性基础设施主要指道路、给水、排水、电力、燃气等基础设施；生态环境建设主要指天然林资源保护、防护林体系、种苗工程建设，自然保护区生态保护和建设、湿地保护和建设、退耕还林等农民吃饭、烧柴、增收等当前生计和长远发展问题。

随着城市化进程的不断加快，近郊的城郊型乡村已经逐步纳入城市基础设施建设的统筹规划与建设之中，基础设施正在逐步地完善并与城市看齐。但对于一些城市边缘区的城郊型乡村来说，由于政府资金投入有限，只能实施居民必备的生活、生产性基础设施建设，生态性基础设施建设相对滞后或缺失。这其中乡村污水收纳与处理设施的建设滞后问题尤为典型，大多数城郊型乡村还未实现雨污分流，甚至还有一些乡村仍采用明渠收纳生活污水，渠内污水变臭，严重影响村庄环境卫生。相比于污水收纳设施，更为匮乏的则是乡村污水处理设施，由于距离城镇较远或因地形原因，城郊型乡村的生活污水无法统一收集到城镇污水处理厂进行集中处理。未经处理或处理不达标的污水排放，将会造成严重的水环境污染。近年来，城郊型乡村因地制宜开展污水处理设施建设，制定污水分类治理措施和污水处理设施建设，采用模块化生活污水处理设备、人工湿地处理等开展分散式污水处理，一定程度上提升了城郊型乡村的污水达标排放率。另外，垃圾处理及公共厕所等设施和场所的清洁化整治仍然存在较大缺口。根据《乡村公共服务设施规划标准》（CECS 354：2013），村公共服务设施可按其使用性质分为管理设施、教育设施、文体科技设施、医疗保健设施、商业设施和社会福利设施等 6 类。村公共服务设施应根据村总体规划，通盘考虑村域范围的服务半径，规划宜尽可能集中。同时村公共服务设施规划应遵循下列原则：依据村规划统筹安排、合理布局，适当预留发展用地；依据实际需求配置，应与村经济社会发展水平相适应；中心村的公共服务设施应按其服务人口进行配置，并考虑所辐射区域的服务人口；应考虑与相邻村、城镇公共服务设施共享；村公共服务设施规划应靠近中心、方便服务，结合自然环境、突出乡土特色，满足防灾要求、有利人员疏散；村公共服务设施用地占建设用地比例应规定（表 2-2）。

表 2-2　村公共服务设施用地占建设用地比例

人口规模等级（人）	特大型（>3000）	大型（1001～3000）	中型（601～1000）	小型（≤600）
公共服务设施用地占建设用地比例（%）	8～12	6～10	6～8	5～6

公共服务设施的配建受村庄的经济发展现状以及居民的生产生活方式、文化传统及区域设施共建共享等因素影响。随着城市对城郊型乡村影响的日益加剧，人们对公共服务设施的需求逐步提升，原有的公共服务设施难以满足现在居民的需求。根据对西安部分城郊型村庄公共服务设施调查的类别来看，各类设施配置都基本齐全（表 2-3）。从调查结果可以看出，目前城郊型乡村的公共服务设施主要为村委会、商店、医务室等，这些基本满足村民对基础的公共服务设施的需求。

表 2-3　调研村庄公共设施统计表

公共服务设施分类	拥有该设施的村庄占调查村庄数量的比例（%）	主要设施类型	使用率（%）
管理设施	100	村委会	100
教育设施	80	幼儿园、小学	100
医疗保健	100	医务室	100
商业设施	100	小商店	100
文体科技	100	图书馆、文化站、健身房	30
社会福利	100	幸福苑、敬老院	50

但在调研的城郊型乡村中，发现现状公共服务设施用地面积普遍紧张，一些公益服务设施，如教育设施、图书馆、文化站等，虽然大多数城郊村庄都已配置，但是用地所占比例大多都低于《乡村公共服务设施规划标准》（CECS 354：2013）的要求。

城郊型乡村的公共设施由于设备配备完善程度不高，造成这些公共服务设施功能发挥受限，设施的使用率不高等问题。以医疗设施为例，在调研访谈中了解到一些城郊型乡村的村民在就医地点选址时，对于村卫生室的选择率明显低于乡镇医院或市（区）属医院。外出就医的现象较多的原因主要是村级卫生室的设施硬件条件落后、医务人员技术水平不高等原因。

2. 设施建设缺乏统筹协调

城郊型乡村基础设施建设缺乏各系统之间的组织协调，基础设施缺乏与乡村整体风貌的统一和协调，造成对乡村整体风貌的破坏。基础设施建设缺乏统筹协调最典型的就是电力、电信、广播电视线路多采用架空线路敷设，不同建设主体在不同的时间段内独立建设架空线路，线路相互跨越交织，缺乏空间整合，在狭窄的街巷空间尺度下造成更为混乱的界面，不仅影响街巷整体环境，还存在一定的安全隐患。除此之外，一些城郊型乡村在新建公共厕所、垃圾收集设施等时，往往只关注其使用功能，而忽略了设施与周边环境的协调性。

3. 设施管理维护状况不佳

我国乡村基础建设普遍存在着重建设、轻维护的问题，城郊型乡村由于靠近城市，其基础设施建设相对于其他普通乡村起步较早，但随着时间的推移，目前部分村出现基础设施因年久失修而无法正常使用。许多地方的涝池、水库存在着安全隐患，农田水利设施陈旧，由于无人维修管理，无法正常发挥功能。轻维护一定程度上缩短了现有基础设施的使用寿命，而当基础设施无法发挥其效用，就只能被迫重建基础设施，进而造成了资源投入的浪费。多数乡村地区在建设基础设施上付出了大量的人力、物力、财力，却疏于对基础设施的保养与维护，在基础设施的维护方面投入较少。

城郊型乡村主要道路大多都质量较好，少部分道路存在破损问题，有些地区的道路无人养护，路面损坏后任其自由发展，在一定程度上阻碍了当地的交通，不利于当地乡村经济的发展。除主干路外，村民宅前道路或居民点内部道路的部分道路仍为土路，雨天时道路泥泞，村民通行不方便，道路硬化率有待进一步提升。部分城郊型乡村地区供水管道建设年代久远，管网渗漏、腐蚀现象严重。绝大多数未进行整治的城郊型乡村，缺乏对驳岸的修复和维护，甚至存在垮塌风险。同时城郊型乡村消防设施一般都较为简陋，发生火灾时，只能依靠村民互助自救。

2.1.3 环境污染问题突出，生态环境亟待保护

1. 生态环境问题面临多重挑战

城郊型乡村是调节城市生态、气候，保障城市生态持续健康发展必不可少的屏障，但随着城郊工业开发力度加大，城郊型乡村受到工业的外源污染，造成生态系统不稳定、自然资源破坏、环境污染日益加剧等问题。城郊型乡村的环境污染问题成因复杂，既有农业生产与农村生活中生活污水、生活垃圾、畜禽粪便、农药、化肥等对环境造成的面源污染，也有城市中传统工业向城郊型乡村转移后带来的点源污染，还包括城市污水、垃圾、烟尘等污染物向郊区扩散产生的转移污染。

随着城市化进程的加快，城市用地出现短缺，城市空间不断向城郊型乡村拓

展以满足发展需要，因此城郊农业发展的土地资源、水资源、生态资源相对减少，农业生产的总量扩大受到制约。城郊型乡村农业区人多地少的矛盾比一般农区更突出，而交通、资金和机械化等方面又有相对便利的条件，为了提高固定数量用地的农产品产量，更是大规模地使用化肥、农药、农用薄膜和各种化学物质。通过这种方式的轮番种植，不仅会使土壤肥力下降，加速土壤硬化，农药和化肥残留物还会污染地下水和土壤，进而严重威胁食品安全和国民健康。

城市工业转型升级时，一些生产层次较低、能耗较高的企业在城市生产空间内不断地被挤压，为了降低成本，这些工业、企业将工厂迁往乡村地区。而城郊型乡村比其他类型的乡村地区具备更好的位置优势，所以大多数工厂选择入驻此类村庄。城郊型乡村为谋求经济发展，广泛的招商引资，但大多数乡村招商引资时准入条件低，忽视生态环境门槛，只要能有生产经营投资就允许经营。城郊型乡村企业在一定程度上带动了当地经济的发展，但这些企业大多规模小、设备简单、技术落后、经营粗放、工艺简单、资金短缺、污染物处理率低，未经处理的生产废弃物直接排放，使城郊型乡村成为污染企业的“避难所”。此外，这些企业缺乏统一的规划，布局分散且有较强的自主性，在发展目标中只强调短期的经济效益，容易造成广泛的生态破坏、产生各种污染物。加之乡村自身产生的生产、生活垃圾污染，导致城郊型乡村的生态环境也面临着严峻的考验，生态环境治理任务任重道远。

由于城郊型乡村受城市影响较大，很大程度上会出现城市环境污染转移的现象，一些城市的污染源向距离城市较近的城郊地区转移。这导致城郊型乡村的农业污染不再是一般的点源污染，也不再是一般的面源污染，而是更为复杂、微妙的立体污染。以有害气体、有毒烟尘和雾霾污染为主的大气污染，不断危害农业生产活动，影响农业资源的有效利用。与此同时，城市化的快速发展和人民生活水平的大幅度提高，为城郊型乡村产业的发展提供了广阔的空间，虽然其经济发展迅速，但对城郊型乡村地区的环保投入远远不及城市地区，生态环保的意识还不强，这也给当地生态环境带来了严峻的挑战。

2. 污染治理设施建设相对滞后

近年来，城郊型乡村人民生活水平明显得到改善和提升，生活方式变得丰富和多样化，农民不再仅仅是追求简单的“温饱”，其消费也逐年增加，由此产生的生活垃圾也越来越多，而垃圾处理设施和管理体系的缺乏导致乡村生活环境逐渐恶化。据统计，2012 年我国乡村垃圾产生量为 46.26 亿 t，2017 年达到 50.9 亿 t，人均垃圾产出量明显增加（图 2-1）。城郊型乡村作为与城市临近的区域，以改善人居环境为目标，提高居民的生活质量、幸福感和满意度，深入开展乡村生活垃圾治理工作，垃圾收集和处理体系逐步完善。

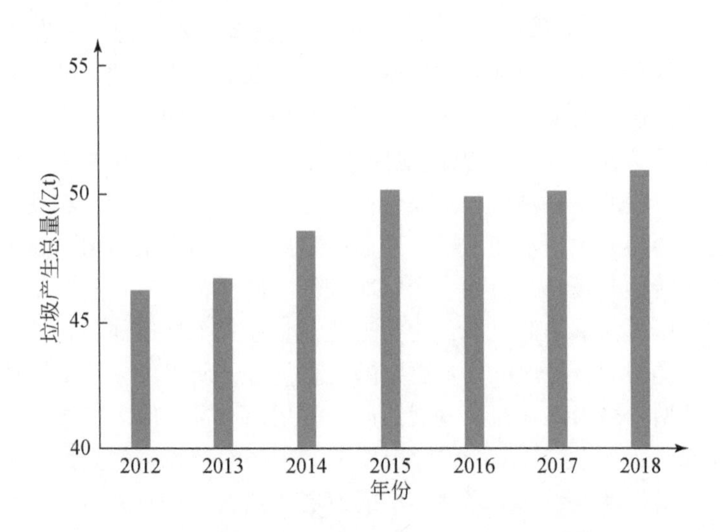

图 2-1　2012 ~ 2018 年我国乡村垃圾产生总量

为解决水污染问题，我国不断新建污水处理厂，污水的处理率也随着技术的改良在不断地提高，但这些污水处理厂主要集中在城市，大部分乡村的污水依然得不到处理。当前，乡村污水处理受到了高度的重视，也逐渐已取得了显著的成效。城郊型乡村由于临近城市，所以部分城郊村庄的污水可以通过管网进入城市污水处理系统进行集中处理，但由于污水厂处理能力有限，还有部分污水是经过化粪池的简单处理后排入河道，从而对水环境造成一定污染。另外一些城郊型乡村并未配套污水管网设施，废水随意地排放到附近的沟渠内，流入河道，从而污染水源，威胁下游人民的生命健康。就目前的城郊型乡村现状和建设程度而言，其垃圾转运站和垃圾处理设施正在逐步完善，但其污水处理设施及能力还有待进一步的提升。

2.1.4　生产生活方式改变，特色文化面临冲击

乡村是传统文明的起源，是传统道德的发祥地，是传统智慧的继承者，是最能体现文化特色的地方。然而，在城市化的进程中，城郊型乡村首先面临着城市文化的冲击，其本身的特色文化正在面临着冲击。

1. 传统的生产生活方式发生改变

城郊型乡村传统的生产空间主要为农业生产空间，这也是其有别于城市区域的重要空间特征。传统生产空间主要是指村中的农田，村民们过着自给自足的生活，大多数的时间是被束缚在土地上，从事种植粮食作物的农业生产活动。由于这个阶段的生产方式较为原始，在耕作时还需要依赖畜力，因此乡村院落里的生

产空间还包括饲养牲畜的简易牛棚、安放农具的露天空间、屋顶和院落进行粮食作物去壳晾晒的空间等。随着经济的发展，乡村农业用地逐步集中化，院落中的生产空间逐渐消失（图 2-2）。而由于城郊型乡村特殊的地理优势，其劳动生活方式也已经从单一的类型发展到多元化，乡村经济的改革改变了城郊型乡村的生产方式。

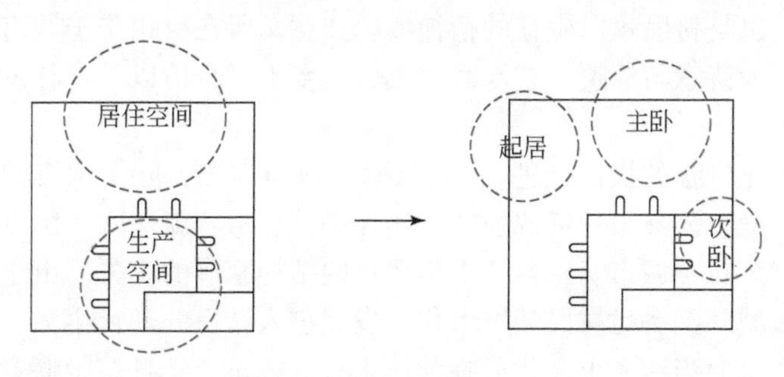

图 2-2　城郊型乡村院落空间变化

根据对西安部分城郊型乡村居民职业构成的调研情况来看，一些农民离开土地，转向加工业、商贸、服务业等行业，形成了城郊型乡村的多种经济结构。由于发展了多种经济形式和管理形式，城郊型乡村居民的生活方式发生了显著的变化，原本的生产生活方式被大部分的村民所否定，生产生活方式变得复杂化。随着城市文化的冲击和影响，城郊型乡村居民内心缺乏对乡村文化的认同感，认为乡村文化落后，对乡村文化缺少自信，使得传统文化有逐渐在弱化甚至消逝的可能。

城郊型乡村劳动生产方式的改变不仅增加了物质财富，而且促进了其他生活方式的改变。从以前封闭稳定的交往生活方式转变为现在开放多变的生活方式，这是随着经济关系和其他社会关系的发展而变化的。长期以来，由于自然经济的生产方式和落后的社会生产力，人与人之间的交往容易受到地域、血缘和土地条件的制约。在乡村，人际交往以直接接触为主，交往面狭窄，贫乏且单调，几乎完全陷于生产生活的劳动和繁忙之中。随着商品经济的快速发展，广大农民拓展了视野、开阔了眼界，开始面向全社会。而城郊型乡村地处城市与乡村的结合点，受城市社会化和工业化的影响较大，因此处于城郊型乡村的居民交往生活方式有了明显的改变，沟通范围扩大，交流内容丰富。在城市化进程中，乡村文化被城市的流行文化和时尚文化所覆盖，在城郊型乡村发展的过程中，传统的乡土风俗、生活习惯和节日逐渐被村民遗忘。在这种情况下，城郊型乡村的生产生活方式逐渐接近城市居民。

2. 特色文化受到冲击后逐渐弱化

乡村文化是乡村原住民在长期的农业生产与生活实践中逐步形成的，包括道德情感、社会心理、风俗习惯、是非标准、行为方式、理想追求等，表现为民俗民风、物质追求与行动章法等。乡村文化以言传身教、潜移默化的方式影响人们，反映了村民的处事原则、人生理想及对社会的认知模式等，是村民生活的重要组成部分，也是村民赖以生存的精神依托和意义所在。相比于城市的复杂与理性，乡村则更为诗意与温暖，它承载着乡音、乡土、乡情以及古朴的生活、恒久的价值和传统。

随着城市化进程的快速推进，“城市病”日益突出，除了水资源紧缺、交通拥堵、大气污染、公共服务资源短缺、居住条件恶劣、就业融入困难等这些显而易见的城市病症状，城市病还包括更为严重的精神家园的丧失。由于地理位置邻近城市，大量城郊型乡村村民随城市化的发展进入城市的现代生活，不仅造成诸多的不适应，也使当地乡土文化面临前所未有的危机。昔日悠闲惬意的田园生活被紧张、快节奏的城市氛围所替代，进城期望与生存状况的冲突、乡村记忆与城市体验的冲突造成身份认同的迷茫与困惑，城郊型乡村文化自主发展的基础随之丧失。而城郊型乡村与城市的距离越来越近，其城乡差距也正在逐渐缩小，乡村特色文化在发展的过程中也逐渐被城市文化所吸收。近年来，随着我国经济的快速发展，城郊型乡村的经济建设取得了很大的进展，村民在物质生活得到满足的同时，文化生活的需求也正在逐步提高，在生活区域越来越近的基础之上，村民的文化需求也逐渐与城市居民相统一，导致乡村传统特色文化在发展过程中逐渐弱化消逝，甚至最终演化为被遗忘。

在市场经济条件下，城市化的加速发展带来较大的贫富差距，村民不再崇尚传统的乡村价值观。由于城市化的推进，位于城郊的乡村逐渐与城市产生各种利益冲突，各种利益所引起的一系列社会矛盾在城郊型乡村地区变得更为复杂、敏感和尖锐。

随着城市化进程的发展，越来越多的人口流向城市，而城郊型乡村也涌入了大量的外来人口。在这一过程中，文化意识尚未觉醒的城郊型乡村居民对于自身所属的乡村文化体系认识还不够完善，并且缺乏保护和发展的意识，因而很容易被外来人口所影响。从长远角度来看，这对本土城郊型乡村文化建设造成了不利影响。

2.1.5 乡村建设缺乏协调，风貌特色遗失趋同

1. 传统空间格局机理受损

城郊型乡村与城市之间的要素流动更加频繁和通畅，城乡之间的联系越来越

紧密，形成了一个开放的、多层次的城乡网络。农民已经从相对封闭的空间走向开放，其社会交流的范围扩大了，事业的选择也有了更多的可能。这些变化反映在乡村聚落的格局中，就是村落的空间形态从封闭内向型发展成为外向开放型。城郊型乡村与城市和小城镇高度联系，乡村空间不断开放。

城郊地区部分村落的总体形态与城中村十分相似，建筑高度集中，工业散布于村庄内部。乡村内的空间主要是由建筑物的相互组合进行分隔，村庄内其他的要素（包括水体、绿化、广场）都分布的较少。村庄已经成为一个纯粹的建筑组合体，受人口城市化和土地资源紧张的影响，城郊型乡村大多都体现出“填充”和“扩散”的变化。部分村庄的整体形式较为完整，但建筑布局仍较为密集。从村庄建筑的总体布局来看，主要呈现出中心散乱、外围规则的形式，村庄整体有从中心向外围发展的趋势。

由此可见，城郊型乡村空间形态存在的问题主要有：建筑过于密集、缺乏其他景观要素，景观丰富度低。城郊型乡村是物流、人流和信息流相对集中的地域，村庄内部各类建筑数量众多，建筑之间狭窄拥挤，这也是导致村庄活动空间减少的一个因素。城郊居民的生活来源并不局限于农业生产，那么其建筑选址的方式就会与传统的方式不一致，会考虑第二、第三产业建设的可能性，选择更靠近主干道和经济中心的位置建房，在后期更易获利。这一变化打破了传统村庄的自然格局，形成集中式发展的新局面。且新建住房的建筑风格参照城市建设，与传统乡村建筑风格不相协调，没有考虑整体建筑之间的关系，破坏了村庄的整体风貌和格局。

2. 乡村建设风貌特色遗失

国家领导层多次强调，“农村绝不能成为荒芜的农村、留守的农村、记忆中的故园”，“新农村建设一定要走符合农村实际的路子，遵循乡村自身发展规律，充分体现农村特点，注意乡土味道，保留乡村风貌，留得住青山绿水，记得住乡愁”。乡村风貌要能够体现和反映乡村地域特质中的物质要素和人文要素，是形成村庄传统生活特色和文化环境特征的重要载体。风貌中的“风”对应着乡村文化体系，是对传统民俗、风土人情、地方戏剧、神话传说、饮食特色等文化方面的概括；“貌”是“风”的物质载体，对应着乡村物质环境中相关元素的总和，包括乡村的田野风光、村庄布局和聚居环境等方面的形象特征，是乡村风貌的外在构成。伴随着乡村的形成、发展和建设以及在自然环境、经济生活、风俗传统、文化观念等要素的综合作用下，乡村风貌也在不断演变。它具有历史性和动态性，反映了不同地区的自然景观、人居环境以及不同时期的乡村生活和聚落文化。在当前以“城乡一体、资源统筹”为核心的大规模村庄环境整治和城乡发展一体化进程中，乡村聚落再一次面临“资源整合、撤村并镇”“深度城镇化”的现代文明冲击，这将对乡村风貌与民俗文化发展产生重大影响。乡村风貌能否得到有效保护，民族文化能否可持续传承，既是改善农村人居环境的重要内容，也是促进乡村经济振兴的紧迫任务。

在乡村建设管理中，由于缺乏专业的规划管理和决策，使得大多数乡村建设只注重眼前的利益，为获得良好的短期效果而跟风建设的现象较为严重。在一些城郊型乡村改建或扩建的过程中，决策部门和规划者很少从保护历史和文化传承的角度出发，快餐式的作品越来越多，大多数都被替换为千篇一律的城市景观。然而，一些具有独特的当地特色和生态价值的传统景观反而遭到忽视。从而导致了城郊型乡村乡土文化景观的缺失，出现了“千村一面”的局面。

不同地区的乡村建筑应都具有一定的地方特色，风格各异，给人以不同的感受。乡土建筑强调就地取材，建筑风格独特多样化，更加注重与周围环境的呼应与和谐，具有浓厚的乡土色彩。城郊型乡村位于乡村与城市的交汇地带，受城乡一体化的影响，许多乡村地区的生活方式和建筑模式都与城市接近，大量新建住房如雨后春笋般涌现。由于城市化进程的加快，城市建筑文化对城市郊区的影响远远大于乡村对其的影响，文化示范效应较强。青砖房、木房、竹房等乡村风格逐渐被钢筋混凝土的西式小建筑所取代。因此，城郊型乡村建筑景观逐渐弱化或消失。建筑特征越来越接近城市的建筑类型，其独特性和本土性的特征正在逐渐丢失。

城郊型乡村趋同化的具体表现为整体建筑风格造型各异，丧失特色。由于建设粗放且缺乏科学的指导，导致许多乡村建筑格调降低，显得丑陋甚至庸俗，表现出结构怪异、特征丧失等问题。由于习惯、经济等因素，大部分村民都是自己设计和模仿城市的建筑，大多是根据工匠的实践和村民自身的想法进行建设和发挥，许多新盖的房屋失去原有的乡村风貌和地方特色。还有一些建筑土洋结合、不伦不类，导致了传统建筑符号和形式逐渐丧失，破坏了当地建筑的历史文化传承。另外，由于缺乏有机更新，村里老旧房屋普遍都是脏乱、破旧、阴暗潮湿的环境，这导致村民们对传统建筑的概念产生了误解，加之传统建筑在功能、成本、卫生、形式等多方面的诸多问题，导致村民在观念上存在着对传统建筑的排斥心理。因此，村民们更愿意接受明亮、宽敞、卫生、坚固的新型建筑。前期建设的一些村民对后期建设的村民形成一定的带动作用，那些毫无特色的建筑类型作为样板建筑进行建设指导，这导致村庄整体的建筑风貌缺乏特色，表现多为简单的现代元素的移植和堆积。

3. 街巷空间形态遭受破坏

街巷空间是由街巷两旁建筑及地面等物质要素组合成街巷的基本空间框架，结合人的活动而形成的具有综合功能的空间。除了要承载交通功能，还承载着类型多样的公共活动。传统街巷空间的界面具有连续性和曲折性两大特点。连续界面是使街巷具有可识别性和其自身意义的重要因素。由高低错落的连续建筑构成的界面，使空间得到了完整的界定。一般来说，街巷不是一条直线，而是斜线、折线或曲线，空间不断呈现出细小的收缩、放大或转折，同时又通过与院落、街头空地等空间组合，形成丰富的空间层次。

街巷空间边缘区域的巷道人流量较少，不能与村落中的街巷形有关联的空间，随时间的推移就会被遗忘、荒废。在街巷空间的整体形态上形成缺口，最后甚至会影响整个村落的布局，使其失去了原有的风貌特色。因此传统村落街巷的转角处一般都做放宽处理，通过转角处的过渡，使街巷交叉处不会显得特别突兀。在地势平坦的交叉口可以修建休闲、休憩设施，但是现在很多街巷交叉口被新空间占据，无法形成传统意义上的休闲空间。在村庄的发展过程中，部分村庄的街巷空间骨架受到了不同程度的破坏，这些被破坏的街巷空间多用于其他功能，无法形成连续的景观。

城郊型乡村邻近城市、外来人口众多，商业和人口的冲击迫使村民建造新的民房民居，并对街巷空间进行大量的改造，破坏了传统的街巷布局、比例尺度、规模和传统风貌。因此一些传统的街巷空间格局形态已然消失，取而代之的是新的建筑材料和风格。部分村民在自家建筑沿街巷的立面开窗，将原有建筑改造成小卖部或小旅馆，并逐步将村落中的文物古迹用地开发为商业用地。如此做法严重地破坏了原有的场地感受、村落风貌、生态环境及人文资源，会使街巷空间失去原有的传统生活方式和风俗习惯，使当地村民失去生活的原真性。虽然这种商业形式在短期内能够带来丰厚的收益，但是长期以来，街巷空间会失去原有的活力。

部分旅游型的城郊型乡村，存在游客的进入导致历史建筑和历史街巷空间的破坏问题，甚至是出于旅游的需要，不少传统建筑被拆除，取而代之的是缺乏文化底蕴和特色风貌的仿古建筑街巷空间，这打破了原有的街巷空间格局、街巷高宽比尺度和文化传统特色，严重破坏了历史文脉和传统格局，影响了当地居民对街巷空间的归属感。

2.1.6 乡村治理机制失灵，建设管控措施乏力

在一段时期内，中国城乡建设的过程中更多关注的是城市的建设和管控，而乡村则缺乏相应的规划和管理。近年来，乡村规划也逐渐受到重视，但大部分地区仍处于“重建设、轻管理”阶段。随着城市化进程的推进，城郊地区的村庄用地逐渐被城市所挤占，外来人口的数量不断增加，使得社会管理和服务面临新

的困难。由于缺乏相应的管理机制，乡村土地利用混乱、居民无序建设的现象严重。同时，乡村地区基础设施的维护和管理也更加困难。

1. 建设管控不足致使用地混乱

改革开放以来，我国人口数量不断增加，国民经济稳定快速增长、城市化率不断提高，建设用地需求日益增加，特别是近几年来，通过加大基础设施建设投资促进经济增长，因此建设铁路、高速公路、水利能源设施、经济适用房等占用了大量城郊型乡村耕地，而我国后备土地资源的开发又受到数量少、质量差、位置偏远、开垦难度大和生态环境脆弱等诸多因素的限制。这些问题所导致的土地资源的供给不足必然会制约经济的发展。同时，目前我国乡村居民点用地正面临着体系松散、人均用地量大、低效无序利用、闲置土地严重、生产和生活缺少功能分区等问题，而距离城市较近的城郊型乡村仍存在着土地布局散乱、利用粗放等问题。

城郊型乡村地区的土地利用是乡村和城市土地利用方式的结合，由于受到城市强烈的辐射作用，许多带有明显城市特征的乡镇、商业网点、工业企业等广泛分布于此，从而导致了城郊型乡村地区土地利用类型的多样性和复杂性。同时，城郊型乡村由于行政主管和开发主体的多元化，从而缺乏统一的建设管理，使得乡村地区呈现出“村不像村，城不像城”的格局。此外，在多数城郊型乡村的房屋出租较为方便，这就导致许多村民见缝插针的建房子，加盖房屋，造成村庄内部空间的混乱。绿化、空地、道路的建设更是无人问津，城市垃圾堆场往往设在城郊或靠近城郊地区，由于缺乏相对集中的管理，一定程度上影响了城郊型乡村的卫生状况，人居环境持续恶化。由于缺乏相应的建设管控，使得这些地区私搭乱建的现象日益严重，盲目投资或恶意建设的问题突出，造成城郊型乡村用地的日益混乱。

2. 公共基础设施管护职能缺失

2019 年 11 月，国家发展和改革委员会、财政部印发《关于深化乡村公共基础设施管护体制改革的指导意见》，提出要坚持农业乡村优先发展总方针，以实施乡村振兴战略为总抓手，通过机制改革创新，着力解决好乡村公共基础设施管理主体、管理方式、经费来源等问题，在全面补齐乡村公共基础设施短板的同时，改革创新管护机制，构建适应经济社会发展阶段、符合农业乡村特点的乡村公共基础设施管护体系。并坚持以下原则：城乡融合、服务一体，即坚持城乡融合发展，逐步建立健全城乡公共基础设施一体化发展机制，实现城乡公共基础设施统一规划、统一建设、统一管护；政府主导、市场运作，即在强化政府责任的同时，充分发挥市场作用，引入竞争机制，鼓励社会各类主体参与乡村公共基础设施管护；明确主体、落实责任，即按产权归属落实乡村公共基础设施管护责任，统筹考虑政府事权、资金来源、受益群体等因素，合理确定管护主体，保障管护经费；因地制宜、分类施策，即根据各地区经济社会发展水平和不同类型乡村公共基础设施特点，科学制定管护标准和规范，合理选择管护模式，有序推进管护体制改革。建管并重、协同推进，即按照“建管一体”的要求，坚持先建机制、后建工程，统一谋划乡村公共基础设施建设、运营和管护，建立健全有利于长期发挥效益的体制机制。指导意见提出，到2025年，政府主导、多方参与、市场运作的乡村公共基础设施管护体制机制初步建立，管护主体和责任明晰，管护标准和规范健全，管护经费较好落实，管护水平和质量显著提升。到2035年，城乡一体化管护体制基本健全，权责明确、主体多元、保障有力的长效管护机制基本形成，乡村各类公共基础设施管护基本到位。

就目前城郊型乡村公共基础设施管护机制来说，由于城郊型乡村外来人口众多，公共服务设施及各类基础设施的使用率增高、使用压力不断加大，需要经常维护，而目前大部分地区都未设置长期管理和保护机制，乡村基础设施和公共服务运营管理和保护不足，因此，许多基础设施的效率和使用寿命大大降低，严重影响了城郊型乡村地区的可持续发展和村民的生产生活的质量。同时政府及村民的思想没有改变，管理意识不强，损害严重。城郊型乡村基础设施不是村民的私有财产，是政府的无偿投入，村民可以无偿使用，但却处于无人管理和监督的状态。重建设，轻管护的问题依然存在。为了改善生产生活条件，镇村不遗余力地积极争取上级领导的各项工程项目，如水利、土地、农业、交通、金融、体育等涉农项目。各种项目不断完成，辖区内的基础设施日益增多。然而，这些项目只有建设层面的，配套管护的层面却没有涉及。而村民的管理和保护意识较为薄弱，许多公共设施和基础设施遭到严重破坏，随意毁坏公共设施的现象时有发生。

2.2 城郊型乡村人居环境问题的成因

2.2.1 城乡二元经济结构制约乡村发展

1. 二元经济结构成为乡村发展障碍

城乡二元经济结构是指发展中国家广泛存在的城乡生产和组织的非对称性，也是落后的传统农业部门和现代经济并存且差距明显的社会经济状态。城乡二元经济结构是随着城市的产生而逐步形成的。城市的产生过程就是城乡分离和对立的运动过程。城乡分离及在此基础上形成城乡二元经济结构，主要是由城乡生产力发展差异所形成的，并随着这种差异的扩大而日益突出。城乡二元化经济主要表现在三次产业结构与就业结构的差异、城市化与工业化水平的差异上。长期以来，受计划经济体制的影响，我国的城乡二元经济结构比其他发展中国家更为突出。城乡经济发展上不仅存在较大的差距，在社会事业、公共服务、收入分配等方面也存在差距，表现在不统一、不公平的体制和政策，这是导致城乡经济社会发展的不协调、城乡居民收入差距和国民待遇不平等的根本原因。

改革开放前，我国城乡之间一直未能建立均衡增长和良性循环的关系。改革开放前30年是我国工农业矛盾和城乡矛盾加剧、城乡二元结构强化的时期。从经济因素来看，主要是由于重视工业战略的提出以及当时高积累、低消费的收入分配策略，重生产、轻生活的投资分配策略所造成的；从政策因素分析，主要是因为城乡分割、重城轻乡、重工轻农的体制和政策的制约和影响。为了实现当时的工业化发展目标，这期间我国形成了一套完整的工业化和城市化策略，建立了一套政治经济制度，包括一系列的体制和政策。这些政策和制度的安排，导致了城乡劳动力流动的分离、技术交流的脱节、物质交流间接被动、城乡隔离。

然而，随着城市化进程的推进，工业、产业技术的梯度转移和现代文化信息的传播辐射，带动了周边城郊型乡村地区的发展，城乡各类生产要素的相互循环流通日益频繁；工业化发展模式的转型升级，非农产业经济发展趋势明显，为城郊型乡村提供了大量就业岗位，使得乡村劳动力转移成为可能。但对于城郊型乡村本身而言，由于长期的二元经济结构的影响，各项资金仍集中在城市中，乡村地区缺乏资金支撑，产业发展仍旧单一。

2. 乡村发展领军人才队伍长期缺乏

2019年中央一号文件《国务院关于坚持农业农村优先发展做好“三农”工作的若干意见》指出：要发展壮大乡村产业，拓宽农民增收渠道。要发展农村经济，就要实施乡村振兴战略，而乡村振兴的关键在于人才，发展乡村就必须要有高素质人才。长期的城乡二元结构体制，迫使大量乡村的人才流失。

城郊型乡村由于紧邻城市，同时交通条件便利，增加了村民进城务工的意愿与可能性。从总体上看，城郊型乡村青壮年人口进城务工的主要动机是认为村庄内缺少发展机会、挣钱养家压力大。而且在乡村内部，农民外出获得的平均收入远远高于留在村庄内从事农业生产的纯收入。城乡二元结构壁垒使农村社会经济发展越来越边缘化，城乡社会发展差距进一步拉大，在社会层面的教育、医疗、劳动保障、社会保障、养老、福利等方面，城市居民和乡村居民的政策不同。同时，当前市场经济资本化、集约化、技术化的趋势正在迅速排斥落后、分散、低效的小农经济，农业生产效率低下、农民收入增长缓慢、农村社会保障体系不完善，严重挫伤了农民生产积极性，使农村青壮年逐渐厌倦、放弃农业生产，加剧了乡村人才的流失。

从对农民工的问卷调查可以看出，49.8%的人认为农村没有发展机会，42.8%的人认为农村没有赚钱养家的机会。总的来说，农民工进程的主要动机是乡村缺少发展机会，农业收入有限。面对这样的现实，大量的乡村人才被迫离开家乡去改变自己及家庭的命运，通过各种渠道离开乡村流向城市。大量乡村人才流失，使能够引领、带动乡村发展的人才队伍力量严重不足。农业作为第一产业的特点决定了其生产不可避免地受到自然条件和自然因素的影响，使农业产业往往投资大、风险高，效益难以得到保障，与第二、第三产业相比较存在一定的先天劣势。因此，目前被迫留在乡村单一从事农业生产工作的人相对来说总体素质不高，在一些城郊型乡村，由于离城市距离较近，所以他们可以选择除了经营第一产业之外，再去从事一些简单的第二、三产业，出现兼业化现象。

目前，在城乡产业互动发展的过程中，特别是在城市二、三产业向乡村延伸的过程中，最大的障碍就是缺乏高素质的人才。人才的流失，导致乡镇企业人力资源接济不上，创业精神和创业资源缺乏。而无论是农业产业化，还是乡村第二、第三产业的发展，都需要大量的“有文化、有技能、会经营”的新型农民。因此，有必要建立和完善乡村人力资源的培训和流动机制，提高农民的知识和技能，促进农民的合理转移，为城乡产业的一体化发展提供充足的高素质人才。

2.2.2 公共设施建设滞后缺乏维护管理

1. 二元体制造成乡村公共服务投入不足

长期以来，城乡分割的二元体制，导致城郊型乡村公中共服务设施财政投入不足，基础设施建设落后，欠账较多，加之政府部门更注重经济发展，忽略公共服务建设，政府的角色更偏重于经济领域，简单且片面地认为“经济增长就是社会发展”，因此长期忽视公共服务领域的职能。同时，由于我国发展长期受到经济和社会资源的匮乏的制约，因此更重视效率优先的原则，实施城乡非均衡发展的战略。在这样的背景下，各级政府也更倾向于将财政的重点资金投入到城市中，这导致了城乡二元分割的社会公共服务体系的形成，乡村地区的社会公共服务投入自然因此不足，从而导致了城乡公共产品供给的失衡。尽管近些年来，各地逐步进行了公共财政支出结构调整，加大对乡村地区公共产品的投入，但在短期内城乡公共服务不均等的尴尬境地依然难以改变，只有从根本上消除城乡二元体制，才能打破僵局，实现城郊型乡村居民与城市居民平等、同步的使用公共服务产品。

2. 乡村公共服务设施配置规范针对性弱

现行公共服务设施配置规范较多，一些规范之间缺少协调，公共服务设施的现有标准、规范、规划等，大多数面向城市地区或者面向乡村地区。《乡村公共服务设施规划标准（CECS 354：2013）》中指出：此标准适用于乡、村规划中的公共服务设施规划，而位于城镇密集区的乡村公共服务设施规划应与其所在区域统筹规划。城郊型乡村不同于一般的乡村地区，但对于现在的城郊型乡村而言，缺少针对性更强的公共服务设施配置标准作为指导。在实践中，一些城郊型乡村按照城市规范对公共服务设施进行配置，另一些则按照乡村地区进行配置，这都会导致城郊型乡村公共服务设施配置不均或者不合理。

（1）设施使用过程中缺乏有效监督和管控

城郊型乡村外来人口众多，直接导致了公共服务设施及各项基础设施的压力增大，在设施使用过程中，造成设施损毁或无法正常使用的现象日益严重，其原因主要是管理机制不完善以及管理方法的不科学。部分地区政府或村集体观念陈旧，对乡村基础设施缺乏高起点的规划和高质量的管理。部分基础设施规划不合理，导致先建后拆现象的出现。基础设施建设缺乏配套的维护管理措施，有人建无人管，既造成了公共资源的巨大浪费，又影响村民的正常使用。不同地区乡村基础设施的经营管理模式不同，管理主体不同，涉及跨区域的基础设施建设往往存在发展滞后。除此以外，乡村基础设施是以政府“自上而下”为主导的，基层政府为了政绩容易做出面子工程，基础设施建设注重形式而不注重内容，注重短期利益而不是长期规划，注重建设而忽视维护管理。基础设施运营维护不到位，缺乏日常维护的专业化运营队伍，导致一些设施建成后基本处于无人管理和维护的状态，最终影响村民的生产生活质量。

（2）居民需求表达意识缺乏及表达途径窄

城郊型乡村的公共服务设施归根到底的使用者是当地居民，设施配置数量是否充足、功能能否满足需求、空间布局合理与否，切实的感受者是当地居民。乡村居民完全有权利对乡村公共服务设施的质量、数量、距离等各方面因素进行评价，并且有权利将自身的需求向社会有效地表达出来。

城郊型乡村地区经济社会发展水平较低，人口密度相对城市较小，其信息网络较城市发展水平低，信息的传达和收集都较城市缓慢和困难，客观上造成了乡村居民需求的有效表达途径较城市少。从主观上看，农民的文化知识水平普遍较城市居民低，表达自身需求的方法较少。在此情况下，如果乡村居民主动表达自身对公共服务设施需求的意识也比较薄弱的话，他们能够有效表达的途径将明显少于城市居民，这可能导致公共服务设施配置与当地居民需求不符，出现部分设施闲置、浪费等现象。这不利于规划编制单位对公共服务设施进行科学的配置。

2.2.3 城市污染扩散与乡村自身污染并存

1. 城乡二元发展忽视乡村环境保护

我国城乡二元发展导致城乡经济发展不平衡，城乡环境保护设施投资比例严重失衡，造成城郊型乡村的环境保护治理滞后于城市地区，给城郊型乡村的生态环境带来了一系列问题。

在环境治理方面，以往以城市为重点的思路，使得城市往往得到优先的治理并实施更为严格的管控。在环境保护基础设施建设投入上，大多数的资金都是投资于城市，用于专门投入治理城郊型乡村环境的资金很少，造成环保设施在城郊型乡村的薄弱。有些城郊型乡村作为城市垃圾的投放地，却得不到城市的环境治理帮助和补偿。城郊型乡村生活垃圾集中处理设施、污水处理系统、环卫工具等设施相比城市存在着缺口，加上环境监管不力，执法不严，治理技术落后，不仅影响了城郊型乡村地区的生活环境，也阻碍了美丽乡村生态环境建设的发展。

农业的可持续发展要求我们要进行产业结构调整和合理的布局，达到农业增产、农民增收、生态环境永久持续发展的目标。而城郊型乡村在城市建设中，失去了不少的农田、土地，要弥补这方面的损失，提升产量，则不惜破坏生态环境，在农业生产中大量使用农药和化肥，造成城郊型乡村土壤、水质和大气污染加剧，这进一步破坏了自然的生态平衡。传统的农业方式没有得到转变，生态农业、绿色农业也没有完全建立起来。

城郊型乡村受到城市化带来的各种利益诱惑，接受城市的污染转移，让部分污染企业入驻村庄，单位产出的资源消耗和污染排放水平过高。这不仅对居民健康造成一定的威胁，同时也影响了村庄自身的生态环境。加之这部分低端工业企业大多数缺乏核心技术和品牌，产业结构不合理，污染治理的技术不高，防治技术跟不上需要，发展方式不可持续等问题，这都对其资源环境形成了巨大的压力。

2. 居民及企业的生态环境意识不强

城郊型乡村居民由于知识水平的局限性，对生态环境问题的危害性了解不足，对于经济规律和生态规律的认识更是有限。一些城郊型乡村居民经常受到眼前的经济利益、个人利益吸引，而集体观念和生态观念却比较淡漠，对已经发生的环境污染和生态破坏行为视而不见，甚至为了一已私利采取默认和妥协的态度。在农业生产中，村民同样缺乏生态意识，采取粗放式的生产方式，无视生态环境的保护。

城郊型乡村工业经济发展初期，大部分乡镇企业都是规模小、设备简陋、工艺落后，污染治理更是无从谈起。加上乡镇企业负责人和工人基本都是当地村民，环保意识缺失，通常只把企业的经济效益放在第一位，只注重眼前利益，不顾及长远利益，缺乏正确的生态环境保护观念。在这种观念的影响下，长期以来对当地环境造成了持续污染，周围的空气、河流、土地都遭到了严重破坏。加上一些基层干部忽视环保工作，在经济发展过程中只注重招商引资，对环境保护工作不够重视，盲目引进许多污染项目，而忽视环境的承载能力和负面效应，更是纵容了乡镇企业无视生态环境代价的粗暴发展。

城郊型乡村的生态环境保护宣传教育开展的远远不够。受到主、客观条件的限制，生态环境保护宣传教育在有些地区长期以来没有真正有效开展，使得村民的生态环境保护意识难以得到提高，这增加了城郊型乡村环境保护工作的难度。而当前生态环境保护形势十分严峻，要从根本上解决和杜绝污染问题，单靠政府的力量远远不够，必须依靠村民的广泛参与。只有广泛动员人民群众成为环境保护的积极参与者、实践者和监督者，建立起最广泛的群众基础，才能得到真正的重视和改善。

3. 环境监管制度缺陷与执行不到位

随着依法治国基本方略的深入推进，我国的生态环境法律制度体系也在不断完善，以更好地促进生态文明建设。其中，环境保护领域的法律法规在维护环境保护方面已经取得了显著成效，但很多法律法规都是为城市环境保驾护航的。城郊型乡村的环境问题有和城市一致的特点，又有不同于城市和一般乡村的特点，现有法律法规对城郊型乡村生态环境问题的针对性不强，无法有效地制约一些乡村生态环境违法行为。因此，涉及城郊型乡村的具体环境法规尚有待细化，以提高适用性。

我国环保执法主体很多，有环保主管部门，还有行使与环境相关监督管理权的职能部门，例如土地、农林、水利等。各个部门统分结合、交叉执法，难免会出现执法不明确的情况。相关执行机构管理相互交叉、分工不明确、权责不清晰，有时候会出现争权、推脱的现象，且容易造成多头领导，执法的效果也很不理想，甚至出现执法混乱的局面。此外，城郊型乡村大多同时也缺乏有效的协调机制，村委会是乡村环境管理的领导主体，村委会环境工作好坏只有看广大村民群众是否满意，如果其统一领导，那就有较为明确的执法主体，避免和原来的某些执法主体由于执法权力纷争而产生混乱，造成执法责任不明确的现象。

2.2.4 城市化进程对乡村传统文化冲击

1. 乡村文化建设滞后

在城乡分治体制的影响下，城市文化事业和文化产业的发展所带来的经济效益获得更多关注，而乡村的文化建设不受重视。一些基层管理部门致力于抓产业、抓经济建设，但对乡村文化建设的投入甚少，投资乡村文化的意识不强，片面地认为只要经济提升起来，其他的一切都不是问题，但是却忽略了支撑经济发展的精神文化建设。

城郊型乡村文化建设滞后的原因是多方面的，其中资金不足是制约城郊型乡村文化建设的因素之一。无论是城镇地区还是乡村地区，要想保证当地的公共文化服务体系建设能够迈入正轨，就需要通过大量的资金投入，来实现对当地文化服务体系建设的革新和优化。相关统计数据显示，国家对于乡村地区文化建设的经费投入约占全国文化经费投入的四分之一，但城郊型乡村所占比例更少，远低于城市。在日常发展过程中，政府需要根据当地乡村公共文化服务体系建设的客观需要，匹配一定的财政支持，但从实际发展来看，大多数村庄无法从财政支持中抽取足够资金用于乡村公共文化服务体系建设，资金需求与实际获得的财政支持二者之间的不平衡性较为明显。城郊型乡村文化基础设施也相对落后，文化站、广播站等文化服务设施大多因人员缺乏、设备老旧、场地不足等原因难以保证正常运行。

2. 乡土文化受到冲击

在城市化进程中，城市文化与乡村文化之间的关系逐渐由往日的界线分明走向相互渗透，城市是文化、经济、政治的集聚地，文化发展水平比较高。在城市文化不断地向乡村输出的情况下，大部分乡村村民的生活方式、文化形式都受到了冲击，原生的乡村文化开始断裂。

城郊型乡村作为离城市最近的乡村地区，与城市的人员来往更为频繁，文化上的交流、融合更为显著。首先，城市化导致城郊型乡村的本土文化逐渐边缘化，使得乡村居民的价值观、婚恋观、消费观越来越接近城市生活，随着城市文化向乡村文化的强势注入，农民固有的观念、行为和文化形态等方面也发生了变化，导致城郊型乡村文化认同的逐渐丧失。其次，城市吸引越来越多的乡村年轻人到城市求学、就业、生活，这些年轻人由于长期在城市中生活，对乡村的文化渐渐失去了解的途径，乡村中留守的主体变为老年人、文化水平低的妇女以及留守儿童，乡村文化建设缺乏具有科学文化知识的年轻力量，导致城郊型乡村文化建设主体的丧失。

2.2.5 乡村风貌缺乏有效的引导和监管

1. 乡村规划建设引导的前瞻性不足

近年来，国家充分重视乡村人居环境建设，力求补齐乡村人居环境短板，加快建设生态宜居美丽乡村。如何塑造乡村应有的风貌也是乡村人居环境建设的重要方面，但是有一些乡村在实际工作中，习惯于“自上而下”的工作方式，忽视了乡村居民的真正需求，将工作重点放在了房屋外墙修饰、道路美化等看得见的面上成果。对本地乡村历史文化、乡土建筑风貌特色挖掘得不够深入，过分专注于建筑外观的新与古及其特性，当地乡村风土人情、地域特色的融合不够紧密，忽视了乡村长期积累的文化底蕴。

同时，乡村住房建设管理不规范、不到位，缺乏对乡村风貌建设的总体指导，即使有些涉及了风貌的内容，也基本上是对整体层面的控制，其深度远远不够。一些城郊型乡村在建设管理执行过程中，调查和惩罚违法建设的力度偏弱，这也导致了乡村建筑风貌的混乱现象，粗放的管理模式是造成乡村建筑风貌混乱的主要原因。

2. 村庄建设专业技术队伍长期缺乏

城郊型乡村风貌的保护和改善需要高素质的管理人才。而实际上，城郊型乡村建设实施水平参差不齐，民间施工队伍的责任感、技术水平、施工质量有很大的不确定性，乡村建筑工匠缺乏培训和管理系统，大部分的城郊型乡村建设都是村民自己购买建筑材料并请当地工匠来建造，这缺乏技术、规划的指导，风貌保护和改善的内容并不容易实现，对于历史建筑、特色建筑等特殊的建筑类型，更是缺乏足够的技术人员来处理，一些独具特色的民间工艺已经失传。

2.2.6 公共基础设施建管护体制不顺畅

1. 建设管理多头分散

城郊型乡村公共基础设施建设的主体多，政府不同部门负责供水、排水、消防、卫生等非经营性基础设施的建设和维护，而电力、电信、燃气等经营性基础设施的建设和管理由不同的企业负责。政府虽然负责统一规划的制定，但由于缺乏部门间、企业间的有效协调机制，设施建设还是无法突破各自为政的局面，缺乏科学的统筹规划，设施的空间布局合理性不够。同时，由于缺乏效益激励和责任约束，在公共基础设施的建设和管理中，普遍存在重视基础设施的一次性建设，忽视基础设施的持续维护和管理的情况，尤其是非经营性的公共基础设施，后期维护缺乏资金和管理保障，导致设施不能正常发挥作用。

2. 资金来源渠道狭窄

城郊型乡村公共基础设施建设的前期投资大，回报周期长，有的公益性公共设施经济回报甚微。一些地方政府的经济实力有限，本级政府财政不宽裕，上级专项财政补助资金成为乡村公共基础建设主要资金来源。建设资金短缺造成乡村公共基础设施的更新建设难以推动。由于乡村公共设施的可抵押资产规模和经营效益有限，城郊型乡村自身的市场融资能力不足，不能搭建起有效的融资平台，难以吸引优质的市场资本，市场融资成效甚微。受限于市场融资困境，大部分城郊型乡村公共基础设施的建设还是以政府投资主导。建设资金来源单一，缺乏有效的融资渠道，导致建设资金的不足，也限制了城郊型乡村公共基础设施配套水平的提升。

第3章 城郊型乡村人居环境整治的目标

在当前的时代背景下，城郊型乡村人居环境治理，应该达到什么样的目标，是我们首先要回答的一个问题。只有在目标清晰的前提下，乡村人居环境建设才能不盲目，做到有的放矢因势利导。只有准确把握住乡村人居环境的薄弱环节，并进行符合历史条件的整治改造，才能高效合理地改善乡村人居环境。可什么样的目标是合理的，是符合历史条件的，笔者认为必须让国家发展目标与乡村需求相融合，即顶层设计与底层落实相互结合，以理想人居以及国家战略作为引领，以城郊型乡村人居当前面临的主要问题以及居民切身诉求为突破点，综合协调制定当下城郊型乡村人居环境整治目标（图3-1）。

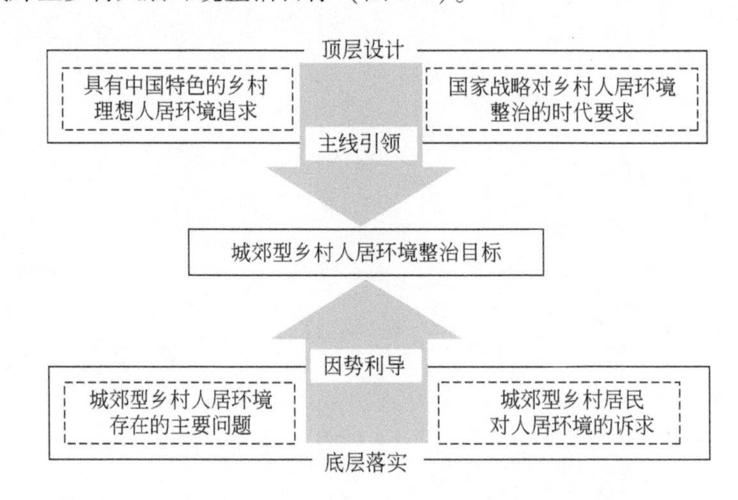

图3-1 城郊型乡村人居环境整治目标确定思路

3.1 中西方理想人居环境追求

选择并适应环境，是人类生存发展的客观需要。自人类诞生伊始，其发展就始终伴随着对居住环境的选择和适应。从原始人的穴居、巢居，到后来的村巷街落，再到现在的城镇都市，凡有人居住的地方，其环境构成要素都以真实生动的图景向人们昭示居住在这些地方的人对环境的观念。本书认为我们需要从更长的历史轨迹，更广的视角，更科学的人居理论去研究，并参考西方人居环境建设目标，从中国古代人居环境理念、现代人居科学价值追求中，去探寻中国城郊型乡村人居环境整治的目标。

3.1.1 西方世界的理想人居环境探索

早期西方世界有关理想人居环境的设想是根据社会等级制度而存在的，公元前 387 年，古希腊著名的思想家、哲学家柏拉图在他的著作《理想国》中提出构建“理想城邦”的设想。之后在公元前 1 世纪末，古罗马建筑师维特鲁威继承了柏拉图等人的哲学思想以及相关的城市规划理论，提出“理想城”模式，并提出“坚固、实用、美观”的建筑三原则。文艺复兴时期，阿尔伯蒂又在“理想城”理论的基础上，提出建筑艺术美的“和谐”理念。但以上的理念多是为特权阶级服务，充斥着等级社会的不平等，这也说明早期西方世界对于理想人居环境的探索存在局限。

近代西方人居环境理论的发展则是站在了社会大众的角度，也为现代人居环境理论的成型夯实了基础。工业革命后，随着生产力的不断提高，大城市恶性膨胀，居民对日益恶化的居住环境愈发不满，开始怀念旧式小城的安宁生活，提出了“回到自然中去”的口号。在这一背景下，现代城市规划先驱霍华德（E. Howard）的著作《明日：一条通向真正改革的和平道路》（后改名为《明日的田园城市》）横空出世，书中提出了“田园城市”这一理想城市模式，是那个时代规划师对于理想人居环境建设模式的构想，也奠定了当时社会大众对于理想人居认识的基调。“田园城市”主要思想是城乡一体化发展，即把乡村与城市的优点结合起来。其跳出了“就城市论城市”的传统观念，从区域层面将城市与乡村的改造当成一个统一的问题来处理。“田园城市”本质上是生活居住质量的高程度理想化，在实际操作中很难推广，但它依旧对之后城市规划思想产生了深远的影响，当今世界许多城市的构筑方式都或多或少有田园城市的影子。

到了 20 世纪初，由于大城市的过度膨胀，城市空间过度集中而导致建筑混乱、中心拥挤、交通阻塞、城市环境恶化等种种“城市病”，1943 年芬兰建筑师伊利尔·沙里宁在他的著作《城市：它的发展、衰败和未来》中，针对这些问题提出了一项有关城市发展及其布局结构的理论，即“有机疏散理论”并进行了详尽阐述。“有机疏散理论”突出的概念是“城市秩序”，沙里宁认为城市就跟细胞一样是有机的，其肌理就如同细胞的肌理，因此，将城市看作一个有机体，如果发展过快或过量，就会打乱系统原来的有机秩序，因而要进行有机疏散。该理论的精髓就是将城市的无秩序集中变为有秩序分散，避免“摊大饼”

的发展模式，将密集的城市区域通过大片的绿化带或河流间隔分割，形成一个个的集镇，形成相对独立的“多核心区域”，这样不仅充分且较均匀地分散了城市人口，减轻对旧城的压力，而且充分利用了自然资源，使城市规划和建设融入自然，与自然互为一体。有机疏散理论是规划师应对人与城市之间复杂关系的一种尝试，这种结构既要符合人类聚居的特性，又要控制一个阈值，使人可以在城市区域拥有更高品质的生活环境。

同一时期也出现了大量优秀的规划理论。1973 年，格伦（V. Green）提出将城市区域分为两部分：城市景观和技术景观。前者的功能是居住、轻型加工、行政管理、商务、教育科研和文化娱乐等；后者的功能是采矿冶炼、重型加工、交通运输、供水供能、仓储、污染物处理和防灾等。这些城市景观可采取细胞群布局方式，并保持适当距离，以免相互干扰。据此，格伦提出了一种理想城市模式。在该模式中，城市景观部分包括一个核心区域和若干有序排列的次级单元，技术景观由分布在周边的一些专用地组成，间隙是不同大小的绿色空间。每个次级单元相当于一个小城镇，内含一个单元中心和三个分区；每个分区含一个分区中心与三个社区；每个社区含一个社区中心和三个街坊。这种模式可大可小，次级单元的个数取决于人口的多少。他想通过科学的规划与控制使得一定规模的城市用地可以容纳更多的人口，并创造出更高质量的城市生活。

西方人居环境理论近代发展大致经历了三个阶段，一是 20 世纪四五十年代，即第二次世界大战后的大规模重建阶段，二是 70 年代后以环境治理为主的建设阶段，三是 90 年代以来侧重于城市规划和管理，住区和基础设施均等化、新技术应用等方面的现代人居环境建设。面对问题日趋多样的人居环境，联合国于 1978 年成立联合国人居中心来负责协调全球人居发展活动。1985 年 12 月 17 日，第四十届联合国大会通过决议确定每年 10 月第一个星期一为“世界人居日”(The World Habitat Day)，并每年确定一个主题。历年的世界人居日主题深刻反映了世界人居环境发展的状况（表 3-1）。

表 3-1 世界人居日历年主题

年份	主题	年份	主题
1986	住房是我的权利	1992	住房与可持续发展
1987	为无家可归者提供住房	1993	妇女与住房发展
1988	住房与社区	1994	住房与家庭
1989	住房、健康和家庭	1995	我们的住区
1990	住房与城市化	1996	城市化、公民资格和人类团结
1991	住房与居住环境	1997	未来的城市

续表

年份	主题	年份	主题
1998	更安全的城市	2009	我们城市的未来规划
1999	人人共有的城市	2010	城市，让生活更美好
2000	妇女参与城市管理	2011	城市与气候变化
2001	没有贫民窟的城市	2012	改变城市，创造机会
2002	城市与城市的合作	2013	城市交通
2003	城市供水与卫生	2014	来自贫民窟的声音
2004	城市——农村发展的动力	2015	公共空间服务人人
2005	千年发展目标与城市	2016	以住房为中心
2006	城市-希望之乡	2017	可负担的住房
2007	安全的城市，公正的城市	2018	城市固体废物管理
2008	和谐城市	2019	作为变废为宝创新工具的前沿技术

通过梳理历年主题，可以发现世界人居环境发展的一些新的趋势。

（1）提倡可持续发展理念

自 20 世纪起，环境与可持续发展问题已成为全人类关注的热点，“可持续性”“未来的城市”“新千年的目标”等面向未来的主题词的频繁出现，反映了世界各国对可持续发展理念指导人居环境建设的认同。关于可持续发展的人居环境，联合国论定的条件包括住区居民适当住房的保证、居民健康和安全的保证、人与城市的和谐发展、城市生态环境建设和住区基础设施的可持续开发与利用这 5 个方面。推进可持续发展战略是社会发展的客观需求，全面改善人居环境，是全人类肩负的重要使命。

（2）突出以人为本思想

从“为无家可归者提供住房”“妇女与住房发展”到“我们的社区”“人人共有的城市”人居环境发展体现的不光是对于弱势群体的关注，而是全面地以人的需求为出发点，从而去满足人类需求，维护居民的权力，保障每一个居民的健康发展，这是人居环境发展在进入新阶段后一个较为明显的转变。

（3）强调城乡协调发展

在城市化和全球化的浪潮下，城市的人居环境建设一直是政府的重要工作，乡村的人居环境问题并不被人们重视。2004 年世界人居日主题“城市——农村发展的动力”强调了城市与农村间互利关系的重要性，城市与乡村相辅相成，并且互为存在前提，这种关系对双方的发展至关重要。在城乡统筹的框架下，加强基础设施和社会服务设施建设，促进城乡协调发展，从而在人居环境建设上发挥重要作用。

3.1.2 中国人居环境的目标追求

1. 古代中国人居观

(1) 风水中蕴含的人居观

风水对于很多中国人来讲并不陌生。最早的建筑风水就是源于自然界的“风”与“水”。晋人郭璞所著古本《葬经》中，确立了中国风水的一个基本概念：“气乘风则散，界水则止，古人聚之使不散，行之使有止，故谓风水。风水之法，得水为上，藏风次之”。生气，指一种自然能量，其流连行走于水和土中，具有招财致福和养生旺气的能力。风水命理学主要研究人如何识别“生气”并运用“乘生气”的风水理论概念来判断调和阴阳、生发世界万物。这其实也就是中国古人对于人与自然环境相处模式的一种阐释，也可以将它理解为中国早期的人居环境建设模式。它最初是源于中国早期人类求吉避凶的居住空间选择方式，随着风水学说不断在实践应用过程中发展与完善，又融入了哲学、天文学、地理学等学科内容，风水得以应用在建国、营城、安居等多个方面。

风水在一定程度上为中国古人协调人与自然的关系和选择人工建设活动地点提供了依据。随着现代西方科学和文化的传播，其和西方科学相遇的时候似乎显得更像一门玄学，甚至一度被认为是封建迷信。然而，近几十年来，随着国内外学者对中国文化的重视，对风水研究的不断深入，学者们发现风水不仅具有很强的科学性，而且具有良好的人文思想体系。风水更像是关于中国古代理想人居环境的思想体系以及人与自然的哲学观。

“先民定而风水生”，风水思想从本质上说是在我国古人长期与自然作斗争的过程中逐步形成的。风水是与人居环境有密切关系的一种学问，其主要核心课题是关于城市与农村建筑合理选址、相宅合理择地、方位合理布局等与宇宙天地之间人道、自然万物命运的密切协调互动关系，其中体现着古代中国丰富的人居环境思想，换句话说就是中国风水学说表达了中国古人理想的人居环境追求。因此，这里梳理了风水学说对于人居环境的目标导向。

1) 人与自然的和谐共处。这是风水命理学说的一个核心，即“天人合一”。风水学说把大地本身看成一个非常富有生命灵性的有机自然整体，认为自然界是一个巨大的、统一的自然生态系统，人不仅作为其中一个因子居住在这个生态系统中，而且必须同其他活动因子互相联系，互相保持依赖，共同努力维持系统的平衡发展和稳定。风水学说的部分内容在指导城市营建时，不把复杂的自然地形当作不利条件，而是充分利用自然山水这一独特要素，用城市山水景观美化现代城市，用自然山水美化人工建筑景观，借助这种自然山水景观不仅保护了山水的美，同时也充分衬托出人工环境的美，通过营造建筑物等人工环境，使人、地（即自然）浑然一体，逐渐发展形成了与自然环境相互依赖协调的良性发展关系。这种强调人地和谐的思想正是构建现代人居环境所需要遵循的理论基础。

2）结合实际，因地制宜。《周易大壮卦》有人提出：“适形而止”。风水学说的部分内容主张人居生活环境景观建设应根据自然地貌、地形、水文、气候等各种因素，因地制宜，就地取材，以塑造多姿多彩的艺术建筑造型和内涵丰富的人居生活环境。如中原地区的人居生活环境形成宽街狭巷，深宅大院的模式；又如江南地区的人居生活环境形成小桥流水，粉墙黛瓦的风貌，都充分体现出了因地制宜天地人和谐的意向。

3）以人为本，万物和谐相生。风水关注环境文化居住体系，讲求天地人三才并重。不同历史时期，不同的经济社会发展阶段，人的需求变化多样，与其适应的人居环境也应随着人们的需求改变而适应人的发展。人居环境应充分满足不同年龄、不同性别、不同类型人群复杂多样的需求，动态调整人居环境系统，以适应人群总体需求，达到自然生态环境良好，空间环境尺度宜人，心理感受舒适等物质与精神满足的效果，使人居生态环境、景观环境、人文环境与居住生活等环境都能互相融合，协调发展。

（2）道家、儒家的人居观

《中国古代科学思想史》中明确指出，道家思想“完全是中国固有的思想体系”，主要提倡“天道自然”的哲学理念，其中最核心的思想是要治理整个人类社会必先超越整个人类社会，其对于自然界具有高深的哲学认识。其所说的宇宙道不是基于人类形成社会所依循的“人道”，而是基于宇宙运行的自然法则。美国学者李约瑟指出中国道家“天人合一”的发展思路与当代人类社会可持续发展的理念一脉相承。道家文化在本质上追求的目标之一就是将人和自然融为一体，将经济社会的发展作为一种新的自然状态存在，道家这种与大自然化敌为友的自然主义哲学思想是为了有效地应对各类人与自然的复杂问题。从实现可持续发展的角度来讲，为了有效地保护人与自然的生态平衡，人类必须首先回归自然，才能真正达到“万物并作，吾以观其复”的生生不息的自然发展状态。儒家“天人合一”的人居环境理念和其思想最早可追溯到西周时期，在当时以农为本的自然经济蓬勃发展的状态下，长期的社会实践与社会经验的累积，孕育了一套自然与人类社会之间客观关系的认识和思想体系，就是认为过去与现在的人类都是整个大自然生命过程中的一部分，人们必须永远敬畏着大自然，顺应着大自然，与自然和谐相处并存。儒家从来没有把人和自然分割开来，他们对于自然世界中的动物、植物、山川以及大地等都有着系统的认识。在儒家思想中，“天命之谓性”“天人合一”的基本存在态度已经奠定了人类服从自然的秩序，把人与自然道德共同体的范围扩展到了天地万物，让尊重生命、尊重自然作为人类完成自己生命周期、实现自己使命的处世准则，肯定了一切自然生物的内在道德价值。儒家的人居环境理论完全地包含在儒家思想当中，“天人合一”的理念是儒家环境研究的出发点；“仁民爱物”的理念是儒家人居哲学和环境生态保护的最高宗旨之一；“和谐思想”的理念是儒家人居环境哲学的最高理想境界；强调人与自然和谐共生的理念是儒家人居环境思想的最高宗旨和道德追求。

除了“天人合一”，儒家对于人居环境产生影响的思想还有“中庸之道”。儒家伦理学认为：“中也者，天下之大本也；和也者，天下之达道者也。致中和，天地位，万物育”。“中”本身就是治理天下的根本，中又往往被用来代表吉利，以“中”或“中正”为天下事物的最佳发展状态，“和”是指古代天下最高的道，“中和”本身就是古代天下普遍的观念和基本准则。只有真正达到“中和”，才能真正顺应天地万物，生生不息。“中和”本身就是古代儒家中庸思想最高的道德境界，在处理人与自然的关系上，提倡和谐的相处，反对与自然万物为敌，实现“天人合一”的必要之道。孟子也对于“顺其自然”提出“适时”和“可行”的观点，提出“可以仕则仕，可以止则止，可以久则久，可以速则速”。显然，孟子提倡一个国家及其统治者和人民都应该节制自己的物欲，不仅要正常地发展生产，还应勤俭节制地利用资源。孟子认为孔子提倡的“仁民爱物”就是反映了古代儒家的重视节制，合理地利用自然资源的唯物主义思想，同时他深刻地认识到，人类社会要想有取之不尽、用之不竭的生活资源，就必须严格地遵循自然规律，让人类跟随大自然正常地发展繁衍生息。

(3) 传统民间古诗词中蕴含的人居观

我国古代宜人的人居环境已经体现在很多文人墨客的山水画及很多的成语中，如“安居乐业”就充分体现了给人们提供适宜的居住工作环境以及对发展的美好愿景；东晋著名文学家陶渊明的“采菊东篱下，悠然见南山”，充分体现了古人对世外桃源和谐的经济社会环境与良好的自然生态环境的热切追求。桃花源一直以来都是公认的我国古代理想人居建设的最佳典范，自陶渊明《桃花源记》一文中首次详细描述了一个极其优美与世隔绝的人间仙境后，后人多将“世外桃源”作为自己理想的人居家园，在陶渊明对其重要细节和环境变化的描述中，体现了古人对于理想人居环境中所应具备要素的一些理解和认识。

1) 优异的自然环境。理想的人居环境首先应该考虑的，就是尽量为居住者选择自然条件良好、地产丰饶之地作为其居住地。那里有平坦肥沃的天然农田，美丽的淡水湖和天然池塘，空气清新，河水清澈，绿树成荫，断崖里无任何城市的喧嚣之声，可耕可渔，自然资源能保证很好地提供给其居住者，有足够的饮用水和充足的食物，有好的桑树、竹林，能够很好地满足人们衣饰的选择和制作、房屋的设计和建造。

由此可见，优质的自然环境与富饶的天然物产和充足的能源，是保证“丰衣足食”的自然生活环境条件，是理想的人居环境的基本要素，无论是在我国古代传统的农耕社会，亦或现代社会，都将其视为理想人居生活的本底。

2）秀美的人工景观。《桃花源记》在描写渔人发现桃花源的初始，有一段欲扬先抑对环境景观的表述。“缘溪行，忘路之远近。忽逢桃花林，夹岸数百步，中无杂树，芳草鲜美，落英缤纷。”说明这条溪流幽深绵长，在狭窄的峡谷之中，溪水两岸百步内美丽桃园落英缤纷，且“中无杂树”的描述可以推断出其为人工景观。“林尽水源，便得一山，山有小口，仿佛若有光。便舍船，从口入。初极狭，才通人。复行数十步，豁然开朗。”这种欲扬先抑、极尽蜿蜒曲折之能的表现方法，深谙中国古典园林造园入口空间的处理之道。“土地平旷，屋舍俨然，有良田美池桑竹之属。阡陌交通，鸡犬相闻。”虽只是寥寥数语，却尽情地勾画和营造出宜人的中国古代田园聚落景观，这表明了古人在追求“丰衣足食”的自然文化和生理需求的同时，也在追求着一份文化生活的审美体验，以期能充分地满足更深层次的艺术和精神需求。

3）淳朴的和谐民风。桃花源建立的是一个有组织、有社会秩序，人人平等、自给自足的社会。生活在这里的大部分人们淳朴自然。虽然隐匿于此，不愿为人所扰，但对外来者仍能够盛情款待，民风淳朴。由此可见，理想人居的另一重要因素是人们互相的协作、相互信任，构建成的和谐社会关系。

从以上内容中能总结出，在当代理想人居环境建设中，有关自然环境、人工景观、人类社会的三点注意事项。

一是应高度重视和推进绿色循环经济的发展，提倡低碳健康生活。当前全球变暖、环境污染问题，已然威胁到了全球经济的健康和可持续发展，触及到了全球粮食安全、能源安全、生态安全、水资源安全和公共卫生安全，整个星球未来的健康受到了极大的挑战。党的十八大以来，国家主推中国特色生态文明建设，提出“绿水青山就是金山银山”“像保护眼睛一样保护生态环境”。在人居环境建设中应实现资源的节约和综合利用，使人类经济社会发展对生态环境的破坏程度最低化，才能有效保障我们这个星球未来的健康发展，而地球健康发展也是理想人居环境存在的重要基石。

二是不断地提高城乡人工环境的绿化美化程度，创造宜居宜人的物质空间。随着近年来我国现代城市建成区用地面积的增加，生态空间被不断地破坏和蚕食，大量的高楼及各种硬质铺装被广泛应用，千城一面，美丑不清，挑战着人们的耐性，生态空间也越来越不能满足人们的需求；同时乡村快速发展伴生一系列的环境问题，脏乱差成为乡村的代名词。改善硬质铺装取代的土地和植被，改善城市高楼林立的拥挤逼仄的状态，改善日趋恶化的人类生存环境，是我国人居环境质量提升的必经过程。

三是注重社区文化环境的构建，增强社区认同感和居民的归属感。社会越是进步和发展，文化的重要性和主导地位就越突出。社区文化是构建和谐社区的灵魂，注重社区文化建设有助于保护和增强全体居民的凝聚力、认同感和归属感，使他们作为社区成员能够充分地意识到应当履行权利与义务，进而自发地关心社区的事务，积极参与到社区所组织开展的各项活动中，这样将更有利于居民创造良好的社区人际关系，自发改善和维护社区人居环境。

良好的人居环境与自然环境、人工环境、人类及人类经济社会这三个系统及其共同关系息息相关，任何一部分的建设失控，对于健康人居环境的构建都将是毁灭性灾难，因此构建良好的人居环境还需在此三个方面多多思考。

2. 现代中国人居理论目标导向

推动人居环境的可持续健康有序发展，是中国和世界共同重视的一个重大问题。近年来，由于当前城乡居民常住人口的迅速变化和城市化建设进程的加快，城乡人居环境面临各种各样的新问题。我国2020年的建设奋斗目标明确要求全面建成小康社会，不仅意味着把推进城市经济发展和自然环境保护作为同等重要的事情去对待，而且意味着要从推进经济的可持续发展出发，达到“人与自然和谐”“人与人和谐”的可持续发展目标。良好的人居环境建设是自然环境、人工环境、人类社会的和谐与共生，因此，良好的人居环境建设是全面建设小康社会的重要条件。

相较欧美发达国家，我国对人居环境科学以及相关基础理论的研究起步较晚。20世纪八九十年代，随着我国城镇化发展不断提速，城市、郊区及乡村的人居环境问题在国际上引起高度关注。1993年以中国科学院吴良镛院士为首的国内专家在“人类聚居学”理论研究的基础上，对人居环境这一基本概念做出了明确的释义，推动了学术界对于人居环境领域的深入思考。人居环境科学比较系统地阐释了人类居住环境发展和演变规律，其作为一门综合性学科，需要从整体的视阈、全局的角度对其理论存在的问题和现实诉求进行探析，宏观上把握人居环境作为城乡建设的战略目标，进而改善城乡人居环境的质量。

随着现代城乡的发展和人居环境科学与技术的进步，我国对于人居环境的研究从传统的概念逐步走向了实践，来自建筑、规划、园林、地理、生态、社会学等不同领域的专家学者们紧紧围绕着人居环境的问题进行了研究探索。部分学者梳理了人居环境未来的发展趋势，大致可分为以下几个主要方面。

(1) 建筑-园林-城市规划三位一体

吴良镛院士在其关于园林与人居环境科学的著作中多次明确提出关于我国建筑、园林、城市规划，在人居环境研究领域如何融贯与发展的问题，孟兆祯院士也曾深入论述人居环境工程中的园林与城市建设问题，而且在实际的人居环境工程中，许多城市规划单位也积极力图将建筑、园林与城市结合起来。建筑、园林与城市的融合可以使人居环境研究在内容上得到有机的发展，延续我国传统园林、建筑形式及风格特点，形成高质量的人居环境。

(2) 人与自然和谐

人与自然和谐始终都是当代中国理想人居环境建设的追求。以人与自然和谐统一的理论来指导人居环境的规划建设和生态化管理，对于当代中国十分重要，如沈清基、王如松等学者探讨了城市人居环境建设的生态化转型问题等。人居环境建设要基于自然、尊重自然，寻求人与自然和谐共处的方式，促进城乡与自然的融合。

(3) 贯彻“以人为本”理念

“以人为本”理念对当前及未来人居环境建设具有重要的意义和影响。提高人居环境品质既要从根本上实现人文、社会、环境效益的协调统一，同时还要满足心理健康的需要，包括安全感、居家感和社区感。特别是对老年人、残疾人、流动人口等特殊群体来说，如何给他们提供高品质的人居环境是社会公平的重要体现，只有因地制宜、因人而异提供有针对性的高品质人居环境才能实现人居环境对人类生存发展的积极作用。

(4) 信息技术与人居环境建设融合

人类所生存的城乡空间环境本身就是一个复杂的巨系统，为了有效应对人类社会发展所面临的人口、资源、环境和自然灾害等复杂问题，需要不断地加深对人居环境科学的理解和认识。随着信息技术的不断成熟进步，其作为一种辅助工具得以应用在各行各业。例如人居环境的组织模式和空间形态构建，城乡规划、建设、管理的工作，城市与区域发展的定量研究和评价体系等。信息技术可以为人居环境的研究目标及其周边的环境空间特征的研究提供较为详尽的第一手数据资料，信息技术也可以为人居环境设计提供分析与表现的方法和工具。从发展的观点来看，无论是信息技术在理论方法的突破，还是其空间数据的海量存储和分析精度的不断提高，都为人居环境研究带来更加翔实的信息，并可能带来更加科学的研究成果。

(5) 科学与艺术融合

创造一个可持续发展的人居环境是信息时代的必然选择，人们在满足于创造高质量人居环境的同时，也在追求高雅的、多样化的人居氛围。这也就是为什么人居环境在继续稳步向前发展的同时，也要充分融合文化的要素，去满足、迎合不同的人群对于人居环境的需求。借用法国作家福楼拜的一句话：“越往前进，艺术越要科学化，同时科学也要艺术化；两者在塔底分开，在塔顶汇合”。在人居环境的建设中，科学与艺术有机结合的理论和实践将越来越多地受到人们的重视。

3.2 乡村人居环境建设的目标演变

在党的十九大报告中做出全新判断：进入中国特色社会主义新时代，我国社会主要矛盾已经转化为人民日益增长的美好生活需要和不平衡不充分的发展之间的矛盾。从“物质文化需要”到“美好生活需要”，从“落后的社会生产”到“不平衡不充分的发展”，这一关系全局的历史性变化，是对五年来中国发展历史性成就和变革的深刻总结，也是对近40年来改革发展成果的历史回应。

全新的社会主要矛盾的转变，更是对未来中国城乡建设的发展方向、发展目标及精准定位提出了全新的要求。不同的时代，不同的社会背景及技术条件，人们对美好生活有着不同定义。面临的问题不同，要达到的目标也应随之改变，未来的农村发展蓝图是怎样的，现阶段人居环境整治的重点是什么，城郊型乡村人居环境整治目标如何设定，都需要在全新的时代背景下重新审视，精准定位。我国从21世纪初开始，自社会主义新农村建设到美丽乡村建设，再到现在的乡村振兴，虽然这些都是在不同的社会背景下从不同的角度和侧重，提出了不同的乡村建设目标，但都是根据当时的问题进行了相应的人居环境整治的定位与目标调整，都对当时乡村人居环境整治做出了较大的贡献。

3.2.1 中华人民共和国成立初期以完善农村政治制度为目标的阶段

中华人民共和国成立之初我国还处于社会主义制度建设的探索阶段，社会经济及生产力十分落后，然而人居环境发展是随着经济发展而逐步完善的。因此，当时虽然我国出台了很多关于乡村的政策，但是对人居环境建设问题关注很少，这一时期主要关注的是农村社会主义改造与土地改革。

1949年10月1日，中华人民共和国成立，党中央根据我国当时的基本国情与主要矛盾，提出集中力量解决当时最紧迫的问题，将工作重心由新民主主义革命转移到农村的土地改革上来。特别是新解放区农村的土地改革，其直接关系到工农联盟的稳固，也是加强人民民主专政的基础。最终我们党成功地实行了农民土地所有制改革，完成了土地革命，为农村社会主义改造创造了有利条件。在中华人民共和国成立之初这段时期，关注的重点是生产关系问题，生产关系问题得到圆满解决，是解放与发展农村生产力的重要前提与基础，同时也是农村经济发展的先决条件。而经济水平的发展，又是农村人居环境建设的首要条件。因此，其给乡村经济带来发展的同时，也为乡村人居环境建设与发展打下了坚实的基础。

随着土地改革的完成，一直遭受剥削压迫的农民劳动力从封建的剥削制度下解放出来，农民的生产积极性空前高涨。但是由于当时个体经营为主的小农经济过于分散且生产技术落后，并不利于农村生产力的发展。因此党中央提出农村工作的主要任务是将农村落后分散的个体经济整合起来，发展农村生产合作社。以此来避免两极分化，逐步改善农村贫困的状况，实现共同富裕。1952 年，党确定了社会主义改造的总目标，提出了过渡时期总路线，紧接着发布了《关于发展农业生产合作社的决议》，标志着我国农村社会主义改造进入了一个全新的阶段。在坚持自愿互利、典型示范和国家帮助的原则之上，农村社会主义改造依照由低到高三个步骤有序推进，到 1956 年基本完成了农业的社会主义改造。农业社会主义改造在当时是成功的，不仅有效推动了农村经济和生产力的发展，还促进了其他产业进行社会主义改造。同时为我国经济发展奠定了坚实的制度基础，也为人居环境建设发展提供了一定的制度保障。

社会主义建设初期，党中央第一代领导集体提出将马克思主义同中国实际第二次结合，对农村发展进行了新一轮的探索。第一个五年计划顺利完成，并超出预期，此时党中央已经意识到了农业生产上的夸大现象，并开始着手进行局部调整。1959 年至改革开放之前，农业作为国民经济的基础部门，发展停滞，甚至受到严重的破坏，不仅阻碍了乡村经济的发展，还导致农村产生了大量的贫困人口。农村发展随之停滞，农村经济社会倒退，直接影响了乡村人居环境的发展进程。

3.2.2 改革开放之后以发展乡村经济为目标阶段

在乡村制度与生产关系得到完善之后，1978 ~ 1984 年，党的政策转向农民的自主生产与农民享有实惠为重点。1978 年召开的十一届三中全会，确定了我国以经济建设为中心，对中国经济发展具有深远的影响，是我国经济发展的伟大转折点。改革开放的提出，不仅带动了全国城市经济的发展，同时也拉开了农村经济社会发展的序幕。在农村改革的前 6 年中，农村政策重点围绕如何恢复发展农村经济这一目标展开，及改变当时的农村经济体制，充分调动农民的积极性，激活农村活力，改善农民生活质量。国家出台了多项行之有效的以土地政策、农户经营为核心的政策，对当时农业生产的恢复发展起到了积极的作用，有效推动了农村改革及人居环境的改善。

1985～1992年初，农村政策转向以市场化为目标。随着农村改革的深入推进，农村的生产力与生产效率不断提高，农产品供需关系趋于平衡，与此同时农业生产带给农民的利益空间也开始相对减少，仅靠第一产业无法进一步促进生产力发展，产业结构作为新的问题日益凸显。党中央从中国当时的实际情况出发，本着实事求是的精神，提出保证农业的基础地位不变，调整产业结构，促进农村第二、第三产业发展。这一政策的提出为农村生产力发展解除了大量障碍，不仅对当时的农村发展提供了条件，也为后来整个农村经济多元化、商品化、市场化发展及农民增收产生了积极而深远的影响。

在此期间，中共中央在1982～1986年，连续五年发布以农业、农村和农民为主题的中央一号文件，对加快推进农村改革和农业发展做出具体部署（表3-2）。

表3-2　1982～1986年中央一号文件

年份	文件名	主要内容
1982	全国农村工作会议纪要	总结农村改革；指出包产到户、包干到户或大包干都属于社会主义生产责任制，是社会主义农业经济的组成部分
1983	当前农村经济政策的若干问题	理论上说明家庭联产承包责任制是马克思主义农业合作化理论结合我国实践创造出的新发展
1984	关于1984年农村工作的通知	继续稳定和发展联产承包责任制；规定土地承包期应在15年以上，其他生产周期长的项目，承包期应当更长一些
1985	关于进一步活跃农村经济的十项政策	取消了农副产品统购派购制度，对粮、棉等少数重要产品通过国家计划合同收购
1986	关于1986年农村工作的部署	继续贯彻执行农村改革的方针政策

从这五年的中央一号文件中可以看出，在此期间我国的农村政策关注的重点是农村生产制度问题。在此期间农村人居环境问题，并没有得到很好的关注，当然这也是当时的时代背景所致，在温饱问题都没有很好解决的情况下，谈人居环境也是空谈。生产关系和谐，生产力解放，经济快速发展，这是乡村人居环境建设的重要前提。

以建立农村社会主义市场经济体系为农村政策重点目标的阶段主要集中在

1992～2002 年。1992 年 10 月 12～18 日，在北京举行的中国共产党第十四次全国代表大会，会上提出了在中国建立社会主义市场经济体制的改革目标。作为占据我国广大地区的农村，首当其冲地进入改革浪潮，来到体制改革的新时期。此时提出的农村政策首要目标是促进农村现代化，推动农村计划经济向市场经济转变。农村要发展，就要实事求是，根植于我国的基本国情与实际情况。这就意味着要遵循经济规律，而市场经济就是让市场规律为主导，发挥市场经济规律，进行农业的优胜劣汰，发展农村经济。无论是从国外还是国内实践看来，党中央当时的政策体系具有科学性与可行性。因此在当下，新的历史条件下，能否结合我国社会发展的阶段性特点，准确把握农村人居环境建设目标，是人居环境改善成功与否的关键。

进入 21 世纪以后，在我国经济仍然保持稳定快速增长的同时，我国又面临新的发展困境——农村连续五年粮食减产，农民收入增长缓慢，城乡经济发展差距越来越大，农村发展面临新的挑战和考验。2002 年年底，党中央明确提出统筹城乡发展，让农民共享改革发展成果。农村的发展目标由原来的解决温饱转向全面小康社会的发展要求，在这一时期，我国的“三农”政策始终是围绕农业结构调整、农民收入增加为主线展开的，力求把过去单纯追求提高产量的工作重心转移，要求在总量保持平衡、农产品结构优化的基础上，重心转移到更加突出质量和效益的发展轨道上来，以求全面发展农村经济。

面对严峻的“三农”问题，中央从国民经济发展和国家全局的高度出发，连续出台了 7 个年度的中央一号文件，用以协调和指导我国新农村的建设并推进农业现代化发展工作，分别以“促进农民增收、提高农业综合生产能力、推进社会主义新农村建设、发展现代农业、切实加强农业基础建设、加大统筹城乡力度、进一步夯实农业农村基础”为主题，构建了新的时期关于解决“三农”社会发展问题的一个基本思路和政策体系，构建了以工促农、以城带乡的政策制度和理论框架，掀开了建设中国特色社会主义现代化新农村的一个历史性新篇章，也为我国乡村地区人居环境的美化、设施的完善、经济的发展做出了历史性的突出贡献。

3.2.3 社会主义新农村建设背景下以村庄整治为工作重点的阶段

2005 年 10 月，党的十六届五中全会顺利召开，会议通过了《十一五规划纲要建议》，提出建设社会主义新农村的目标任务，至此中央正式以文件的形式提出了有关乡村人居环境物质空间的要求，也拉开了我国乡村人居环境建设的序幕。“生产发展、生活宽裕、乡风文明、村容整洁、管理民主”五大发展理念，全面地反映了新时代背景下，乡村人居环境建设的目标。其中有关村庄整治的内容更是对乡村人居环境建设的直接行动措施，也是指导社会主义新农村建设的核心内容之一。同年，为贯彻落实中央关于建设社会主义新农村的一系列战略部署，做好村庄整治工作并推进村庄规划建设，在《关于村庄整治工作的指导意见》中明确提出，“改善农民居住环境条件，改变农村风貌，缩小城乡差别、促进农村全面发展，提升农村人居环境和农村社会文明；改善农村生产条件、提高广大农民生活质量、焕发农村社会活力，改变农村传统的农业生产生活方式”。该意见不仅对村庄整治做出物质经济文化等多方面要求，更是直接地提出了乡村人居环境建设的目标任务与整治内容。2007 年 10 月，党的十七大顺利召开，会议提出“要统筹城乡发展，推进社会主义新农村建设”。

2012 年 11 月，党的十八大在北京隆重召开，会议进一步提出了推动我国实现城乡一体化发展和农村一体化的乡村发展政策。解决好农业农村农民问题是全党工作重中之重，城乡发展一体化是解决“三农”问题的一条根本途径。要进一步加大农村发展和统筹协调城乡发展的力度，增强农村现代化发展的活力，逐步地缩小城乡之间的差距，促进城乡共同繁荣。要坚持执行工业发展反哺现代农业、城市发展支持现代农村，并坚持多予少取放活的城市支持乡村的方针，加大强农惠农富农政策的力度，让广大企业和农民平等地参与农业现代化建设进程、共同发展农业分享其现代化的成果。进一步加快和完善推进城乡一体化发展和农村一体化的体制和机制，着力在城乡规划、基础配套设施、公共服务等社会各个方面加快推进城乡一体化，促进农民和城乡社会生产要素平等自由交换和促进城乡公共资源均衡合理配置，形成以工促农、以城带乡、工农互惠、城乡合作为一体的新型工农、城乡一体化关系。

2013 年 12 月，住房和城乡建设部在国务院印发的《村庄整治规划编制办法》中再次明确提出，编制新型村庄人居环境整治工作总体规划应以保护和改善新型村庄人居生态环境状况为主要内容和目的，其主要目标和任务就是有限度地保障和改善村民基本的生活和条件、治理和改善村庄人居生态环境、提升新型村庄人居文化风貌。2015 年 10 月，党的十八届五中全会通过《中共中央关于制定国民经济和社会发展第十三个五年规划的建议》明确提出，要“开展农村人居环境整治行动，坚持城乡环境治理并重”，2016 年中央一号文件再次明确强调，开展新型农村人居生态环境综合整治和美丽健康宜居的新型乡村建设的意义。

这一时期的全国各省（自治区、直辖市）美丽乡村建设的重点任务归纳如表 3-3 所示。

表 3-3 全国各省（自治区、直辖市）美丽乡村建设一览

地区	主题	重点任务
辽宁	以农村清洁工程为依托	与农村清洁工程建设紧密结合，努力营造良好“美丽乡村”建设环境。以自然村为单元，分步实施、逐步推进农村生活污水和生活垃圾处理工程，确保建设一处、治理一片、受益一方。试点村庄基础设施水平持续提升，达到乡村环境优美、农民生活富美、农村社会和美
吉林	以典型引领美丽乡村建设	结合本地特点，树立不同类型、特点、发展水平的标杆村，推动农业产业结构、农业资源环境与农民生产生活方式相互协调发展。试点村的四大建设思路：一是依靠“一产”带动发展；二是靠致富带头人带动发展；三是以“三产”文化带动发展；四是以特色农业带动发展
黑龙江	农、牧、游产业带动	对高效种植业、健康养殖业及民俗文化旅游业进行了整体规划开发，通过农、牧、游产业促进富民增收。选取不同类型、特点、发展水平的乡村建设典型，使农业产业结构、农民生产生活方式与农业资源环境相互协调发展
江苏	构建各具特色发展模式	打造生态农业带动型、乡村旅游带动型、工业企业带动型、龙头企业带动型、合作组织带动型、城乡统筹带动型等“美丽乡村”创建方式。全省大力发展生态农业，有效改善了农村环境，突出特色，以点带面，有计划、有步骤地引导、推动美丽乡村创建工作
江西	因地制宜不拘一格	根据各地农民接受度、财力承受度的不同，因地制宜开展美丽乡村建设。在赣北鄱阳湖生态经济区加强村庄环境整治，推进现代农业发展；赣中片推进环境整治和农业发展，加强城乡统筹；赣西、赣南、赣东山区发展生态乡村旅游，加强乡村自然资源、文化遗产保护和利用
山东	弘扬地方特色	山东省将“美丽乡村”建设工作与生态农业、农村新能源示范县建设、农业野生植物保护区（点）建设、农村清洁工程示范村建设等紧密结合起来，形成了以“渔村”为代表的胶东（半岛）模式，以“山村”为代表的鲁南乡村模式，以“平原村”为代表的鲁西、鲁北美丽乡村模式，以及以“特色经济”为代表的新农村模式
河南	打造6种乡村发展目标模式	按照生态宜居型、特色产业型、文化传承型、资源环保型、技术革新型、新型社区型6种乡村发展目标模式，力争达到“生态环境资源的有效利用、人与自然和谐相处、农业发展方式转变、农业功能多样性发展、农村可持续发展、保护和传承农业文明”的目标
湖北	宜居、宜业、宜游是标尺	通过开展“三建”（生态经济、生态环境、生态文化建设）、“四推”（推广生态农业、清洁能源、污染防治、废物利用技术）、“五培”（培育科技之星、沼气之星、环保之星、致富之星、文明之星）活动，发展“一村一品”无公害产业，促进环境保护与经济发展协调统一
湖南	因地制宜推进	以农村清洁工程为抓手，着重从生产、生活、生态3个方面重点建设，根据各地不同区位条件、经济社会发展水平和产业文化特色，涌现了产业带动型、旅游休闲型、社区发展型等一批效果明显的美丽乡村

续表

地区	主题	重点任务
广西	围绕生态文明，建设美丽乡村	按照“一村一品、一村一景、一村一业、一村一韵”的要求，致力于推进环境、空间、产业和生态相互支撑，积极整合涉农项目，提高项目的综合效益，充分发挥农村能源的多重功效，全面开创“美丽乡村”建设新局面
海南	建设国际旅游岛	乡村创建试点分为三大类：一是依靠种养等“一产”产业带动发展模式；二是发挥当地自然资源禀赋特点，以“三产”带动发展模式；三是发挥人文资源特色，以文化传承“三产”产业带动发展模式。试点创建村镇的村民思想意识发生了改变，村容村貌也大为改变，产业结构更加合理，村民生活水平得到显著提高
重庆	美丽乡村建设特色为魂	针对大城市、大农村、大山区、大库区和少数民族地区并存的特殊市情，将创建工作与乡村旅游发展结合，与转变农业发展方式、与生态环境保护治理结合，实现基础设施配套、公共服务配套、农业产业配套、体制机制配套，全面推进美丽乡村建设
贵州	推广“四在农家”	以“富在农家增收入、学在农家长智慧、乐在农家爽精神、美在农家展新貌”为抓手，在全省推广“四在农家”典型经验，建设美丽乡村。通过产业发展富饶美丽乡村、乡村旅游带动美丽乡村、生态文明改变美丽乡村、民族特色点亮美丽乡村
云南	“美丽云南”从乡村起步	注重突出乡村和民族特色，体现地域文化风格，充分发掘和保护历史文化遗迹遗存，优化美化村庄人居环境，把历史文化底蕴深厚的传统村落，培育成传统文明和现代文明有机结合的特色文化村。各试点村按照“培育中心村、提升特色村”的要求，走发挥优势、彰显特色的多样化路子，打造升级版新农村
陕西	按地域特色科学规划	各试点村镇按照农业部美丽乡村创建活动的要求，依据规划，以保障农村居民的住房、饮水和出行安全为基本要求，体现地域特色，按照“宜工则工、宜农则农、宜商则商、宜游则游”的原则来进行，打造不同亮点
甘肃	生态循环农业先行先导	将优化提升农村生态环境作为建设工作重点，实施村庄环境整治工程，发展生态循环农业，提升农民的生态文明意识。在废旧农膜回收利用、尾菜处理利用、农村新能源开发等方面，已经走在全国前列，并将这几项优化提升为农村经济和农村生态的具体抓手
青海	高原上的美丽乡村	重点村以住房建设、环境整治和基础设施建设为主要内容，努力建成一批田园美、村庄美、生活美的高原美丽乡村。并且鼓励土地流转、发展特色产业、加强农牧民技能培训、加强农技推广力度、发展休闲农业和乡村旅游业，来提高农牧民收入
广东	传承岭南文化，保持乡土气息	注重发挥当地资源优势，挖掘乡村特色，提升人文内涵，突出岭南文化传承，保持乡村田园风光和乡土气息。试点涵盖了不同区域类型、特点、经济发展水平，通过美丽乡村建设，全面提升名镇名村和示范村建设理念与内容

续表

地区	主题	重点任务
四川	打造幸福美丽乡村	通过抓高标准农田建设、休闲观光农业发展、现代农业产业发展和农业清洁生产，大力推进农村能源结构调整，实施农村清洁工程示范，推进城乡环境综合治理“进村社”活动，在全省打造出产业致富村、环境整洁村、新风文明村等
西藏	彰显藏区特色	围绕改善农村生产生活条件的总体要求，以“发展现代农业、改善人居环境、传承生态文化、培育文明新风”为主题，重点突出农牧业的清洁生产推进绿色发展，积极引导各试点乡村探索经济发展、环境改善、文化传承的示范模式
宁夏	8大工程统筹推进	建立“政府指导、村组主导、全民参与”的创建工作机制，实施了“规划引领、农房改造、收入倍增、基础配套、环境整治、生态建设、服务提升、文明创建”8大工程，逐步构建布局合理、功能完善、质量提升的“美丽乡村”发展体系
福建	突出乡土气息和地方特色	在尽可能保留乡村原貌的基础上，在美丽乡村创建过程中注重抓特色开发和区块培育。按照休闲旅游型、高效农业型和村落文化型等功能区域，分区建设，争取实现“美丽乡村”建设的模式创新
新疆	打造幸福家园	目前已制定下发试点实施方案及资金管理、项目管理、验收审核等管理办法，每个试点县将补助1000万元试点资金。坚持以民生需求为导向，通过经验总结、典型带路，逐步建设生态环境优美、社会安定和谐、基础设施便利、产业特色明显、宜居宜业宜游的美丽乡村

资料来源：根据“乡村美中国美”全国各省美丽乡村建设成果展示材料整理

3.2.4 乡村振兴战略实施时期全方位推进农村建设阶段

2017年10月，十九大报告中明确指出实施乡村振兴发展战略。乡村振兴战略，意在更好解决农村发展不充分、城乡发展不平衡等重大问题。从不同的侧面对乡村现代化发展及人居环境整治工作做出了一系列纲领性的部署和指示。其中明确指出三农问题的整治是当前关系国计民生的一个根本性问题，要始终坚持创新型农业和农村现代化优先发展，按照实现农村产业兴旺、生态宜居、乡风文明、治理有效、生活富裕的总要求，建立健全城乡融合协调发展的体制、管理机制和农业政策保障体系，加快和推进农村现代化建设。由此可见，开展大规模的农村人居环境综合整治已经发展成为加快建设美丽、和谐、宜居乡村的必由之路，也是加快推进乡村现代化振兴的关键。从2013年《村庄整治规划编制办法》提出，国家开始重视农村环境与风貌，再到十九大的乡村振兴，可以看出对国家乡村人居环境有了更高、更全面的认识和要求，不仅仅关注乡村物质环境建设，对乡村生态环境的健康发展、乡村产业发展的活力、乡村居民生活的宜居性、乡村公共管理的高效性等方面都做出了全面的要求，并且从关注物质空间到关注乡风文明，这更是体现了对乡村人居文化精神的全新要求。

2018 年中共中央办公厅、国务院办公厅联合印发了以美丽宜居乡村建设和振兴战略为专项整治主题的新一轮中央一号文件《农村人居环境整治三年行动方案》。其中明确指出“改善农村人居环境，建设美丽宜居乡村，是实施乡村振兴战略的一项重要任务，事关全面建成小康社会，事关广大农民根本福祉，事关农村社会文明和谐。”同时，从文件中可以看出生态环境保护受到高度重视，绿水青山就是金山银山的目标是乡村整治改造的基础，其中包括对农村的垃圾、污水的治理等是首当其冲需要解决好的问题，满足人们生活富裕美好的愿望是规划建设的主要目标，统筹城乡、统筹三生空间，建设宜居乡村是整治的具体目标。近年来，各级中央和地方人民政府把加强和改善推进乡村人居环境建设作为中国特色社会主义和新农村现代化建设的重要任务和内容，大力地支持和推进乡村公共服务的均等化和完善乡村基础配套设施的建设，乡村人居环境的建设已经取得一定的成效。同时，乡村地区人居环境的建设不平衡、脏乱差的问题在一些地区和乡村仍然存在，与全面建成小康社会的目标要求和广大农民的基本生活期盼还有差距，仍然被认为是影响乡村经济社会发展的突出短板。为了加快和推进我国乡村人居和生态环境的整治，进一步地提升我国的乡村人居环境整治水平，国家制定了此次人居环境整治重点行动的总体方案。

报告提出了六大基本原则，分别从乡村人居环境建设的运行、手段与管理各个方面给出了相对明确的要求（表 3-4）。

表 3-4　《农村人居环境整治三年行动方案》基本原则及其主要内容

基本原则	主要内容
因地制宜、分类指导	根据地理、民俗、经济水平和农民期盼，科学确定本地区整治目标任务，尽力而且量力而行，集中力量解决突出问题，做到干净整洁有序，根据各地实际情况确定人居环境发展进程，不搞一刀切
示范先行、有序推进	防止跟风与形象、政绩工程，学习借鉴地区经验，通过试点示范村的探索并积累经验，带动整体提升。加强规划引导，合理安排整治任务和建设时序，采用适合本地实际的工作路径和技术模式
注重保护、留住乡愁	统筹兼顾农村田园环境整治和风貌保护，强化地域文化元素符号，保护乡土特色，保护乡情美景，使村庄形态与自然环境相得益彰，促进人与自然和谐共生
村民主体、激发动力	建立政府、村集体、村民等各方共谋、共建、共管、共评、共享机制，村民为行动主体，保障其决策权、参与权、监督权。发挥村规民约作用，提升村民参与人居环境整治的自觉性、积极性、主动性

续表

基本原则	主要内容
建管并重、长效运行	坚持先建机制、后建工程，合理确定投融资模式和运行管护方式，推进投融资体制机制和建设管护机制创新，探索规模化、专业化、社会化运营机制，确保各类设施建成并长期稳定运行
落实责任、形成合力	强化地方党委和政府责任，明确省负总责、县抓落实，切实加强统筹协调，加大地方投入力度，强化监督考核激励，建立上下联动、部门协作、高效有力的工作推进机制

“因地制宜、分类指导”的原则要求尊重现有条件，在当前的发展水平之下，制定切实科学可行的整治目标。不能乘势冒进，也不能滞后于村民对于与当前发展水平相对应的乡村人居的客观要求。

“示范先行、有序推进”的原则要求在学习借鉴案例时，应契合本地实际去粗取精，部署一批符合本地特色的村庄整治建设任务，并且循序渐进地加以推进和落实。

“注重保护、留住乡愁”原则引导思考如何在不破坏乡村风貌的同时，让乡村经济得到发展，这也是当下乡村建设最薄弱的环节。从2013年开始，多个地方提出迁村并点，将城市的居住模式生硬的照搬到乡村。乡村在改革开放几十年里面，沧海桑田，经济迅速发展的同时，也失去了原有的那份归属感。

“村民主体、激发动力”原则中明确指出应合理确定村庄整治标准及乡村人居环境建设的目标，不仅目标要合理，还要准确地分清轻重缓急，有序地推进乡村人居环境建设。村民在规划到建设中参与度很弱，或者基本不参与；建设完成后村民也不注重保持与保护。当然这不仅仅是主体作用原因，还和村民的生活方式、生活习惯、思想意识有关，但是还是应该积极主动地对村民进行引导，不能放任不管。

“建管并重、长效运行”原则中可以看出要关注乡村建设的长期稳定性，如何让一有效的模式可持续进行和发展下去。很多乡村公共服务设施并不盈利，想要长期稳定运行只能依靠国家补贴，但是由于程序复杂、过程烦琐且周期较长，很多乡村公共服务设施都因缺乏资金支持无法正常运转，造成大量的资源浪费。

“落实责任、形成合力”的原则强调责任机制，乡村干部一般都是当地居民，不像城镇经常换届调任，通常来说责任机制在乡村应该能得到更好的执行，但是由于乡村偏远，缺乏监管机构，完全由村书记“自由发挥”，因此要落实责任机制，首先必须要有监管机构，定期巡查。

《农村人居环境整治三年行动方案》是国家针对乡村基础设施较差、乡村居民环保意识不强等现状情况做出的全局部署，是我国乡村推进人居环境整治的第一步。此次行动的总目标是，到2020年实现村庄人居环境基本干净整洁有序，农村人居生活环境明显进一步改善，村民对人居环境与健康的意识普遍进一步增强。为了加强可实施性，中央对于不同地区进行了目标细化落实，并对重点任务进行了内容明确（表3-5和表3-6）。

表3-5 《农村人居环境整治三年行动方案》分区行动目标

地区	目标
东部城市偏远地区、中部城市近郊区等具备较好的基础、条件的地区	全面提升人居生活环境质量，形成建立长效环境管护的机制，提升村容村貌质量，实现农村偏远地区生活污水和垃圾处置综合治理体系全覆盖，基本完成农村户用厕所生活垃圾无害化处理系统改造，厕所粪污基本全部得到无害化处理或进行资源化综合利用，提高农村偏远地区生活污水综合治理率
中西部地区等具有较好基础、基本具备条件的地区	改善村内道路的通行安全条件，生活垃圾和污水乱排乱放行为基本得到管控，约90%的目标村庄偏远地区2020年实现生活污水垃圾得到无害化治理，卫生厕所普及率达到85%左右，较大提升人居生活环境的质量和功能
地处偏远、经济信息化欠发达的农村偏远地区	在改善和保障农民基本的生活和条件的前提和基础上，实现人居环境干净整洁的基本目标

表3-6 《农村人居环境整治三年行动方案》重点任务

任务	主要内容
推进农村生活垃圾治理	建立完善符合我国乡村经济发展需求、有效推动农业垃圾收运处置管理体系，开展非正规农村垃圾的堆放点综合排查及综合整治，解决农业生产利用废弃物的处理利用问题
开展厕所粪污治理	根据地区差异，合理地选择厕所改造模式，推进厕所革命。按照农村居民不同要求，建设不同水平的厕所，鼓励结合实际，将厕所粪污、畜禽养殖废弃物一并处理并进行粪污资源化综合利用
梯次推进农村生活污水治理	根据乡村不同区位、规模、人口数量及污水排放规模，采用污水集中与分散相结合、工程水处理措施与自然生态保护措施结合、污染治理与乡村水资源集约化利用结合的先进建设管理模式和污水处理工艺
提升村容村貌	整治和改善乡村庭院内的绿化环境和公共休息空间，消除私搭乱建、乱堆乱放；保护和提升其建筑整体风貌，突出其地域、民族和乡土特色；继承弘扬传统文化，加大保护并宣传历史文化名村名镇
加强村庄规划管理	加强与上位规划的衔接，鼓励多规合一，推进实用性的村庄规划编制的研究和实施，优化实用性村庄的功能和布局，村庄规划的主要组成内容应当全部纳入村规民约
完善建设和管护机制	进一步明确各级乡村人居环境及相关部门的主体责任，规划建立完善的村庄人居环境管护的长效机制。组织村民开展专业化培训，将其培养成为人居环境基础设施运行和维护的重要力量

2019 年党中央发布的《关于建立健全城乡融合发展体制机制和政策体系的意见》中提出要走一条实现城乡融合发展的道路，这是继乡村振兴战略提出后再一次提到城乡融合发展。长期以来，乡村的人才、资金等要素一直单向流往城市，我国乡村长期处于“失血”“贫血”的状态。城乡要素存在不平等交换，要素不能合理流动，乡村振兴也就成了一句空话。建立健全城乡融合发展的政策体系和体制机制，是促进乡村振兴和推进农业农村现代化建设的制度保障。

从以上政策总结可以看出我国乡村发展大概经历了四个阶段：第一个阶段是中华人民共和国成立初期，这段时间我国农村问题主要是关注土地改革与土地所有制问题，这个阶段的主要工作是农村的社会主义改造，而农村人居环境问题尚未受到足够重视。第二个阶段是改革开放初期至 21 世纪初，在以经济建设为中心的方针政策下，中央有关农村的政策制定均围绕恢复发展农村经济展开，即变革农村现有经济体制，完善农村社会主义市场经济体系，调动农民生产积极性和创造性，为农村生产力发展扫除障碍，进而提高农民生活水平。这一时期的政策主要围绕如何解放发展农村生产力，而人居环境方面考虑较少。第三个阶段是 2002 ~ 2017 年，这一时期以建设社会主义新农村为中心，农村政策取向是城乡统筹发展，在农村构建社会主义和谐社会。党的十六届五中全会对于建设社会主义新农村，提出了“生产发展、生活宽裕、乡风文明、村容整洁、管理民主”的总要求，再到美丽乡村的提出，由此开始了真正关注乡村人居环境，也明确了乡村人居环境建设的目标。第四个阶段是从 2017 年党的十九大提出乡村振兴开始，我国的乡村人居环境自此进入比较全面的建设阶段。按照产业兴旺、生态宜居、乡风文明、治理有效、生活富裕的总要求，不仅关注乡村建设环境，而是对整个乡村生态、生产、生活环境的健康、活力、宜居发展都有全面的要求。从关注物质空间，到关注乡风文明，更是由关注物理环境的提升向关注更高层面人们精神面貌的进步提出全新的要求。

不同政策的提出都有其不同的背景，也是伴随着居民收入与生产力发展而发展的，我国的社会发展史，也是我国人居环境不断完善的过程。从中华人民共和国成立以来的乡村人居环境发展历程来看，人居环境建设目标需要围绕人们的需求而定。因此乡村人居环境整治需要科学合理的目标，对人居环境建设进行有效引导，避免在人居建设过程中发生严重的原则性错误。如何制定既适合当前经济社会发展，又能体现中国人居“乡愁”情怀的当代中国理想人居目标，也是本书探讨的重点。

3.2.5 从农村政策转向看乡村人居建设目标转变

1982 ~ 1986 年党中央连续五年发布以农业、农村和农民为主题的中央一号文件，对农业发展以及农村改革作出战略部署。2004～2017 年又连续十四年发布以“三农”（农业、农村、农民）为主题的中央一号文件，其内容的变化不仅反映了我国不同时期对乡村发展目标的认识与理解，而且也能看出我国乡村人居环境整治实质性的历史变化。

为从根本解决农业、农村、农民的问题，自 2004 年起，中央一号文件在“三农”问题上发生了由粗放管控到精细落实的措施变化（表 3-7）。首先解决最根本的农民增收问题，提高农业综合能力，提高农村经济发展水平，大力推进社会主义新农村建设。从 2005 年社会主义新农村建设提出的“生产发展、生活宽裕、乡风文明、村容整洁、管理民主”五大发展要求开始，我国从过去单纯的以农村经济建设为中心转变为关注乡村人居环境。2010 年后，中央一号文件强调城乡统筹，城乡一体化发展，并深化农村供给侧结构改革。2018 年至今，一号文件强调“三农”问题应抓短板补落实，打赢脱贫攻坚，助力全面建成小康社会。

表 3-7　2004～2020 年中央一号文件

年份	文件名	文件主题	主要内容
2004	《中共中央 国务院关于促进农民增加收入若干政策的意见》	促进农民增收，解决农民增收困难问题	集中力量支持粮食主产区发展粮食产业，促进种粮农民增加收入；发展农村二、三产业，拓宽农民增收渠道；改善农民进城就业环境，增加外出务工收入；发挥市场机制作用，搞活农产品流通；加强农村基础设施建设，为农民增收创造条件等
2005	《中共中央 国务院关于进一步加强农村工作提高农业综合生产能力若干政策的意见》	提高农业综合生产能力	稳定、完善和强化各项支农政策，切实加强农业综合生产能力建设，继续调整农业和农村经济结构，进一步深化农村改革，努力实现粮食稳定增产、农民持续增收
2006	《中共中央 国务院关于推进社会主义新农村建设的若干意见》	建设社会主义新农村	建设现代农业，稳定发展粮食生产，积极调整农业结构，加强基础设施建设，加强农村民主政治建设和精神文明建设，推进农村综合改革，促进农民持续增收，确保社会主义新农村建设有良好开局
2007	《中共中央 国务院关于积极发展现代农业扎实推进社会主义新农村建设的若干意见》	发展现代农业是建设新农村的首要任务	发展现代农业是社会主义新农村建设的首要任务，要用现代物质条件装备农业，用现代科学技术改造农业，用现代产业体系提升农业，用现代经营形式推进农业，提高农业素质、效益和竞争力

续表

年份	文件名	文件主题	主要内容
2008	《中共中央 国务院关于切实加强农业基础建设进一步促进农业发展农民增收的若干意见》	进一步夯实农业基础	加大“三农”投入力度，巩固、完善、强化强农惠农政策，形成农业增效、农民增收良性互动格局，探索建立促进城乡一体化发展的体制机制，并制定一系列政策措施
2009	《中共中央 国务院关于 2009 年促进农业稳定发展农民持续增收的若干意见》	把保持农业农村经济平稳较快发展作为首要任务	切实增强危机意识，充分估计困难，紧紧抓住机遇，果断采取措施，坚决防止粮食生产滑坡，坚决防止农民收入徘徊，确保农业稳定发展，确保农村社会安定
2010	《中共中央 国务院关于加大统筹城乡发展力度，进一步夯实农业农村发展基础的若干意见》	加大统筹城乡发展力度	虽然各种传统和非传统的挑战也在叠加凸显，促进农业生产上新台阶的制约越来越多，但是农业农村发展的有利条件和积极因素在积累增多。面对复杂多变的发展环境，不断提高我国农业的开放度，增强城乡经济的关联度
2011	《中共中央 国务院关于加快水利改革发展的决定》	加快水利改革发展	把水利作为国家基础设施建设的优先领域，把农田水利作为农村基础设施建设的重点任务，把严格水资源管理作为加快转变经济发展方式的战略举措
2012	《中共中央 国务院关于加快推进农业科技创新持续增强农产品供给保障能力的若干意见》	推进农业科技创新	实现农业持续稳定发展、长期确保农产品有效供给，根本出路在科技。农业科技是确保国家粮食安全的基础支撑，是突破资源环境约束的必然选择，具有显著的公共性、基础性、社会性
2013	《中共中央 国务院关于加快发展现代农业，进一步增强农村发展活力的若干意见》	着力构建新型农业经营体系	加快推进征地制度改革，提高农民在土地增值收益中的分配比例，加大农村改革力度、政策扶持力度、科技驱动力度，围绕现代农业建设，着力构建集约化、专业化、组织化、社会化相结合的新型农业经营体系
2014	中共中央 国务院印发《关于全面深化农村改革加快推进农业现代化的若干意见》	健全城乡发展一体化体制机制	坚持农业基础地位不动摇，加快推进农业现代化。健全城乡发展一体化体制机制、推进城乡基本公共服务均等化。积极推进户籍制度改革，全面实行流动人口居住证制度，逐步推进居住证持有人享有与居住地居民相同的基本公共服务

续表

年份	文件名	文件主题	主要内容
2015	《中共中央 国务院关于加大改革创新力度加快农业现代化建设的若干意见》	粮食安全更强调质量安全	除了延续2014年改革元年全面深化农村改革、推进农业现代化的思路外，还涉及五大方面，包括：建设现代农业，加快转变农业发展方式；促进农民增收，加大惠农政策力度；城乡发展一体化，深入推进新农村建设；增添农村发展活力，全面深化农村改革；做好“三农”工作，加强农村法治建设
2016	《中共中央 国务院关于落实发展新理念加快农业现代化实现全面小康目标的若干意见》	推进产业融合发展成为农民增收的重要支撑	加快创新驱动力度，推进农业供给侧结构性改革，加快转变农业发展方式，保持农业稳定发展和农民持续增收，走产出高效、产品安全资源节约、环境友好的农业现代化道路
2017	《中共中央 国务院关于深入推进农业供给侧结构性改革加快培育农业农村发展新动能的若干意见》	深入推进农业供给侧结构性改革	在确保国家粮食安全的基础上，紧紧围绕市场需求变化，体制改革和机制创新，优化农业产业体系、生产体系、经营体系，提高土地产出率、资源利用率、劳动生产率，促进农业农村发展向追求绿色生态可持续、更加注重满足质的需求转变
2018	《中共中央 国务院关于实施乡村振兴战略的意见》	对统筹推进农村各项建设做出全面部署	提升农业发展质量、推进乡村绿色发展、繁荣兴盛农村文化、构建乡村治理新体系、提高农村民生保障水平、打好精准脱贫攻坚战、强化乡村振兴制度性供给、强化乡村振兴人才支撑，强化乡村振兴投入保障
2019	《中共中央 国务院关于坚持农业农村优先发展做好“三农”工作的若干意见》	深化农业供给侧结构性改革，坚决打赢脱贫攻坚战，全面推进乡村振兴	聚力精准施策，决战决胜脱贫攻坚；夯实农业基础，保障重要农产品有效供给；扎实推进乡村建设，加快补齐农村人居环境和公共服务短板；发展壮大乡村产业，拓宽农民增收渠道；全面深化农村改革，激发乡村发展活力；完善乡村治理机制，保持农村社会和谐稳定
2020	《中共中央 国务院关于抓好“三农”领域重点工作确保如期实现全面小康的意见》	集中力量完成打赢脱贫攻坚战和补上全面小康“三农”领域突出短板	集中力量完成打赢脱贫攻坚战和补上全面小康“三农”领域突出短板两大重点任务，持续抓好农业稳产保供和农民增收，推进农业高质量发展，保持农村社会和谐稳定，确保脱贫攻坚战圆满收官，确保农村同步全面建成小康社会

纵观历年中央一号文件的内容和主题，从对我国农业现代化和生产力的关注，到对我国农业生产关系结构调整的关注；由对我国农民的生产和生活的关注，到对农业制度市场化改革、科技创新的高度关注；由对大力推进农业现代化和综合生产能力的关注，到对我国农业资源环境保护型自然生态的修复和环境友好型现代农业的高度关注。中国农村自中华人民共和国成立发展至今，70 年来已取得了长足进步，农业生产迅速发展，农村面貌焕然一新。乡村人居环境也得到很大的改善，但人居环境建设是一个不断发展与完善的过程，依然面临许多问题，需要我们在实践中不断探索和创新。总结中华人民共和国成立以来我国乡村政策的制定与实践经验，对人居环境建设有重要启示。

1）在高度关注人居环境的同时，注重农村地区社会经济的发展与人居环境提升完和善并重。现代历史唯物主义理论告诉我们，只有当生产关系能够适应农村地区生产力的同步发展时，才能有效促进农村地区生产力的同步发展。回顾中华人民共和国成立以来农村地区的经济发展过程，实质上来说就是我国农村在不断地调整和完善生产关系以适应乡村地区生产力的过程。而这一过程也可以说是我国乡村地区人居环境的发展伴随着我国乡村地区经济的发展而同步发展的过程。我国乡村地区人居经济环境的发展过程显然无法完全脱离乡村地区经济社会的发展而单独地存在。因此，无论乡村人居环境建设进展到哪一步，乡村政策的制订必须充分尊重生产力发展的客观规律，始终以适应当前生产力水平为根本前提，这样才能避免人居环境建设目标“假、大、空”的情况出现。

2）实施以解决当前农民实际的问题、完成中国特色社会主义发展的目标要求为导向的农村各项政策和目标。从中华人民共和国成立初期针对农村实行的土地改革，实现了土地全部归于农民所有，到对农业经济进行的社会主义现代化改造，组织了农民就业走集体化的道路，再到农村经济改革和开放初期实行的家庭企业联产责任制，再到努力建设中国特色社会主义的新农村、促进社会主义城乡一体化的发展等，都实际上是从加强土地保障和切实维护当前乡村农民根本利益的角度出发，解决了农村实际的问题。进入新农村建设时期后，国家针对乡村产业结构单一、基础设施缺失、农民负担过重等问题先后出台多项解决措施，内容涵盖实行农业补贴、产业结构调整等多个方面，每一项都是真正落到了实处。对于乡村人居环境建设更是要解决人居环境中居民面临的迫切问题，要切实满足乡村居民的人居环境需求，抓住重点，推进我国乡村人居环境建设。

3）对乡村环境政策的制订必须要从乡村实际的角度出发，循序渐进。纵观当今世界各国，乡村的发展建设仍然是一项长期的、极其复杂而又艰巨的系统工程，要稳步地推进。对乡村环境整治目标及政策的制定必须要始终立足于乡村的现状，逐步推进环境建设目标和经济活动管理制度的进一步完善。由于乡村人居环境建设长期受到历史条件和现实人居环境的双重制约，公共财政对于乡村的投入有限，乡村人居环境的污染和欠账问题也比较多。因而增强广大人民群众环保的意识、改变落后的生活习惯也将需要一个长期的过程。因此，乡村的人居生活环境的改善也将是个长期的过程，必须始终坚持以广大人民群众为服务中心，既尽力而为又量力而行，从群众反映最强烈、乡村的现实人居生活环境的整治发展需求最迫切的突出环境问题入手，不搞任何脱离了乡村实际、违背广大乡村居民意愿的政绩建设工程、形象工程。

4）乡村人居环境整治目标的确定与政策的制订要尊重村民意愿和首创精神。乡村人居环境建设离不开村民的参与。从我国 70 年农村发展的过程来看，农村发展变化是得益于农民的主动参与，比如农业产业化经营的提出和各地丰富多彩的实践。提倡村民参与乡村人居环境建设是推进今后乡村改革和发展的出发点和立足点。

从上述乡村人居环境政策演变中可以看出，有关乡村的政策措施逐渐精细化，意味着乡村的类型对人居环境整治措施起到根本性影响，同一类型乡村的整治目标也应因地制宜。城郊型乡村在设定人居环境整治目标时，若按同一固定指标整治，可能出现千村一面并无特色的局面，且不一定能切实解决不同类型乡村在发展面临的核心问题。对于目前城郊型乡村，考虑村庄的区位条件与现存问题，给村庄定位，建设目标应实现创乡村之美、享城市便利、留乡村之魂、对城郊产业等愿景。借助紧邻城镇区位优势，解决产业问题，改善村民生态环境与居住环境，深入挖掘村庄乡土历史文化，寻找乡村的魂，做到真正的产业兴、环境优、精神美。

3.3 城郊型乡村人居环境整治居民诉求研究

乡村的人居环境整治是多方人员共同参与的活动，其中不仅包含在乡村生活的居民，同时也包含介入整治活动的其他组织或团体，如村集体、入村企业、规划师等，这些参与者在营建过程中代表各自不同的利益主体，表现出不同的职能和作用。非农化的经济关系也催生了新型的社会关系，而在新型社会关系网络中，要时刻认识到乡村居民在乡村生活中的主体地位，其在乡村人居环境整治中承担着多重角色，既是初期规划的建议者，也是整治过程中的建造者，更重要的是乡村居民作为乡村生活的主体，是整个乡村人居环境整治的最终受益者。而“自下而上”的乡村调查和乡村人居环境满意度评价，就是以乡村居民意愿和对现实感知的差异程度为依据，既关注乡村居民群体所反映的共性问题，也要关注不同地区乡村居民个体的特性问题，从共性与个性两方面入手，来确定最终乡村人居环境整治的目标。

3.3.1 面向乡村居民的乡村调查研究

2012 年，江苏省住房和城乡建设厅组织专家学者对全省范围内 280 余个不同类型的乡村开展了直接面对农民的乡村调查，发布了《2012 江苏乡村调查》丛书。这份报告从对乡村的经济社会发展、人口土地状况、村庄聚落环境、空间布局形态、农房建设状况、基础设施情况，以及农民人居意愿的系统调查提出江苏乡村人居环境改善和乡村规划建设水平提高的策略。

《2012 江苏乡村调查》丛书中将这次调查的样本村庄分为四种类型，分别为传统型村庄、传统格局基本保持村庄、传统与现代并存型村庄和现代社区型村庄。江苏地处沿海地区，在改革开放后发展较好，在调查样本中，传统型村庄的数量占比仅为 7%，绝大多数是在原有村庄基础上逐步现代化的村庄，这些村庄的基础设施建设已经开始向城市看齐，这份调查报告可对我们分析城郊型乡村人居环境整治诉求提供可供借鉴的资料。

（1）经济社会发展

调查分析结果显示，现代社区型村庄生活是我国乡村居民普遍比较向往的一种现代化生活方式。在调查中可以明显地发现，现代化发展程度高的社区型村庄，其经济产业结构很大程度上实现了多元化发展，并能够为居民提供较多的就业岗位，村庄生活环境和基础设施条件也相对较好，居民收入水平较高，外出务工人口比例相对较低；在一些现代化发展程度较低的村庄，居民出于改善生活的条件、增加收入等原因，更倾向于外出务工或迁居到其他城镇，这种村庄也出现了人口结构空心化的现象。

（2）基础设施和公共服务设施

根据对样本村庄情况调查分析可以发现，江苏村庄无论是传统型村庄还是现代社区型村庄，因得益于国家和地方各级政府的高投入，其基础设施的水平较普通村庄高，但是与城市排水管网、污水处理、垃圾环卫、互联网等基础设施的综合建设相比仍然存在很大的提升空间。有关公共服务设施方面，虽然乡村人口老龄化问题相较城市更加突出，但是在大多数村庄却尚未配置，这点应受到重视并加快建设。

（3）住房条件

从调查结果来看，江苏乡村居民的住房条件已经得到了较大的改善，尤其是在现代社区型村庄，这里的生活设施较为完善、生活便捷，大多居民无建房、买房的打算。因此，针对现代化水平较高的乡村，其建设的重点应该放在完善农村基础设施与公共服务配套和整治生态环境上。

在对住房条件进行调查的过程中，调查人员也发现了一个有趣的现象，学者们认为有重大价值的传统型村庄，乡村居民却倾向于撤离，而学者们认为均一化、缺乏文化特征的现代社区型村庄，乡村居民却愿意在其中生活，这一现象也说明，学术界的认知与当地居民的认知存在一定的差距，对当地居民来讲，生活的现代性、便利性要远远超过维持乡村传统的学术意义。

(4) 特色场所

“特色”是一种主观认知，体现个人对不同于惯常见到的景观的认识。调查结果发现，传统型村庄居民同现代社区型村庄对特色场所的认知是不同的。现代社区型村庄居民大多认为“公共活动空间”是本村最具特色的场所（包括广场、公共服务中心等）；而传统型村庄居民对于特色场所的认知则集中在本村独有的“文化遗产与传统建筑”。总体来讲，乡村居民对于村庄特色的总体认知度较低。

(5) 村庄环境

传统型村庄和现代社区型村庄对村庄环境认可的方面均主要集中在空气、环境、绿化等自然环境方面的选项上，其他如生活环境压力小、人情味浓、生活成本低等也得到乡村居民的肯定。而在环境不好的认知上，主要集中在河塘污染、垃圾遍地、缺乏活动场所等，这也是如今乡村环境整治的重点方面。

在调查中对于“建筑有特色”这一选项，乡村居民表现出较低的认知度。这固然有长期生活在传统建筑中的乡村居民对城市人眼中的建筑特色因司空见惯而缺乏“新鲜感”的元素，但更表明“千村一面”的现象需要引起重视。更为重要的是，乡村建筑特色的保护和彰显要同村民文化意识、地方文化自豪感和认知相结合，要同改善乡村生活环境、实现安居乐业相结合。

《2012 江苏乡村调查》显示，农民对于人居环境改善具有急切需求的两个方面分别是村庄的基础设施的提升和公共环境卫生的改善；绝大多数村民对于环境质量的提升期待值很高，表示如果开展整治工作，农民自身愿意投工投劳、甚至参与集资；并且有 65.51% 的农民表示，如果村庄的环境得到改善，他们愿意继续在村庄里生活。这一年的调查结果得出了真实的农民意愿，反映了农民最想解决、最需要解决、也有条件解决的问题和项目，为随后的“村庄环境整治行动”提供了切入点，之后的江苏乡村环境整治也是从农民强烈的村庄垃圾整治、干净自来水供应、道路整修、河塘清理、基本公共服务改善等意愿做起。1936 年费孝通先生的“江村调查”后形成的《江村经济》一书，系统反映了近代中国乡村生活的全貌，被称为“人类学实地调查和理论工作发展中的一个里程碑”；而 2012 年的调查作为 20 世纪 30 年代“江村调查”的延续，更加真实客观地记录了江苏乡村的人居环境在经历城镇化后的发展状况，以及当地农民的集中改善需求，调查结果不仅为江苏省进行乡村环境整治提供了针对性、实效性的资料，为自下而上乡村调查提供了良好的案例参照范本，而且它为更长远的历史阶段内中国的乡村研究提供了不可多得的时代纪实。

2017～2019年，西北大学研究团队对西安市周边168个城郊型乡村进行了实地调研，着重考察各村人居环境整治现状及居民整治意愿，调查结果显示在绿化景观建设、基本公共服务配置、房屋安全、居住环境、路灯照明、水电及电信网络配备等方面已取得较好的整治效果，居民较为满意；在污水处理、卫生厕所改造、垃圾处理、道路硬化、医疗卫生保健设施服务等方面还存在较大短板；在增加文化娱乐场所及室外健身场地和设施，提升街巷空间品质、加快产业发展等方面，居民的诉求迫切（表3-8和表3-9）。

表3-8　2017～2019年已调研西安市周边城郊型乡村名录

所属区县	乡村个数	调研乡村
灞桥区	8	狄寨街道西车村、东车村、夏寨村、金星村、北大康村、小康村、姚家沟村；席王街道王坡村
阎良区	8	关山镇苏赵村、关山镇长山村、关山镇东丁村、武屯镇老寨村、武屯镇三合村、新兴街道新牛村、振兴街道昌平村、北屯街道李桥村
高陵区	9	通远街道何村、崇皇街道绳刘村、张卜街道张卜村、通远街道灰堆坡村、张卜街道南郭村、张卜街道东关村、通远街道仁村、通远街道岳华村、耿镇街道周家村
周至县	28	九峰镇耿峪村、翠峰镇农林村、竹峪镇鸭沟岭村、竹峪镇张龙村、竹峪镇丹阳村、哑柏镇裕盛村、马召镇金盆村、楼观镇周一村、广济镇师家安村、集贤镇殿镇村、尚村镇张屯村、竹峪镇中军岭村、竹峪镇北西沟村、二曲街道镇东村、广济镇桑园村、富仁镇金家庄村、富仁镇大寨子村、马召镇四府营西村、终南镇豆三村、司竹镇北司竹村、厚畛子镇花耳坪村、骆峪镇向阳村、翠峰镇丁家凹村、四屯镇新联村、青化镇联集村、陈河镇黑虎村、王家河镇双庙子村、板房子镇长坪村
蓝田县	33	九间房镇桐花沟、小寨镇董岭村、汤峪镇圪塔村、玉山镇山王村、曳湖镇簸箕掌村、灞源镇青坪村、蓝桥镇野竹坪村、厚镇韩坪村、蓝关街道黄沟村、蓝关街道徐家山村、三官庙镇里峪湾村、汤峪镇塘子村、焦岱镇柳家湾村、九间房镇油房坪村、葛牌镇石船沟村、三里镇秦家寨村、蓝关街道新城村、曳湖镇黑沟村、华胥镇拾旗寨村、普化镇河湾口村、厚镇东嘴村、汤峪镇骆驼岭村、焦岱镇焦岱街村、焦岱镇鲍旗寨村；蓝桥镇：安子沟村、九间房韩家坪村、灞源镇秦谷村、灞源镇庙娅村、玉山镇杨寨村、辋川镇河口村、三里镇乔村、汤峪镇代寨村、辋川镇锡水村

续表

所属区县	乡村个数	调研乡村
长安区	34	子午街道王庄新村、子午街道东西水寨村、子午街道台沟村、滦镇街道上王村、黄良街道南仁村、东大街道水磨村、五台街道西尧村、王莽街道清水头村、杜曲街道东杨万村、杜曲街道东江坡村、杨庄街道杨庄村、杨庄街道大寨村、子午街道北豆角村、子午街道石砭村、子午街道天子口村、太乙街道西岔村、滦镇街道翁家寨村、滦镇街道乔良寨村、太乙街道沙场村、太乙街道太乙宫村、王莽街道翁家寨村、五台街道留村、杨庄街道南佛沟村、东大街道大寺新村、滦镇街道花园村、东大街道北石村、东大街道南石村、黄良街道北仁村、黄良街道黄良村、砲里街道西坬村、杜曲街道杜北村、杜曲街道三府衙村、杨庄街道虎峪村、引镇街道光明村
临潼区	23	代王街道宋家村、相桥街道华次村、小金街道小金村、北田街道滩王村、北田街道尖角村、新丰街道坡张村、徐杨街道屯刘村、相桥街道相桥村、新丰街道湾李村、栎阳街道齐家村、仁宗街道土桥村、斜口街道高沟村、铁炉街道下刘村、马额街道南庙村、行者街道西河村、任留街道南屯村、秦陵街道杨家村、穆寨街道三庙村、西泉街道魏庄村、穆寨街道西王坡村、徐杨街道邓王村、代王街道李河村、零口街道三府村
鄠邑区	26	草堂镇李家岩村、秦渡镇裴家寨村、玉蝉镇胡家庄村、甘亭街道办东韩村、蒋村镇同兴村、石井镇涝峪口村、石井镇栗峪口村、蒋村镇白龙村、草堂镇平堰下村、草堂镇唐旗寨村、玉蝉镇水磨头村、庞光镇乌东村、余下镇灵山寺村、蒋村镇柳泉村、玉蝉镇羊圈村、石井镇阿姑泉村、石井镇蔡家坡村、景区局八里坪村、景区局太平口村、石井镇潘家堡村、蒋村镇念庄村、镇北寺祖庵村、蒋村镇甘峪口村、玉蝉镇西伦村、石井镇土门村、玉蝉镇涝峪口村

表 3-9　城郊型乡村人居环境整治调查打分表

类型	序号	评价指标	建设标准	得分
政策环境	1	建立推进机制（3 分）	**专项组织推进机制：** □已成立（1 分）　□未成立（0 分）	
			专题会议研究、实质性推进措施： □有专题会议研究（1 分） □有实质性推进措施（1 分） □以上皆无（0 分）	
	2	加大资金投入（4 分）	**县级财政专项资金投入情况：** □100 万元以上资金（2 分） □100 万元以下资金（1 分） □无专项资金（0 分）	
			社会资金投入情况： □有（1 分）　□无（0 分）	

续表

类型	序号	评价指标	建设标准	得分
自然生态	3	提升水体质量（12 分）	**生活污水处理系统：** □有集中处理设施（2 分）　□管渠完善（1 分） □实现雨污分流（1 分）　□以上皆无（0 分）	
			生活污水处理设施： □设施运转正常（1 分）　□有专人维护（1 分）	
			卫生改厕情况： □卫生改厕完成（1 分） □户外消除旱厕（1 分） □公厕建成（1 分） □以上皆无（0 分）	
			公厕建成质量： □质量基本达标（1 分） □公厕建设风格与村庄一致（1 分） □形成景观节点（1 分） □以上皆无（0 分）	
	4	提高绿化水平（8 分）	**庭院绿化建设：** □整齐有序（1 分） □局部有景观效果（1 分） □形成整体效果（1 分）　□以上皆无（0 分）	
			道路绿化建设： □简单绿化（1 分） □有节点打造（1 分） □形成整体效果（1 分） □以上三项皆无（0 分）	
			环村林带建设： □环村林带建设有一定规模（1 分） □实现绿树合围（1 分） □以上两项皆无（0 分）	
	5	优化垃圾处理（13 分）	**切实可行的垃圾处理模式：** □已建立（2 分） □初步建立（1 分） □没建立（0 分）	

续表

类型	序号	评价指标	建设标准	得分
自然生态	5	优化垃圾处理（13 分）	**垃圾收运处理设施配备：** □有垃圾收集桶（1 分） □有定期清运车辆（1 分） □以上两项皆无（0 分）	
			建立农村保洁制度： □建立农村保洁制度（1 分） □有固定清洁员（1 分） □以上两项皆无（0 分）	
			“三净五无”： □路面整洁（1 分） □树坑干净（1 分） □生活垃圾收集点周围干净（1 分） □“五无”（1 分） □以上四项皆无（0 分）	
			垃圾分类利用： □开展了垃圾分类（1 分） □实现垃圾资源利用（1 分） □以上两项都无（0 分）	
	6	消灭违法占地（3 分）	**无未批先建、农田建房等违法建设：** □无占地违建行为（1 分） □有占地违建行为（0 分）	
			无农户房前屋后乱建、乱堆： □无乱建（1 分）　□无乱堆（1 分） □有乱建、乱堆（0 分）	
居住环境	7	优化镇村门户（6 分）	**镇村门户设计：** □建有牌楼、石碑（1 分） □建有雕塑小品（1 分） □建有文化礼堂（1 分） □门户景观能展示特色（1 分） □以上四项皆无（0 分）	
			村庄出入口或村内建有公园、广场、景观节点： □有（2 分）　□无（0 分）	

续表

类型	序号	评价指标	建设标准	得分
居住环境	8	整治村内建筑（13 分）	**村庄建筑风貌整治：** ☐整村搬迁（6 分） **若非整村搬迁做以下选项（多选）** ☐主街墙面色调统一（1 分） ☐全村墙面色调统一（2 分） ☐主街立面改造风格统一（1 分） ☐全村立面改造风格统一（2 分） ☐无改造粉刷（0 分）	
			住宅门口美化： ☐户前规范整齐有序（1 分） ☐局部形成景观效果（1 分） ☐形成整体效果（1 分） ☐以上三项皆无（0 分）	
			现存传统建筑采取合理措施保护： ☐有（1 分） ☐无（0 分）	
			村内危房全部整改完成： ☐整改完成（2 分） ☐正进行整改（1 分） ☐无整改（0 分）	
	9	整治线缆乱拉现象（3 分）	**强电无占道线杆、私拉：** ☐无（1 分） ☐有（0 分）	
			弱电无空中蜘蛛网： ☐整齐有序（1 分） ☐基本整齐（1 分） ☐有蜘蛛网现象（0 分）	
设施支撑	10	优化设置道路、停车及标识牌（6 分）	**机动车道路全面硬化：** ☐进村道路硬化（1 分） ☐连接道路硬化（自然村之间道路）（1 分） ☐内部道路硬化（1 分） ☐以上三项皆无硬化（0 分）	
			村内停车有序、整齐： ☐停车有要求（1 分） ☐停车整齐有序（1 分） ☐以上两项皆无（0 分）	
			连接村庄主干道有明显标识： ☐有标识牌（1 分） ☐无标识牌（0 分）	

续表

类型	序号	评价指标	建设标准	得分
设施支撑	11	建设活动场地与设施（3分）	**体育活动广场及设施设备配齐全：** □广场硬化（1分） □有设施设备（1分） □有景观建设（1分） □以上三项皆无（0分）	
	12	优化路灯照明（4分）	**主干道、公共场所有路灯照明：** □路灯照明有景观效果（2分） □路灯规格统一（1分） □路灯亮化全覆盖（1分） □以上三项皆无（0分）	
	13	水电网配备齐全（2分）	**集中供水、供电、网络信号全覆盖：** □集中供水（1分）□集中供电（0.5分） □网络信号全覆盖（0.5分） □以上三项皆无（0分）	
	14	公服配备接轨城市（8分）	**公共服务设施配置良好：** □有农民业余文化组织（0.5分） □有图书室（1分）□有储蓄所（0.5分） □有50平方米以上综合超市（0.5分） □有村内幼儿园（1分） □有村内小学（1分） □有诊所/医院（1分） □有养老设施（0.5分） □有福利院（0.5分） □有综合市场（0.5分） □有专业市场（0.5分） □与城镇共享设施（0.5分）	
社会环境	15	规范经营秩序（3分）	**村内无占道经营、出店经营现象：** □无此现象（2分） □有此现象（0分）	
			村内无乱张贴广告： □无乱张贴广告（1分） □有乱贴张贴广告（0分）	
	16	共建精神文明（3分）	**村内文化墙主题突出：** □历史人文典故展示（1分） □宣传村规民约（1分） □弘扬正能量（1分） □以上三项皆无（0分）	

续表

类型	序号	评价指标	建设标准	得分
社会环境	17	培育特色产业（3分）	**村庄经济效益良好：** □有集体经济（1分） □有特色产业（0.5分） □产业效益优良（0.5分） □以上皆无（0分）	
			村庄旅游发展良好： □已发展乡村旅游（1分） □未发展乡村旅游（0分）	
	18	示范村庄引领（4分）	**农村新型社区进行集中建设：** □有（1分） □无（0分）	
			村庄有建设方案且实施良好： □有建设设计方案（1分） □实施且建设效果良好（1分） □具有良好的推广作用（1分） □以上三项皆无（0分）	

3.3.2 乡村人居环境满意度评价

目前，专家学者们多采用构建乡村人居环境满意度评价体系，以及村民使用后评价体系这两种主要途径从乡村居民主观评价角度来表达乡村居民对于人居环境的诉求。国内学者在指标体系评价方法方面做了多种研究，目前主要有主成分分析法、层次分析法（AHP）、简单加权法（SAW）、IPA分析法、SD分析法、因子分析法、相关分析法、专家评分法、模糊评价法、人工神经网络评价法和数据包络分析（DEA）等。由于乡村人居环境评价存在数据获取困难及问题复杂多样等状况，目前对于乡村评价指标体系的研究方法多集中于模糊评价法。

满意度评价体系研究始于1936年，初期应用于经济学社会学等领域，后来尤建新、陈强将“顾客满意度”概念引入了城市管理领域，“公众满意为目标导向”是满意度理论在城市规划中的最早应用。随着近年来乡村热度的大增，该理论也从城市蔓延到乡村领域。

李伯华、刘传明、曾菊新在2009年分别运用模糊层次分析法，根据湖北省石首市久合垸乡的人居环境地域分布特征，构建了对乡村人居生态环境建设满意度综合评价的指标体系，得出满意度评价的结果表明，居民对于乡村人居生态环境不满意的主要形成原因在于城镇和农村的饮用水水质差，生活中的饮用水以及对河流的污染治理问题等不能及时得到有效的解决，因此加强乡村的人居生态环境的建设当务之急是尽快解决村民饮水安全的问题。

刘春艳、李秀霞、刘雁于2012年对吉林省9个村落的情况进行了重点调查和研究，构建乡村人居环境满意度评价体系，从农村的经济、社会和文化方面对吉林省的乡村人居环境优化提出建议。其调查结果表明，乡村居民对于人居环境不满意的方面主要集中在饮用水、自然水体水质以及文化娱乐活动等问题上，这也印证了李伯华的调研结果，提醒大家应重视农村饮用水安全。

2008年，刘学、张敏对镇江典型村庄进行居民满意度研究时，构建了包括对乡村人居生活环境建设水平的满意度评价体系以及村民对生活环境的满意度评价体系，这两方面的典型乡村人居生活环境满意度评价模型，不仅从客观反映乡村建设的水平而且从主观由村民感知并进行了评价，并对两者的满意度评价结果一致性及其相互的差异等问题进行了剖析，对典型乡村的人居环境和乡村建设水平提供更加科学的评价建议。他主要是采用问卷调查以及典型居民入户访谈的两种调查形式，对每一个典型乡村建设状况都进行了村民满意度的问卷调查，内容主要是包括村民的住房条件、道路交通、环境卫生、商业购物网点、文化娱乐设施和乡村公园绿地6个主要的方面。根据调查结果的分析可以得出，镇江市典型乡村居民对于其住房条件和主要道路交通以及购物网点的人居环境满意度普遍比较高，对人居生活环境的不满意主要是集中在典型乡村环境卫生、文化娱乐设施和公园绿地上。

2013年，殷冉以南通市典型村庄为例，构建乡村人居环境满意度指数模型，用模糊综合评价法对满意度评价结果进行分析，并构建回归模型对影响村民乡村人居环境改善意愿的因素进行分析。最终得出影响乡村人居环境改善的主要因素有村民性别、年龄、房屋建造年代、房屋总面积，男性村民改善意愿较强烈，且房屋建造年代与村民改善房屋意愿负相关，以上结论也可为针对南通市典型村庄乡村人居环境改善策略提供帮助。

2014年，刘振静采用层次分析法与德尔菲法结合的模糊综合评价方法，建立了自然生态环境、基础设施、居住条件、公共服务、社会关系五位一体的赵河镇村人居环境满意度评价体系，收集了城市规划、园林，环境学、旅游方面的专家以及城市规划、风景园林、建筑学等专业的学生共15位专业人士的意见，得出指标层各因子的权重值。从等级评价可以看出，赵河镇村民对居住条件、公共服务、社会关系等方面满意度较高，对自然生态环境与基础设施满意度一般。

2017年，邵珊珊、曹珊以浙江省湖州市莫干山镇何村为例，构建了乡村人居环境建设评价体系模型，对乡村居住环境、基础设施建设、社会环境、生态环境指标四个方面进行评价，进而提出提升人居环境的整治策略，其调查结果显示，何村居民对人居环境的关注点集中在交通便捷度较差、河流污染、学校质量不高以及由于宅基地面积标准规定导致的住宅面积较小等方面。

2019 年，赵志庆、谢佳育、王清恋对双鸭山兴安乡四村人居环境满意度展开调查，从使用者的角度对人居环境展开评价，突出人居环境的政治工作与村民意愿的矛盾点和契合点。在对四村概况进行摸底调查后，构建了自然生态、社会服务、乡村基础设施、居住条件、乡风文明五大分类层及其下 25 个指标。在选取各个年龄段、不同经济层次的村民样本 50 人后，对各项指标的重要程度进行判断，最终得出权重。在满意度结果比较分析时，满意度四分象限图，以村为单位将期待解决的问题可视化，例如兴二村处于“完善区”的指标有排水设施、文化设施、环卫设施及农田水利，保胜村处于“完善区”的指标则还有商业零售、体育设施。根据这个结论可以了解各村设施不完善不均衡情况指导进一步的设施布置。

有关乡村人居环境满意度评价体系内容对比如表 3-10 所示。

表 3-10　乡村人居环境满意度评价内容对比

地区	研究内容
石首市久合垸乡	自然生态环境、农村基础设施、房屋建筑质量与设计、社会服务与社会关系
吉林省 9 个村落	生态环境、居住条件、基础设施、社会服务、社会关系
镇江典型村庄	环境卫生、住房条件、道路交通、购物网点、文化娱乐设施和公园绿地
南通典型村庄	自然生态、社会服务、基础设施、居住条件、民风民俗
赵河镇村	自然生态环境、基础设施、居住条件、公共服务、社会关系
湖州市莫干山镇何村	生态环境指标、居住环境、基础设施建设、社会环境
双鸭山兴安村	社会服务、基础设施、居住条件、自然生态、民风民俗

乡村类型的不同对于满意度指标体系的构建与指标的选取也至关重要。2011 年，吴咏梅、朱志玲、郭丽雯主要针对宁夏移民类型的乡村构建了人居物质环境满意度综合评价的体系，并进一步研究其中乡村居民的主观生活诉求。研究的结果表明，移民类型的乡村居民对人居物质生活环境不满意的方面，主要集中在现有的乡村基础性配套设施和乡村公共服务设施配置的数量与配套设施质量不满足要求，应通过加大配套设施的建设与维护力度来促进和实现移民类型乡村的人居物质生活环境的提升与经济健康发展。

2014 年，刘红霞、曹帅强、邓运员选取典型的景区边缘型乡村南岳古镇作为研究对象，通过从生态、经济和社会文化三方面构建基于居民感知的景区边缘型乡村旅游地环境满意度评价体系，分析居民对于南岳古镇旅游发展的满意度评价及影响满意度的环境变化因素。研究结果表明，南岳古镇居民对于古镇旅游发展环境满意度为一般，在生态环境、经济环境和社会文化环境等方面有着正、反面的感知，正面影响表现为居住和生活环境改善、就业机会增加、居民环境意识加深等，反面影响包括自然环境质量下降、物价水平上涨严重、文化冲突明显等。

而对城郊型乡村人居环境满意度调查方面较新的典型案例有王雷、李娜2019年对苏州东山岛双湾村的更新规划策略研究。王雷等也是采用问卷调查和入户访谈的形式研究城郊型乡村居民对乡村人居环境空间的认知特点。双湾村所处位置为太湖东山岛，背山靠水，紧邻环山道路，交通十分便利，具有发展旅游产业的潜力，而对乡村居民调查结果也显示大部分调查对象倾向于农家乐（民宿）、乡村旅游，其次是以碧螺春茶、白玉枇杷、乌紫杨梅、太湖大闸蟹为特色的农业产业。在对居住环境要素的满意度调查中发现居民满意度最高的是自来水的供应及水质安全，其次是住宅安全、日照、通风、对外部交通通达度等（满意度高于60%）。而居民最不满意的则是公园和广场设施（不满意比例超过80%）。

有关距离镇行政中心远近乡村对比研究的案例，例如刘元慧于2019年选取山东省日照市巨峰镇23个村庄为研究对象，她运用实地调研、模糊综合评价法、Logistic回归分析等方法，并构建量化评价指标体系，系统分析了样本村庄人居环境整治现状，对区域人居环境整治满意度进行评价，探究区域农村人居环境整治满意度在村域之间的差异性及影响因素。得出结论有，远离镇行政中心的样本村人居环境整治满意度较高，研究区村庄人居环境亟待改善的因素主要表现在建筑密度、道路硬化设施、空气质量、自来水改造和教育设施等。

有关不同类型乡村人居环境满意度评价体系内容对比，见表3-11。

表3-11 特殊类型乡村人居环境满意度评价内容对比

乡村类型	地区	评价内容
移民型	银川市兴庆区月牙湖乡	生态环境、居住条件、基础设施、公共服务设施、乡风文明
景区边缘型	南岳古镇	生态环境、经济环境、社会文化环境
城郊型	苏州东山镇双湾村	生态环境、住宅条件、基础设施和公共服务设施
距镇中心远近对比	山东省日照市巨峰镇23个村庄	自然生态环境、居住环境、基础设施、公共服务设施、社会人文环境

除了乡村人居环境满意度框架建设，自下而上的评价体系还有乡村人居环境使用后评价（POE）。POE首先是在环境心理学领域发展起来的，一开始主要针

对的是建筑环境的研究，意指建筑投入使用后的绩效评估，发展到现在 POE 已经逐渐从建筑室内外空间扩展到城市设计、园林景观设计等方面，通过在建设项目落地一段时间后使用者的反馈，来分析使用者对于环境的需求和渴望。

2014 年，王鹤、马军山、魏琦丽针对聚宝湾美丽乡村建设，构建了乡村生态环境、乡村居民经济条件、乡村社会环境、乡村居住环境及乡村基础设施 5 个子系统下又有其指标共 30 个因子，针对这些因子设计调查表，对指标的评分采用李克特量表法进行赋值，对村民的总体态度以及单个指标的态度进行分析。该研究当时只进行了统计性的描述，如 67. 4% 的人对目前乡村人居环境认可，仅有 18. 7% 的人表示对目前环境不认可，而并没有对影响其评价结果的因素进行相关性分析。

有关移民村的人居环境 POE 评价，黄研于 2016 年在借鉴传统城市人居环境评价体系的基础上，按照专家和移民各指标的重要度，将指标合并、拆分或更名，构建了适合陕南移民安置点的人居环境评价体系。如考虑到移民安置点生态环境和环境安全较优，两项指标可省略合并为移民安置点生态环境与安全指标。再如在实地调研中发现，移民本身对于景观设计质量的诉求并不突出，可将居住质量和环境景观分为两个单独指标，并将居住环境更改为安置点院落及绿化设计，反映出对院落实用性的要求。此项研究开拓 POE 评价系统在人居环境领域的实际应用。最终得出专家和村民的关注点差异是移民工程在实施过程中的主要问题。例如，专家和村民均认为安置点房屋居住质量和安置点公建配套设施建设比较重要，但是村民相对更关注自身务农收入、再就业途径是否可以改善。

2018 年，杨骐璟以楚雄紫溪彝村为案例，村民作为评价主体，对于旅游村落建成环境进行使用后评价。构建的评价指标参考人居环境理论体系，从物质环境、社会环境、人的行为环境三个层面切入，构建适用于紫溪彝村建成环境使用后评价的模型和方法。对不同使用者的需求进行分析，对紫溪彝村的建成环境状况进行逆向取证。利用层次分析法和模糊评价方法，分析不同利益相关者对各指标重要度的差异性评价，通过各指标的最终量化，详细描述了建成环境指标体系的总体特征和个体指标特征的差异性表现。研究总体来看，搬迁以后，紫溪彝村村民的生活和生产方式有了很大的改变，村落的物质空间形态、地方意义等方面都发生了明显的变化，从某种角度而言，地方实现了重构与再生。村民并没有显露出较为严重的归乡之情，反而增强了自豪感与归属感。无论从物质环境角度还是心理环境角度来看，多项指标的满意度较高。村民基本都愿意为了改善生活状况搬迁，也表示支持政府工作，希望继续开展乡村旅游。

有关乡村人居环境使用后评价体系内容对比如表 3-12 所示。

表 3-12　乡村人居环境使用后评价内容对比

地区	评价内容
聚宝湾	生态环境、居民经济条件、社会环境、居住环境、基础设施
陕南移民村	安置点生态环境与安全、居民经济条件、社会文化环境、房屋居住质量、院落及绿化设计、建筑技术及节能设计、基础设施、对外交通条件、社会福利与保障、配套设施建设
紫溪彝村	生态环境与安全、村民经济条件、社会文化环境、房屋居住质量、建筑技术及节能设计、基础设施建设、交通条件、配套设施建设、公共设施、广场空间

通过以上的研究过程对比，可发现在研究乡村人居环境满意度时，学者们在一级指标选取上的差异并不大，涵盖了乡村人居环境建设的各个方面，主要是在指标的选取数量与类型上略有差异，集中在人居环境五大系统上——生态环境、居住条件、基础设施、公共服务、社会关系，但也应认识到创新性不足的问题。目前多建立两级指标体系，在二级指标的选取时存在指标重复、指代不明确、操作性差等问题。

针对特殊类型乡村人居环境满意度体系构建与其他普通乡村相比，目前一层指标没有区别，仍为人居环境五大系统。在二级指标的选取上则体现出地区差异性，以普通乡村双鸭村和景区边缘型乡村南岳古镇的对比为例，双鸭村对于生态环境准则层的指标设计有绿化景观、空气质量、水质状况三个指标，而南岳古镇对于生态环境准则层则有居住和生活环境、乡村景观、当地资源环境保护、居民环保意识、环境质量、资源利用六项指标，指标选取的不同也体现出乡村发展方向的特色性与针对性。

相较于满意度评价体系，使用后评价体系构建目前在乡村领域的应用处于起步阶段，可供参考的文献较少，但也可以看出 POE 一级、二级指标的选择更为复杂灵活。对于 POE 我们可以继续探索更具有针对性的指标设计，对于满意度评价则需要打破常规，紧跟政策与现状。

从以上的研究结果来看，不管是同类乡村还是不同乡村的同种指标，其最终的满意度值数，以及影响其数值大小的环境因素都是不一样的，例如村民性别对于改造意愿的影响，在不同村的表现正负相关还是无关状况是不同的。不管是用何种方法对于乡村人居环境进行评价，都需要认识到，千村千面的评价结果是肯定的而且必要的，具有各村特色的指标体系以及评价结果对于引导村庄进行针对性的人居环境改造设计才极具参考价值。

从 2009～2019 年的各类乡村人居环境自下而上调查中也可以看出，乡村调查研究不仅涉及的村庄类型愈发广泛，而且反映的问题千村千面，农民集中改造意愿也具有时代性的变化。2010 年有关乡村人居环境农民的改造意愿集中在饮用水卫生、环境保护、基础设施上，而2019年左右的调查结果显示，村民对于饮用水的满意度较高，尤其是城郊型乡村。而乡村居民对于基础设施、公共设施和公共环境的满意度虽仍处于较低水平，但不可忽视的是，村民对于房屋改造、征地搬迁、务农收入、再就业途径等具有比之前更高的关注度。除调查结果外，还应注意到影响调查结果的因素，乡村居民对于人居环境整治的高度关注但不配合的行为，很多由于其对政策理解的不到位，如拆掉危屋残屋，很多农民认为会把自己的宅基地交公，因此表现出消极的态度，而在村干部对环境整治中建新房、整道路、清垃圾等方面进行解释后，村民才欣然接受并表示愿意参与，所以乡村人居环境整治工作应越来越依靠乡村居民这一本体，做到规划建设的共建共享。

3.4 乡村人居环境建设的经验

乡村人居环境建设是乡村建设的基本内容。从当今世界来看，当一个国家工业化发展到一定程度时，其建设重心将会向乡村转移。目前，一些发达国家和地区已经在乡村人居环境建设中取得了一些成果。虽然各个国家和地区建设时期的基本国情与发展的模式各不相同，但他山之石、可以攻玉，借鉴、吸取较为典型乡村案例的经验教训，有助于发展中国特色的社会主义乡村人居环境建设。

3.4.1 日本“造村运动”

日本属于岛国，具有人多地少、劳动力资源丰富的特点，农业农村发展情况与中国类似。在20世纪六七十年代，日本因农村青壮年人口大量流出到城市，农业生产和发展所需要的人力资源条件不断恶化，出现了耕地闲置的问题，导致农村经济增速放缓，城乡收入差距拉大等地区发展不平衡问题。为保持地方经济活力，缩小城乡差距，日本推行了“造村运动”，这项运动强调对乡村资源的综合化、目标的多样化和开发高效益，以凸显地方优势并创造乡村的独特魅力。

日本乡村建设过程大致经历了三个阶段。1955～1965年是最基本的乡村物质环境改造阶段，在这一阶段的主要目标是开展基础设施建设、扩大土地规模经营，提高农民的生产积极性。为此，日本政府制定了一系列相关法律法规，并采用合并现有村镇的方法来集中进行经济建设，进而提升城镇化水平，缩小城乡差距。1966～1975年是传统农业的现代化改造与提升发展阶段，在此阶段主要工作是调整农业生产以及农业产品的结构，满足城市农产品的巨大需求。同时，《山村振兴法》（1965年）等法律的出台，也对落后山区的基础设施建设加大了扶持力度。到1975年，日本的城乡收入差距明显下降，从1950年的1.19倍缩小到0.95倍，部分日本农民的收入甚至超过了城镇居民。到了20世纪70年代末，日本发起了“造村运动”，此次运动与前两次的区别在于，之前是注重农业结构调整和缩小城乡差距问题，而“造村运动”的着力点是培育乡村的产业特色、人文魅力，发掘出内生动力，以提高乡村地区活力。这对后工业化时期日本的乡村振兴发展产生了较为深远的影响，不仅转变了日本乡村的产业结构，提高了乡村的市场竞争力，而且形成地方吸引力留住了乡村各类型的人才。

在乡村治理和建设方面，日本面临许多与中国相似的问题，如城乡差距较大、产业结构失衡、耕地荒废、农业劳动力不足等，经过60年的努力，通过改革土地制度、调整产业结构、扩大经营规模、持续改善乡村治理体制、促进城乡交流以及保护农村生态环境等途径，日本的农业生产力有很大提升，城乡收入差距逐渐减小。因此，日本的乡村建设发展经验对我国推进乡村振兴战略极具参考价值。

另外，日本在对乡村的治理和综合建设方面特别注重因地制宜，例如《过疏地域振兴特别措施法》是针对一些村落较小和人口稀少的地区专门研究制定，对该类地区的乡村进行了综合治理和建设，包括发展和培育当地的特色产业，改善其基础配套设施和生活条件，提升当地农村居民的住房条件等。对于一些在对国土、水源、自然环境的保护等乡村建设方面都具有重要指导意义的偏远山村，日本在1965年制定了《山村振兴法》，将这些小型村庄作为该类乡村建设重点和扶持的对象，设为“振兴村”，并分别给予偏远山区的补助，主要的内容包括保护和开发土地、水利、森林等未开发利用的自然资源，防止和有效消除水害、风雪、森林火灾的自然危害等。日本还针对一些离岛地区、农振地区和其他城市规划区之间重叠的聚落地区、综合保养的地区、市民综合农园等分别制定并出台了《离岛振兴法》、《聚落地域整备法》、《综合保养地区整备法》以及《市民农园整备促进法》等。对于中国的众多乡村考虑到自然环境的条件与社会发展经济的条件各异，在这样的情况和条件下开展乡村振兴，可借鉴日本经验对区域的经济发展水平、产业发展基础以及民俗文化开发的程度、自然资源禀赋利用等的状况分别进行详细分析，根据地理位置、开发程度和自然资源利用禀赋等的不同，划分不同的振兴项目类型，制定出具有针对性的振兴项目实施方案。

20世纪80年代末，日本政府颁布了《综合保养地区整备法》等一系列的法律，并先后出台了一系列关于农村财政金融的优惠和鼓励措施，目的之一就是支持和发展日本乡村的旅游活动，在这些措施过程中日本还鼓励一些地方政府在农村建设休闲度假和疗养设施。但是由于一些地区休闲和娱乐度假疗养设施的过剩，且所处的地区偏远，这个乡村建设计划不仅没有真正达到促进乡村振兴和发展乡村观光旅游和文化产业的实际效果，还给农村带来严重的生态环境破坏问题，并严重助长了其投机集资行为，导致了地方政府高额的债务危机。目前，中国在推进乡村建设和治理的过程中，不少地方也已经出现类似的盲目照搬传统乡村建设的模式、盲目地建设了休闲和娱乐度假疗养设施以及破坏了生态环境等问题。针对此类现象，建议在促进乡村建设和振兴的过程中科学地引导农村建设项目，严格管理规范资金的合理使用渠道。在乡村建设的过程中可增加一些具有地方历史文化特色的乡村建设工作，注重展现农村特有的历史文化风貌和乡土气息，真正将现代农村打造成与现代城市相辅相成的地区。

3.4.2 韩国“新村运动”

1970年，为了彻底解决部分农村贫困落后、经济发展濒临崩溃等问题，韩国政府给全国村庄提供了用于村庄自我改造项目的钢筋水泥，这也标志着韩国“新村运动”的正式开始。韩国农民新村改造运动的宗旨就是“建设和谐满意的共同体”，即致力于建设在物质和精神上都能使共同体成员感到满足的和谐农村社会，此项自我改造活动极大地改善了韩国农民生活条件，使韩国的城乡关系和工农业关系越发密切，很大程度地优化了韩国农村人居环境的基本面貌，激发了韩国农民群众自主建设和谐新农村的创造性、积极性和工作的主动性。

韩国的新村运动主要经历以下几个主要发展阶段：①农村基础建设现代化阶段（1970～1973年），以恢复和改善韩国农村基本的生活和就业条件、提高韩国农民的收入和对改造韩国农民落后的意识等为其工作的重点；②效果拓展阶段（1974～1976年），以改善农民的居住生活环境和促进农民生活现代化为主；③现代化深化阶段（1977～1979年），以推进和深化韩国农村的产业体制改革、提高农村社会经济的效率、缩小韩国农村城乡差距以及加快推进韩国农村城乡的一体化发展为主要的目标；④体制结构调整阶段（1980～1989年），从以前由政府部门主导的方式逐渐转变到由民间团体主导的方式，农民自发型的建设也得到了政府的肯定；⑤自我建设和发展现代化阶段（1990年以来），农民可以自主建设和管理村庄的发展。

新村建设运动的顺利完成，主要是得益于韩国政府实施的三项农村现代化建设政策。

1）积极开展农村教育启蒙，即实施新村领袖教育启蒙政策。各级人民政府提倡和发扬“勤勉、自助、合作”的民族传统精神，构建和谐和有社会道德的农村社会。通过一些能够使国民群众易于理解和接受、具有社会感召力的农村文化活动和教育形式，激发了农民的劳动积极性和农民的创造性。如为了帮助培训“新村领袖”，政府专门组织成立了新村领袖培训研究院。

2）农村经济的发展，即政府完善了农业基础设施和其他增加了农民收入的措施和政策。主要的内容包括了家畜的饲养、修建桥梁、道路的扩展、水稻新品种和其他经济耕作技术推广等，改善了农民的生产和生活条件。为了进一步提高农民收入，政府在经济上除了对农业的结构做出了调整外，还特别注重发展农村的金融业。

3）促进农村社会经济发展，即进一步实施和完善农村生态环境、住房条件改善及公共建设的社会发展政策。从农村教育、文化等各项社会服务以及基础设施结构改善等方面对农村进行综合治理，改变落后农村地区的生活面貌，通过采取措施完善农村的基础设施并改善居民居住条件，改善农村生活的条件和农村生态环境，包括修建卫生的农村供水系统、改造农村排污处理系统，维修老旧房屋和重建老旧的村庄，以及扩张农村的电网和通信网等。

韩国的新村运动的特点主要有以下几点。

1）政府主导与农民自主精神相结合。韩国建设新村运动是在韩国政府的支持和主导下，通过广大农民积极参与而发展推进的。韩国政府在农民财力有限的情况下，着力于构建多层次的政策和体系支持，调动了农民群众自主参与建设新村运动的热情和积极性，由最初的“自上而下”的推进运动逐渐转变为“自下而上”自我促进新村发展的运动。

2）物质文明和精神文明体系建设的共同推进。新村运动在不断地改善韩国农民物质条件的同时，也极大地促进了农民在精神和文化层面的素质提升。新村运动引导农民通过共同努力改变了韩国村庄的贫困落后的状况，使其在生活中克服了消极、落后的意识，增强了农民的自信心，树立了“勤劳、自立、合作”的农村精神，从而极大地提高了韩国整体的农村人力资本质量和现代化国民素质。

3）重视农村人才培养。新村运动委员会投入大量的资金和时间于农民文化培训和职业教育工作，特别是强调了对政府的政策和农业先进技术的指导和培训，最终形成了韩国政府职业教育政策加速落实、农民的文化职业水平不断提高以及农业先进技术推广成效不断提升的一个良性循环。韩国各级地方政府都成立了专门机构，对不同类型农村的建设工作进行了分类的组织和指导，层层地建立起了能够负责组织、监督和指导新村运动建设工作的骨干机构。

4）全社会共同参与。新村建设最先在全国农村地区发起，随着农村改革的进一步深入，全国各行各业都纷纷主动参与，最终推动新村运动发展成为全社会共同参与推动的现代化农村建设运动。新村建设运动成为经济发展与当代公民素质改造的有机互动。

3.4.3 德国村镇建设政策

德国不仅是一个经济高度发达的现代工业国，也是一个非常典型的现代农业生产强国。德国农村地区占全国国土总面积的29%，农业人口约占总人口的12%，农业增加值约占全国GDP的9%。德国的农业生产效率较高，主要农产品自给率超过90%，是欧盟国家中仅次于法国和意大利的第三大农产品生产国。

多年来，在欧盟共同制定的农业政策和框架的指导下，德国政府在实践中逐渐形成了一系列极具特色且富有成效的农村政策，主要包括三个方面的内容。一是为了有效保护村镇农业用地和提高农产品的价格，以《农业法》为基础颁布了一系列的法规；二是建设高素质的管理人才队伍，完善农业管理机构；三是在中央政府的大力引导和支持下，建立由地方以上各级政府和其他国家共同参与的，新型村镇项目建设和投资管理机制。

德国政府颁布的村镇政策重视以下几种发展模式。

1）农业农村的绿色可持续发展模式。德国一直是世界环境保护大国，绝不为了开发土地或建设项目而破坏环境，而且德国的法律在资源环境和绿地保护方面都有着明确的规定："任何项目的建设都要保证绿地总量的平衡，决不允许未经处理的污水排放。50人以上的村庄必须进行污水处理，乡镇政府所在地一般都建有污水处理厂"。早在1984年，联邦德国政府就根据对经济发展和对环境资源保护的要求，提出了下一步要大力发展生态农业。目前，德国已发展成为欧洲乃至世界上拥有生态农场最多、生态农业发展最快的发达国家之一。在整个德国不同规模和类型的生态农场及村镇已发展专业达到8000多个，许多的大学和农业研究机构等都设置了与生态农业相关的专业。

2）土地的规模化经营模式。鼓励农地的合并，是长期以来德国畜牧业和农村经济发展过程中的一项重要的土地产权政策，促进了土地市场规模化的经营，提高土地的集约和综合利用，进而大大提高了农业生产的效率。早在1955年，联邦德国政府就颁布和制定了《农业法》，允许土地自由买卖和土地出租，鼓励农地合并。此后不久，政府又实施了《土地整治法》，调整零星小块的土地，使之达到连片成方，全国农场的数量和规模在全国不断扩大。这促进了土地的规模化利用，使得农场的劳动生产率大大提高。在加强农业法规政策引导的同时，政府还充分利用了信贷、补贴等其他经济手段的支持来引导调整土地结构，这极大地促进了土地的自由流动，扩大了农场的规模。灵活的土地产权制度，加之政府对信贷、补贴等其他经济政策和手段的引导和支持，有力地推动和促进了对零星地块的调整和整合，农场的规模也得以迅速地扩大，进而有效地促进了农业规模化的生产和农业机械化的经营，以及促进了农地的集约化经营水平的更进一步提高。

3）经济组织的合作化模式。德国政府多年以来积极组织了各类地区性的农业技术合作社，德国政府还进一步规定，农民踊跃参加合作社可以在资金的融通和借贷方面完全免除债息过高的负担和风险，农民在共同地使用大型的农业机械方面可以互通有无，最重要的一点就是可以通过合作社在农业产业内部的分工，农民可以享受得到更加完善的农业社会化产品和服务，如农产品良种的供应、病虫害的防治、卫生防疫、机械的维修以及技术培训、信息技术咨询等。近 10 年以来，德国的大多数地区性农业技术合作社为了扩大其影响力，还纷纷地走上了联合发展之路。许多农业技术合作社都纷纷地加入了一些地区性的合作社联盟、专业性的合作社联盟和一些全国性的合作社联盟，这些合作社联盟在农民互通信息、控制资源和市场方面都发挥着重要的作用。在当前时期，德国农村合作经济组织已经开始呈现出一种多层次化、互补性的发展特点，体现了现代德国农业合作经济的结构和农业技术的管理水平，是现代德国的农业合作经济全面发展的一个重要结果。

4）社会保障的体系化模式。随着这一时期德国农业经济生产的进一步发展和农村经济生活条件的重大变化，德国政府专门研究制定了一套适合德国农村经济发展需要的农村社会保障管理制度，包括了医疗和健康护理保险、养老保险和意外事故保险等方面，整个这一时期德国已经基本形成了统一的用于开展农村社会保障的体系。1995 年 1 月，政府进一步要求加大对德国农业和社会保障管理制度的改革力度，逐步形成统一的城乡社保制度，从而逐步使得农民的生活和就业有了基本保障。

5）以人为本、公众参与的城镇化模式。在多年的发展中，德国的村庄更新工程已经从最初以新农村基础设施的建设等项目作为重点，逐渐地转向为了保持活力和有德国特色的新农村建设管理等方向。近年来，在全球重视环境保护的背景下，德国更是将大力发展城镇建设提到重要的位置，并将其纳入农业改革创新发展的 6 年规划。根据该规划的要求，政府一般要求每年投入 75 亿欧元，进行农村基础设施建设，整治河道，恢复环境保护自然，为农村居民生活提供了教育、卫生、邮电、交通、能源等各种多方面的服务和保障，达到与城市相当的现代化水平，并将“农民”这一职称改名为“自然环境保护者”。目前德国新农村的建设一般由政府和地方社区进行引导，规划的参与主体非常宽泛，包括了村民、企业、协会、管理部门等。任何一项大型村镇的建设项目，如果没有经过政府和公众的民主参与讨论，都不能正式申报立项，从村镇建设项目的立项发展到最终的新农村建设管理，在这一过程中，占主导地位的始终是公众。德国在推动农村改革创新发展和推进新城镇建设的理论和实践中，积累的宝贵知识和经验，为我国农村发展提供了有益的启示，许多先进的方法值得我们参考和研究。

3.5 城郊型乡村人居环境整治目标

城郊型乡村的人居环境整治是一个相对独立、复杂的系统，其结构稳定性相对较差，受我国城市化的发展影响较大，更是充分集中了当前城市与乡村之间人居环境发展建设过程中的问题。随着我国城市化和工业化的快速发展推进，城郊型乡村对人居环境的保护和整治愈加重要，需要融汇多领域、多学科，结合城郊型乡村的整体地理环境、自然生态景观、经济社会发展状况、地域历史文化、基础配套设施等，注重考虑乡村居民的实际生活和发展需求，综合分析提出人居环境保护和整治的要求和目标，达到美丽城郊型乡村的美好发展愿景。

本书在借鉴古今中外理想人居环境理念和国家战略政策引领下，统筹考虑乡村社会经济发展现状和实际建设情况，参考国内外乡村人居环境建设经验，并基于居民人居环境主观整治诉求等因素的综合考量下，提出城郊型乡村人居环境整治目标。

3.5.1 做好功能对接，培育多元产业

城郊型乡村的人居环境建设和发展离不开城郊型产业的支撑，对城郊型乡村产业的选择和发展应充分结合自身的区域发展状况和周边城镇的影响以及乡村自身的特色。城郊型乡村具有独特的区位优势，其发展需与周边城镇的功能进行有效衔接，在经济、社会、文化等多方面形成良性的供需互补，并充分利用自身资源禀赋和项目引进资金情况，大力地培育优势产业，积极延伸产业链条，鼓励培育规模化、多元化、现代化循环产业，探索城乡融合、可持续的绿色产业发展路径。

3.5.2 统筹三生空间，营造宜居家园

城郊型乡村发展过程中，三生空间发展失序，导致生态系统受损、乡村环境污染、空间冲突和矛盾增加、乡村风貌混乱等一系列不良影响。三生空间相互关联，互为依存。通过统筹协调三生空间，重塑生态、生产和生活空间的秩序，做到融合共生，比例协调。通过管控各类空间、调整用地结构、重组布局模式等方式使空间资源得以优化配置。通过零星地块整合兼并提高耕地的连片度，将土地

空间置换腾挪可盘活闲置用地，并提高建设用地的利用效率，进而使得城乡统筹发展用地的需求得到进一步保障。闲置用地可安排配套设施、公共设施，也可为产业空间、生态空间腾出发展余地，使乡村用地结构和空间格局得到进一步优化，并促进乡村空间重构。在生态文明理念指引下，以人为本，按照乡村居民的美好生活需求，优化生产-生活-生态空间，完善和共享公共服务设施及基础设施，整治和提升环境空间品质，加强农房、院落的整理，形成安全、舒适、便捷的人居空间，加强山水田林路的综合整治，保持自然山水生态格局，实现村庄整体风貌与资源环境相协调，始终坚持环境友好，并积极创建高效、宜居、美丽的乡村人居环境。

3.5.3 共建基础设施，共享服务设施

城乡基础设施和公共服务设施的建设是乡村人居环境整治的重点内容，其服务水平和质量关乎乡村居民的生存和发展，也最能体现城乡之间的差距。补齐短板、健全系统、提升品质与其他城镇及乡村共建共享是城郊型乡村基础设施和公共服务设施建设的目标，对提升城郊的综合承载能力，促进城乡经济社会协调可持续发展有重要作用。

1）补齐基础设施建设短板，健全完善基础设施系统。首先是聚焦基础设施建设短板，优化基础设施建设标准，提高供给需求匹配程度。其次是提升基础设施建设品质，提高基础设施服务能级，符合城郊型乡村基础设施建设特征。最后是健全完善基础设施系统，加强绿色基础设施建设，实现城乡绿色可持续发展。

2）推进基础设施共建共享，提高区域设施服务效率。首先是建立城乡共享协调机制，提高基础设施的经济性共享性。其次是创新城乡融资机制，实现基础设施的投融资多元化。建设前可通过建立协调委员会，平衡多方利益，重视对于城乡基础设施建设的公平性。重大项目注重严谨规划避免重复建设。重点区优先发展，再以城市发展来带动周围乡村基础设施的共建。对于能源、供水、污水、垃圾处理等基础设施建设，需要充分结合区域城镇及周边连片乡村发展情况，进行统筹规划，共建共享建设成果，提升区域基础设施服务效率，达到区域发展收益高效的结果。基础设施建设可考虑向社会招标建设和运营，灵活管理，多元化投融资。

公共服务设施的完善与发展，也是实现国家乡村振兴战略的关键问题。优化公共服务设施的配置模式与标准，使其适应乡村居民对于公服设施的需求强度与需求结构，可以避免供需错位，资源浪费频出的问题。

1）提升重点设施建设水平，完善设施配置内容。加快发展乡村教育、养老、

文体、卫生等各项公共服务事业，强化便民服务、科技服务、医疗服务、网络服务等功能，推动公共服务向乡村社区延伸，形成功能完善、覆盖面广、质量有保障的乡村居民需要的公共服务体系。重点解决病无所医、幼无所育、老无所养等问题及完善相关设施配置内容。

2）提升公服设施的服务能力，提高乡村居民使用满意度。提升乡村公共服务设施发展水平还应提升其设施服务能力。不能仅仅靠完成指标，重数量轻质量，而忽略了设施投入后的实际服务效率。重视服务设施的内容丰富，也要重视其使用率的问题。避免因选址不科学、服务水平受限等问题，出现使用率不高、设施闲置浪费的情况。尤其重视医疗设施的服务质量提升，加强社区医疗设施建设和管理，从源头解决异地就医等问题。

3）保证公服配置的供需精准化，增强区域协同共享。进行城郊型乡村公共服务设施高效率公平化配置，不能单一考虑“千人指标”或者“服务半径”，容易造成资源过剩与配置不足的两极失衡现象。应提倡“协同共享理念”，综合考虑区域供需状况、乡村经济社会发展情况及技术革新引发的时空变化情况，予以综合考虑，实现村村共享、村镇共享、城乡共享的区域公服协同配置模式，进而实现公服设施的精准化配置。

3.5.4 修复生态环境，促进物质循环

有效地控制乡村各类污染，合理美化环境，集约利用资源，推进农村生态环境的整体保护和整治工作，对乡村全域土地进行综合整治，完善生态修复工作，将农村的三生空间进行布局优化，整治城郊低效建设用地，严格划定生态空间，并融合产业与生态，最终促进乡村空间重构、环境更新重生、产业绿色发展。

1）着力修复自然生态，提升乡村环境面貌。在用地方面，要推进高标农田的建设以及乡村存量用地的复垦，增加耕地面积并提升耕地质量等级。同时积极进行各类环境整治修复工作，建设美丽清洁田园，增加森林以及绿色矿山的面积。在环境污染治理方面，要发展农业清洁生产，不仅需要减少乡村农业生产废弃物污染，生活废弃物污染，还需要利用新技术开展资源能源化利用设施建设；此外还要着重治理乡村水环境，不仅要采用科学方法治水，维护良好水质，还要合理用水，防止水源枯竭；最终实现水资源的合理配置和高效利用，使得城郊型乡村人居环境进一步得到改善。

2）促进乡村绿色发展，实现生态系统物质循环。以生态修复工程为抓手，充分利用城乡建设用地增减挂钩以及志农惠农政策，建设现代生态农园、小微企业园等综合开发平台。通过将种植大户、企业以及生态农业结合，既要实现土地

要素盘活，又要发展适合城郊型乡村的新业态，在保护生态与发展产业中，两手抓两不误，实现绿色循环发展。城郊型乡村是融自然、社会、经济于一体的复合生态系统。在这个复合系统中，村民积极参与经济活动，相当于在食物链和食物网上增加了产业链和产业群，以及消费链和消费群，不仅可以使自然循环的规模增大，速度增快，还使物质交换的空间尺度在城乡统筹的思想下不断扩大，乡村系统内的物质循环，从之前简单的自然物质循环已经转变成了自然与人工物质相结合的产物，最终要形成更广阔时空尺度的复合生态系统的物质循环。

3.5.5 挖掘乡土资源，凸显地域特色

乡村不同于城市聚落，它是在更为特殊的自然地理与人文历史的影响下，由村民主体建成，并较为朴素地保留了原真的地域特色。我国各地环境复杂，乡村的生活习惯、民俗传统、营建模式、地形环境等资源各异，因此，只有结合每个乡村生命体的物质外形与精神内核进行整治及建设，才能真实反映生态文明下乡村经济以及社会生活的积淀，才算得上对乡村特色资源及地域文化的尊重与传承。

在乡村整体风貌管控中，要凸显田园风光、农家情趣。在物质环境建设方面，应重视对于世代沿袭的营建模式、空间形态、建筑装饰等进行归纳总结，并结合当代需求进行创新发展。而对于乡村的非物质遗产，还要因村施策，尊重民族文化和宗教信仰，尊重地方的发展态度。

1）传承农家情趣，展现田园风光。应该鼓励传承与发扬热情洋溢、淳朴自然、充满传统农家情趣的活动，如庙会等。尤其对具有农家情趣的城郊型乡村，更应发挥其地缘优势，不仅承担招揽游客的吸引力载体，还应作为传承、发扬、体验中国传统文化的责任载体，带动村庄多方面发展。要高度重视乡村全域规划，引导整体布局和塑造乡村景观，通过塑造田园风光、山水景观、乡村风貌等，展现将田园生态保护和乡村生活生产相结合的美丽乡村。

2）归纳营建方式，凸显建筑特色。对于相似性以及同质性的乡土建筑群落要进行合理的归纳总结，在每次建新的时候要保证村庄肌理的连续性，保证地域特色的延续性。对具有传统建筑风貌和历史文化价值的住宅，应进行重点保护和修缮，并纳入总结体系中；对于一般风貌的民居，借鉴传统空间形态以及建筑装饰等，开展农房及院落的风貌整治行动，丰富建筑形态、风格样式，并且引导民居建筑风格与村庄整体风格相协调。这样不仅可以避免出现千村一面的现象，而且充分体现了当地的自然和人文特征。

3）传承传统文化，尊重地方发展。要严格按照《历史文化名城名镇名村保

护条例》《文物保护法》等一系列法律法规的规定，加强文化村落中对民族传统文化和传统生活习性的保护、传承与发展，建成美丽和谐宜居的城郊型乡村。在保护的同时也要注意到，传统是个与时俱进的概念，需要不断的优化发展，要做到在发展中求保护。在保护地域特色中，首先应该积极寻求用现代形态表现传统的方式，拒绝全部采用“活标本”凝固保护；其次在建设中，要充分考虑当地村民的生活习惯以及生产需要，提升地域特色要在满足人民日益增高的需求基础上进行，才能增强传统的生命力，进行螺旋上升式的传承与发展。

3.5.6 鼓励居民参与，创新管理机制

1）创新现代乡村治理机制。建立、完善并创新乡村组织体系，该组织体系以基层党组织为核心，以村民自治组织为主体，以村务监督组织为基础，以集体经济组织和农民合作组织为纽带，并且以各种经济社会服务组织为补充。其间应充分发挥社区组织、专业服务机构和乡村居民的作用，坚持政府主导、部门服务、乡村居民为主体的运作机制，最终形成多方参与、共同治理、共建共享的格局。

2）推进乡村人居环境长效管护。加强乡村各项设施维护、卫生保洁和绿化养护等工作，保证各类人员职责明确，并且落实相应经费、制度，探索建立村集体和居民为主、政府补助为辅的管护机制，使乡村人居环境治理步入常态化。

第 4 章 城郊型乡村人居环境整治规划研究

城郊型乡村地区位于我国城市和乡村之间的过渡地带，是传统农业向现代农村特色产业转型最活跃的区域。无论从其基础配套设施、生活习惯，还是从其产业结构、生活消费方式等方面来看，城郊型乡村的人居和自然环境均呈现鲜明的多元化二元结构特征。城郊人居和自然环境的系统发展具有一定的时间性和程序

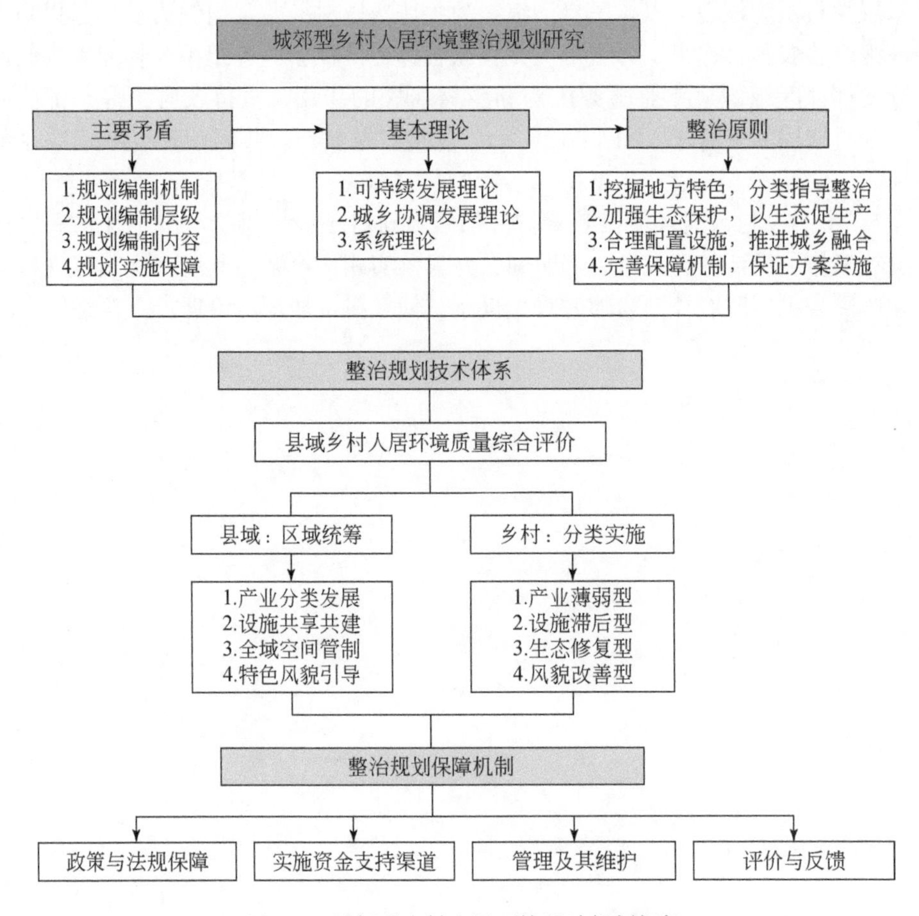

图 4-1 城郊型乡村人居环境整治规划框架

性，有其产生、发展和消亡的自我适应和演变的规律，是一个复杂的多层次、多要素开放的动态巨系统。系统的动态性涉及人居环境内涵的各个方面，是我国乡村社会对于城市辐射、自然环境和人居环境的一种综合反应。在城郊型乡村人居环境整治规划中，需要坚持问题导向，针对乡村发展过程中的生态、生产、生活等方面，抓住关键问题，切实为解决乡村问题而做规划；需要坚持目标导向，在总结古今中外理想人居环境的基础上，围绕既定目标开展规划工作。

本章在研究城郊型乡村人居环境整治规划中的主要矛盾、基本理论和整治原则的基础上，提出包含技术体系与保障机制两部分内容的整治规划。技术体系的建立是整治规划工作的根基，保障机制则为方案实施的具体化和整治目标的实现提供保证。所谓“三分设计，七分管理”，只有设计与管理齐头并重，才能将整治规划落实落地（图 4-1）。

4.1 城郊型乡村人居环境整治规划面临的主要问题

4.1.1 乡村人居环境整治规划编制现状分析

1. 社会主义新农村建设阶段

长期以来我国建设重城市、轻乡村，导致乡村规划科学性不足、乡村建设无序、技术力量薄弱等问题突出。2005 年，国家提出“生产发展、生活宽裕、乡风文明、村容整洁、管理民主”的社会主义新农村建设的 20 字方针，对乡村建设进行全面部署。2008 年建设部出台《村庄整治技术规范》（GB 50445—2008），用于指导乡村建设。该技术规范通过“三图、三表、一书”指导乡村建设。之后全国各省市出台地方规范见表 4-1。

表 4-1　国内部分地区村镇规划编制情况表

地名	规划及图纸要求
江苏省	包括村域位置图、村域现状图、村域规划图、村庄（居民点）现状图、村庄规划总平面图、村庄设施规划图。其中，村域位置图、住宅选型图、公共建筑选型图、效果图为选择图纸
北京市	村庄区位图、相关上位规划图、村域土地使用现状图、村庄土地使用现状图、村域发展规划图、村庄建设规划图、村域道路交通规划图、村庄公共服务设施规划图、村庄市政设施规划图、村庄绿化景观规划图、历史文化保护规划图
湖北省	分为村庄、集镇总体规划和建设规划两个阶段，总体规划和集镇建设规划年限为 10 ~ 20 年，村庄建设规划年限为 5 ~ 10 年

续表

地名	规划及图纸要求
河南省	分为乡镇域总体规划和村庄、集镇建设规划两个阶段，规划年限近期为3~5年，远期为15~20年
山西省	村庄现状及位置图、建筑质量评价图、规划总平面图、道路交通及市政工程管线规划图、景观环境规划设计及竖向规划图
辽宁省	分为村庄、集镇总体规划和建设规划两个阶段，村庄集镇总体规划要求防灾、环境保护等专业规划，建设规划提出文物古迹、古树名木的保护和环境建设要求
吉林省	村庄综合现状分析图、村庄用地布局规划图、村庄道路系统规划图、村庄工程设施规划图、村庄环卫与防灾规划图、村庄分期建设规划图
黑龙江省	村庄整治规划包括现状分析图，村庄环境综合整治规划图，道路整治规划图，给水、排水设施整治规划图，电力电信有线电视设施整治规划图，环境卫生设施整治规划图
上海市	促进村庄集中，推进新市镇建设，形成中心区、新市镇、居住点的城镇体系，新市镇、居住点直接编制控制性详细规划
浙江省	村庄位置图，现状图，现状建筑质量分类图，村庄建设用地功能布局图，村庄整治规划总平面图，道路交通及公用工程整治规划图，重点地段的建筑环境景观规划设计平面图，整治项目的建筑设计方案平面、立面、剖面图，整治项目分期实施图，整治项目定位和竖向设计图
江西省	包括建制镇总体规划和详细规划、集镇总体规划和建设规划、村庄建设规划，村庄规划年限为5~10年，集镇总体规划和建设规划年限为10~20年
山东省	村庄位置图、现状图、规划总平面图、道路交通规划图、竖向规划图、综合工程管网规划图、住宅院落与群体设计图，以及住宅单体选型图，选作村庄绿化图、村庄景观图、村庄建设透视图、村庄鸟瞰图
湖南省	现状图、规划总图、管线工程图、主要公共建筑及住宅单体设计图
广东省	区位分析图、村域现状分析图、村域总体规划图、村域三区四线控制规划图、村域基础设施布置图
重庆市	分为村镇总体规划和村镇建设规划两个阶段，村镇总体规划还包括工副业生产基地的分布，集镇建设规划应包括防灾内容，规划期限近期为5~10年，远期为20年
四川省	村镇界定为农村行政村域内不同规模的村民聚居点和乡、民族乡政府所在地及经县级人民政府确认由集市发展而成的作为农村一定区域经济、文化和生活服务中心的非建制镇。分为村庄、集镇总体规划和建设规划两个阶段，规划年限近期为5~10年，远期为20年
贵州省	分为村镇总体规划和集镇、村寨建设规划两个阶段，总体规划年限为10~20年，村寨建设规划年限为3~5年
云南省	村庄位置图、村庄现状综合分析图、村庄建设规划总图、道路交通规划图、绿化与景观环境规划图、工程管线规划图、重点项目建设规划图、建筑方案图
陕西省	现状及村庄位置图，建筑质量评价图，规划总平面图，道路交通及市政工程管线规划图，景观环境规划设计及竖向规划图，主要公共建筑透视图、鸟瞰图及单体民宅平面选型图和透视图等

续表

地名	规划及图纸要求
甘肃省	村庄和集镇现状图、村庄和集镇建设规划图、村庄和集镇公用工程规划图
宁夏回族自治区	分为村镇总体规划和建设规划两个阶段，村镇总体规划和村庄建设规划均包括现状分析图、规划图及说明书，规划年限近期为 3 ~5 年，远期为 10 ~20 年

在社会主义新农村建设阶段，我国乡村规划以道路硬化、环境治理、农房改造等物质空间环境改造建设为主要内容，对产业、文化发展考虑不周。而乡村规划重心，绝不仅是建设问题，而是发展问题，不仅要重视"硬环境"，还要重视"软环境"。这也是乡村规划与城市规划有很大不同的一个重要方面。在这个时期，全国各地乡村热衷于修马路、种植花草、粉刷墙体、建设文化广场等效果可见的工作，而对促进生产发展这些基础性、长远的工作考虑不周，导致乡村产业发展滞后，农民的收入渠道单一，乡村经济发展水平依然缓慢。

2. 美丽乡村建设阶段

2015 年国家发布《美丽乡村建设指南》（GB/T 32000—2015）用于指导美丽乡村建设，以求将乡村建设为经济、政治、文化、社会和生态文明协调发展，规划科学、生产发展、生活富裕、乡风文明、村容整洁、管理民主，宜居、宜业的可持续发展乡村。之后各地区相继颁布"美丽乡村""生态文明乡村""美好宜居乡村""幸福美丽新村"等规范指引乡村建设（表 4-2）。

表 4-2　美丽乡村建设规范汇总表

地区	规范名称	主要内容
全国	《美丽乡村建设指南》（GB/T32000—2015）	规定了美丽乡村的村庄规划和建设、生态环境、经济发展、公共服务、乡风文明、基层组织、长效管理等建设要求
浙江省	《美丽乡村建设规范》（DB 33/T 912—2014）	规定了美丽乡村建设的术语和定义、基本要求、村庄建设、生态环境、经济发展、社会事业发展、社会精神文明建设、组织建设与常态化管理等要求
陕西省	《美丽乡村建设规范》（DB 61/T 992—2015）	规定了美丽乡村的术语和定义、基本要求、建设原则、建设规划、村庄建设、生态环境、经济发展、公共服务、文化建设、组织管理等内容
安徽省	《安徽省美好乡村建设标准（试行）》	标准围绕"设施配套、村容整洁、生态优良、特色鲜明"四个方面，强调了美好乡村建设"五整治、三提升、一保护"重点工作，即"整治生活垃圾、整治生活污水、整治村庄道路、整治乱堆乱放、整治河道沟塘，提升设施配套、提升饮水安全、提升农房风貌，保护历史文化"

续表

地区	规范名称	主要内容
福建省	《福建省美丽乡村建设指南和标准（试行）》	标准围绕村域规划、村主要居民点规划、建筑风貌、环境卫生、配套设施、绿化和自然生态、管理和治理机制等方面对村庄建设提出要求
海南省	《海南省美丽乡村规划建设技术导则（试行）》	对村庄选址、布局、建筑设计、建筑结构、乡村环境、公共配套设施、市政基础设施做出相关要求
山东省	《生态文明乡村（美丽乡村）建设规范》（DB 37/T 2737. 1—2015）	主要分为 8 个部分：规划编制指南、基础设施与村容环境、产业发展、公共服务、乡风文明、村务管理与长效管理、评价、标准体系建设指南
山西省	《美丽宜居乡村建设规范（DB 14/T 1271—2016）》	规定了美丽宜居乡村建设的总则、村庄规划、基础设施、生态环境、公共服务、村庄建设、经济发展、乡风文明、基层组织及长效管理

自 2005 年的新农村建设，2011 年的农村生态环境综合整治，2013 年的农村面貌的改造与提升，到 2015 年的美丽乡村的建设，可谓是工作目标逐级提升，从“整治”提升到“美丽”，体现了在生态文明时代，美丽中国目标下的乡村建设落实。美丽中国的建设伴随着现阶段乡村规划的建设与编制内容及其体系的逐步完善，各地也都出台了一系列乡村建设的绩效评价考核指标方案来用以指导乡村规划建设与目标的落地实施。该时期乡村规划更加关注以顺应自然规律和市场规律为基础，关注乡村的可持续发展，重点关注乡村产业发展、生态环境保护、长效管理等。

3. 乡村振兴阶段

2018 年，国家编制《乡村振兴战略规划（2018—2022 年）》，对乡村建设提出产业兴旺、生态宜居、乡风文明、治理有效、生活富裕的总要求。

该阶段对乡村规划提出的要求主要表现在以下几点。

第一，推进城乡统一规划。在城乡统筹的理念指导下，通盘考虑城镇和乡村空间规划，通过强化县域空间规划和各类专项规划引导作用，合理安排县域乡村布局、设施布置、资源利用和乡村整治。

第二，分类指导乡村规划。根据不同乡村的发展现状、区位条件、资源禀赋等，按照集聚提升类、城郊融合类、特色保护类、搬迁撤并类对乡村进行分类指导。

第三，重视产业发展规划。以可持续发展为导向，推动农村一二三产业深度融合，在规划中实现资源全域化整合，打造乡村产业集群。

第四，加强实施生态资源环境保护行动规划。加强和统筹对山水林田湖草等生态系统的治理，推进现代农业的绿色安全生产，优化林业和生态安全的屏障和体系。

第五，注重乡村振兴规划的实施与绩效评估。乡村振兴实施过程中，应该积极地动员政府和社会的参与，加强社会法治的保障，建立乡村振兴规划的实施前期评估督促检查的机制，适时组织开展乡村振兴规划中期绩效评估和规划工作。

总之，乡村振兴战略是与我国社会主义特色新农村的建设、美丽乡村的建设一脉相承的，都是为了体现我国构建社会主义新时代“三农”的基本理念和架构。社会主义乡村建设和振兴的战略主要注重一定历史时期的乡村发展战略实施部署，新农村的建设和美丽乡村的建设则重点在实施。“建设”是“战略”制定和落地的关键，目的是为了保护和改善乡村的人居生态环境，在基本完成新农村评价考核指标要求的内容外，推动乡村全面健康发展。

由于部分地区邻近大中城市，城郊型乡村的整治工作规划容易出现偏城市化而无法体现乡村建设特色，虽然各类乡村设计指标方便快捷地组织和指导了各类乡村建设的工作，但也成为不同地区对各类城郊型乡村“一刀切”的“整治”依据。因此城郊型乡村的整治急需积极探索一种能够借力邻近城市，充分地享受邻近城市便捷且人人都能“记得住乡愁”的城镇化规划型乡村建设和整治策略。

4.1.2 乡村人居环境整治规划问题分析

1. 规划编制机制问题

（1）忽视公众参与

规划编制流程包括前期立项、编制单位选取、规划编制，以及规划审批公示。在规划编制过程中，通常开发商也会介入，通过与政府进行项目合作，参与到乡村规划中来。就我国目前的乡村规划流程来看，自上而下的行政管理模式在乡村规划中表现为决策者制定目标，编制单位进行调研和规划，最后政府进行实施。规划决策都是政府单方面决定，规划所反映的是政府、管理者、规划师和开发商的意图，村民个体的需求往往被忽略。

（2）法律机制不健全

近年来，国家出台了一系列的乡村整治相关的技术文件，例如《美丽乡村建设指南》（GB/T 32000—2015）、《美丽乡村建设评价》（GB/T 37072—2018）等规范标准，浙江省、山东省、海南省、陕西省等多个省市也颁布了浙江省新时代《美丽乡村建设规范》（DB 33/T 912—2014）、《山东省生态文明乡村（美丽乡村）建设规范》（DB 37/T 2737.1—2015）、《海南省美丽乡村建设导则（试行）》、《陕西省农村村庄规划建设条例》、《美丽乡村公共服务建设规范》（DB

61/T1237—2019)、《美丽乡村风貌整治规范》(DB 61/T 1236—2018)、《美丽乡村污水处理与管理》(DB 61/T 1235—2019) 等系列地方标准，为乡村规划的编制、实施与维护提供法律保障。但放眼全国，大多省份在乡村规划法律法规系统中，规划相关主干法和支撑法仍然不健全，仅仅在城乡规划法中明确乡村规划的法定地位。且规划界未厘清宪法、村民委员会组织法、自治条例、土地法、环保法等对乡村规划行为的影响和赋权关系，导致乡村规划法律依据存在盲点和权责不清之处。

2. 规划编制层级问题

(1) 城乡统筹不足

传统乡村规划在区域性宏观统筹协调方面存在一定不足。目前，只有县域总体规划中的乡村布点规划涉及城乡统筹发展，乡村布点规划强调的是村等级体系，主要任务是划分中心村和基层村。在乡村产业发展方面，乡村布点规划难以解决乡村产业集群发展的问题。在空间管制方面，城市规划与土地利用规划、生态保护规划等存在土地斑块不协调。在设施配建方面，城乡共享共建的基础设施未成体系。在乡村风貌方面，城市风貌与乡村风貌混合杂乱，乡土气息丧失。

(2) 缺乏分类指导

现阶段乡村规划重单个乡村建设规划，轻乡村体系规划，缺乏对乡村系统分类研究。不同乡村所具备的资源禀赋、所面临的现实问题具有差异性，对乡村差异性考虑不足，将导致乡村规划在实施过程中无法落地。虽然这些乡村的建设按照统一规范型的标准，但人居环境整治并不完善，还多停留在“成片整治”而非“独自美丽”的阶段。

3. 规划编制内容问题

(1) 重物质轻产业

乡村规划的重心是发展，而不是建设。目前，乡村规划过分重视乡村的物质环境建设，将规划简单理解为拆房子、修马路、建广场等行为，将居民点布局和建筑设计作为规划的中心，忽视乡村产业发展研究，导致乡村无法健康、可持续发展。乡村产业发展面临产业发展类型单一、产业发展方向雷同的问题，如何统筹区域内乡村产业发展尤为重要。

(2) 忽视乡村特色与地域文化

部分乡村在规划编制过程中照搬城市规划模式，对乡村特色和地域文化缺乏重视，一些乡村在规划中一味追求拆除新建，对原有的历史建筑和地方特色造成破坏。乡村人居环境整治不应仅仅是外貌的涂脂抹粉，而应是由内而外的美丽，体现了原有乡村的灵魂所在，让归村游子“望得见山、看得见水、记得住乡愁”。

4. 规划实施保障问题

(1) 规划实施主体不明确

乡村规划在评审通过后，实施主体主要是村集体，但是由于村民对规划的认识程度不足，土地流转问题难以解决，导致乡村规划实施困难。而乡村规划的成功与否，在于规划是否可供实施，并对乡村发展起到一定的效用。目前，成都市、杨凌市等地区开始推行驻村规划师制度，在规划实施过程中驻村规划师与政府、村民、施工队多方共同参与，发挥多方力量在乡村建设中的协调作用，积极推进项目落地。驻村规划师制度有助于推动乡村物质空间、村民文化意识的现代化，对乡村规划实施保障体系完善具有一定的借鉴意义。

(2) 规划评估机制不健全

乡村规划实施评估是一项综合性评估，其评估内容涉及规划成果、实施管理、实施成效和社会评价等，目的是发现乡村发展过程中存在的问题，提出相关解决方法和建议。对乡村规划实施评估有助于建立“规划-实施-评估”的循环系统，有助于及时发现问题解决问题。目前关于乡村规划实施评估尚处于探索阶段，评估机制不健全。

4.2 城郊型乡村人居环境整治规划理论

4.2.1 可持续发展理论

1. 可持续发展理论的含义

可持续发展是指能满足当代人的需要，又不对后代人满足其需要的能力构成危害的发展。可持续发展主要包括社会可持续发展，生态可持续发展和经济可持续发展。近年来我国经济快速发展，生态环境问题愈发突出，已经对我国国民经济、社会生活的健康发展造成严重影响。1994 年，《中国 21 世纪议程：中国 21 世纪人口、环境与发展白皮书》首次把可持续发展战略作为我国经济与社会发展的国家战略。1997 年，可持续发展战略被确定为现代化建设中必须实施的战略。可持续发展是我国各个行业寻求进步的永恒主题，被应用到科技、生态、社会、经济以及文化艺术等诸多方面。

2. 可持续发展理论在城郊型乡村人居环境整治规划中的应用

城郊型乡村的人居环境整治与规划，需要从乡村的自然、人、社会、居住、支撑网络五大功能系统的角度出发，找出城郊型乡村建设发展过程中的突出问题，在分析和解决这些问题的过程中，必须贯彻可持续发展的理念，改善人居生态环境，促进城郊型乡村不断地向前健康发展。

可持续发展理念在乡村建设中的应用，主要体现在水资源循环和新能源的使用方面。城郊型乡村排水系统，考虑到实际情况宜采用雨污分流模式，其中雨水收集系统以庭院、道路、产业用地为重点，可将收集到的雨水用于灌溉土地、绿化和公共卫生间；由于城郊型乡村距离城市较近，污水处理在条件允许的情况下宜接入城市污水管网，条件不允许时则按照需要配建集中或分散式污水处理设施。在生活能源使用中宜引入天然气，配建太阳能热水器、太阳能路灯等，充分利用太阳能、风能及生物质能等可再生能源，达到国家节能要求。

另一方面，虽然城郊型乡村毗邻城市，优势得天独厚，但是很多乡村面临着“有资源，但不会利用资源”的问题。在产业发展中，需要整合当地已有资源，用可持续发展的理念对乡村产业进行科学规划。其中，以农业为主导产业的乡村一般采取的措施有改善农业生态环境、加强农业基础设施建设、发展生态农业、调整农业产业结构、延长产业链等。以工业为主的乡村应当完善交通网，拓展交通网覆盖范围，提高乡村的开发程度；着重控制工业污染的排放，实行清洁生产，并消除工业污染，美化环境等。而以服务业为主的乡村在产业选择上需要以市场调研和乡村背景的研究为基础，选择乡村能提供、城市有需求的产业。

4.2.2 城乡统筹发展理论

1. 城乡统筹发展理论的含义

城乡统筹是中国现代化发展的特殊要求，是中国城镇化的重要构成内容，党的十六届三中全会通过《中共中央关于完善社会主义市场经济体制若干问题的决定》明确提出了要实施五个统筹，其中首要的就是城乡统筹，即实行以城带乡、以工促农、城乡互动、协调发展。这里讲的统筹，是在目标利益具有共识时，设法使一个单位的各个组分能够公平地分享这个利益。

我国实施城乡统筹的目的不是片面地为了推动城镇化、工业化，也不仅仅是为了补偿农村发展，而是建立一种能够城乡协调互助的政策机制，使其能够达到可持续发展。在这些机制中主要包括平等机制、社会繁荣机制、科学进步机制和由这三者所形成的对于新增生产力的促进、保护、协调和统筹机制。

2. 城乡统筹发展理论在城郊型乡村人居环境整治规划中的应用

城乡统筹理念明确了乡村发展是我国未来经济和社会发展的重点。城郊型乡村依托自身环境与资源产生吸引力，使城市人流、信息流和资金流往乡村流动，实现城乡财富之间的再分配，有利于城乡差距的缩小。在城乡统筹背景下，城郊型乡村人居环境整治规划应该充分考虑与当地城市规划的衔接，对无序建设的乡村进行科学规划，为乡村长远发展奠定基础。城乡统筹不仅要建立一个以城促乡的长效机制，更要着重培养乡村内部发展动力，促进良性发展。这需要在规划中将城市与乡村的基础设施配套、产业发展方向等方面统筹起来，为乡村建设和发展指明方向并提出要求。综合考虑城市化推进和村庄产业发展的影响，合理控制村庄规模，注重与城市基础设施、公共服务设施的有机衔接，规划现在、绸缪未来，为城乡统筹发展做好铺垫。

4.2.3 系统论

1. 系统论的含义

1948 年 L. V. 贝塔朗菲创建系统论，他认为："所谓系统，就是指由一定要素组成的具有一定层次和结构，并与环境发生关系的整体。" 自 1960 年后，系统论得到广泛的应用与推广，并且对社会多方面的发展起到了显著的促进作用。系统研究的核心是系统的整体性，整体性可概括为"整体大于它的各个孤立部分之和"。系统研究是以系统为研究对象，研究内容是系统整体与各组成要素之间的相互关系，以把握系统整体。系统关系十分复杂，概括起来主要分为整体与部分、整体与层次、整体与结构、整体与环境之间的基本关系，从这些方面去把控事物，方可达到对事物系统性的认识。

2. 系统论在城郊型乡村人居环境整治规划中的应用

乡村人居环境整治本身就是一项系统工程，不仅包括用地规划、住宅建设、环境管理等多方面任务，而且具有时间性程序，是一个复杂的多层次、多要素的动态巨系统。目前，我国乡村整治以建设为主，缺少对村民生产和生活需求以及当地经济发展水平的综合考虑，导致规划不能落地，不能引导乡村长远发展。作为城郊型乡村人居环境建设的责任主体，相关政府部门应当按照乡村振兴战略规划部署，联合资金投入主体，成立人居环境建设工作协调小组，并加大资源整合力度，负责统筹各类进村建设性项目。贯彻落实"共同建设、共同受益"的原则，逐步引导农民参与乡村人居环境建设。

城郊型乡村人居环境整治规划不仅仅是简单的空间规划，它需要和乡村的经济社会发展水平相匹配，并且需要把握周边资源，综合考虑乡村产业发展和乡村建设规划。在宏观上，产业的定位第一步需要摸清家底，统筹考虑乡村现有资源、产业和区位等现状；第二步需要明确周边环境，乡村产业的发展不可能离开周边村镇的支持，产生产业集群效应，乡村之间适当竞争可促进乡村的发展，但也要防止同质化恶性竞争，应着眼于镇域或者更大的范围，对乡村发展进行精准定位。在微观上，乡村产业的发展需要以居住系统、支持系统和良好的自然系统为支持。最后，乡村长远发展离不开合理的保障机制，需要形成一个由政策法规、资金组织、管理维护和评价反馈构成的合理的保障机制。

4.3 城郊型乡村人居环境整治规划原则

4.3.1 挖掘地方特色，分类指导整治

根据乡村资源禀赋和乡村发展的实际需要，编制能用、能管、好用的人居环境整治规划。紧密结合乡镇发展实际，深入挖掘生态环境、各类资源、历史文化等优势，创新开发与保护的方式，加快资源优势向经济优势转变，推动形成生产空间集约高效、生活空间宜居适度、生态空间山清水秀的良好态势。规划应结合不同基础条件及所处的发展阶段，分类指导，突出重点，抓住乡村面临的主要问题，聚焦重点，规划内容和深度应该详略得当，各地应该结合实际，合理划分乡村类型，探索符合地方实际的人居环境整治规划方法。

4.3.2 加强生态保护，以生态促生产

规划的编制工作要牢固树立建设生态绿色文明的理念，按照经济社会生态系统的系统性、整体性及其内在的规律，把握我国经济、人口、资源与生态环境的基本平衡点，统筹考虑保护自然生态各项基本要素，进一步明确保护性环境底线管控的要求，将其发展与生态环境保护融为一体，推动乡村实现生态绿色文明和低碳生态循环可持续发展。严守乡村生态文明红线划定的成果，统筹山水林田湖草生态系统的治理，全面落实乡村是绿水青山就是金山银山的生态文明发展战略理念，以生态文明的发展方式促进乡村的发展。

4.3.3 合理配置设施，促进城乡融合

规划的编制工作要坚持以人为中心的科学发展思想，合理优化配置公共资源，完善教育、医疗卫生、社会保障、养老服务等重点领域公共服务基础设施的布局，稳步推进基础设施和公共服务的均等化，促进主体城乡基础设施的共建和资源共享，积极地推动主体城乡公共服务要素自由交流，加快和形成主体城乡优势互补、全面融合的新型城乡关系。

4.3.4 创新用地模式，实施市场化运作

在进行规划实施过程中，设立中介机构集中管理村里的耕地、林地、水域转让，例如成立土地流转经营专业合作社，有效地实现土地资源集约利用、节约利用。土地集中转让出租的方式可以让农户不仅从土地流转中获取租金，还可以在公司承包土地上务工，二者相辅相成，实现了双赢。

4.3.5 完善保障机制，保证方案实施

乡村建设主体逐渐多样化导致乡村建设力量必然会逐渐多样化，在多方参与的乡村规划中，应该统筹政府、村民、规划师和社会资本力量，发挥多方力量在乡村规划实施中的协调作用。通过完善政策和法规保障、拓展实施资金渠道、建立健全乡村管理体制和完善评估与反馈机制，保证规划方案落实落地。

4.4 城郊型乡村人居环境整治规划技术体系

4.4.1 城郊型乡村人居环境整治规划技术体系的建立

城郊型乡村人居环境整治规划必须形成完整的体系才能充分发挥其作用，同时人居环境整治是一项长时间持续的任务，对不同发展阶段、不同区位、不同职能、不同规模、不同类别的乡村整治内容侧重应该有所不同。城郊型乡村和其他类型的乡村相比，不仅具有成为城市后花园的优势，而且具有向城市转型的条件，在整治中应该注重与城市之间的互联互通，在整治规划编制过程中既要有城市层次的宏观区域统筹，还要有乡村层次的微观建设实施。为此，本书以县域层次城郊型乡村人居环境综合评价为基础，构建宏观、微观相结合的城郊型乡村人居环境整治规划技术体系。

1. 县域乡村人居环境综合评价

乡村人居环境是乡村居民生产和生活所需物质与非物质的有机结合体，对其进行人居环境综合评价是乡村人居环境整治的基础。受长期城乡二元体制以及自然环境、地理区位、经济水平等多重因素的影响，同一县域内乡村发展仍然具备较大差异性，在县域尺度开展乡村人居环境综合评价，明确其空间差异，进而对乡村人居环境分类指导整治尤为重要。

2. 县域视角下的宏观统筹规划

县域乡村总体规划作为区域宏观层次的规划，重点在于统筹县（市）内的乡村资源，指导乡村建设和发展。县（市）内乡村根据不同乡村的区位条件、发展现状、资源禀赋等，可分为集聚提升类、城郊融合类、特色保护类、搬迁撤并类四类乡村。本书研究重点为城郊融合类，即城郊型乡村，在宏观层次应综合考虑区域空间管制、产业分类发展、设施共享共建和乡村风貌引导，逐步强化其承接城市功能外溢、服务城市发展、满足城市消费需求的能力。

3. 乡村视角下的微观实施规划

乡村层次的实施规划根据不同类型乡村人居环境面临的主要问题和发展目标，整治重点应有所不同。乡村现实情况复杂，发展面临的问题各有差异，本书采用微观问题聚焦的方法，明确不同类型乡村人居环境的主要目标，适宜于具体实施操作。

4.4.2 县域乡村人居环境综合评价

1. 评价对象与数据获取

（1）城郊型乡村选取

首先，城郊型乡村选址范围应当是城市行政区范围内，建成区以外。大部分城郊乡村的特点是距离区域中心城市半小时车程、距离省域范围内大中城市车程在2小时以内，对外交通条件优越，各类物质、信息交流便捷。其次，村内有一定量优质的资源尚未开发，但村子本身不属于政府公布的任何特殊乡村类型（如历史文化名村）并且无特殊功能要求，其具备向特色乡村或城市后花园转型的潜质，在此开展乡村实验取得一定的成效，将具有更好的示范效应。最后，城郊型乡村的村民可能因为城市产业的辐射带动效应，生计方式多样化，生活水平相比普通乡村来说较高，但基础设施、公共服务设施方面，仍需要进一步提升改善。

（2）乡镇级数据获取

基础统计数据资料可来源于中国统计出版社出版的《中国农村统计年鉴》、《中国县域统计年鉴》、地方县市统计年鉴以及其他各区县统计部门的年鉴，行政区域边界统计数据资料来源于所属地市国土资源局。实地调研数据收集工作采取了召开专题座谈会、实地调研、入户调查与统计资料的收集相结合的工作方式，总体的思路是围绕以保护和改善城郊型乡村的人居环境为主要目的，从其居住环境条件、经济社会、配套基础设施、生态环境、建筑风貌及规划管理6个方面准确认知城郊型乡村的人居环境保护和建设工作的进展情况。调研的具体内容包括：①对样本村的基本资料进行收集并完成各村现状照片的拍摄，用于典型村庄的现状分析研究；②通过调查问卷及访谈掌握村民及村委会人员对于乡村人居环境建设的主观意愿及其他数据。

2. 评价方法

（1）构建综合评价指标体系

乡村人居环境质量的高低是衡量乡村居民生活水平的重要依据。在遵循可实施性、可代表性和可比较性的原则基础上，选取经济水平、基础设施、公共服务、环境卫生和住房条件 5 个一级指标，37 个二级指标，构建县域乡村人居环境综合评价指标体系（表 4-3）。

表 4-3　乡村人居环境质量评级指标体系

准则层	指标层
经济水平	人均纯收入
	农林牧渔业劳动均值
	农村恩格尔系数
	农村商品化率
	有工业企业乡村的比例
	省定贫困村比例
	有开展旅游接待服务的本村居民的村比例
基础设施	村内主要道路有路灯比例
	村域道路硬化率
	离一级公路或高速路口的距离小于 20 千米的乡镇
	能在 1 小时到达县政府的乡镇
	完成农村+电网改造的乡镇
	有广播电视站的乡镇比例
	安装了有线电视的村比例
	能够电脑上网的户数比例
公共服务	村内有 50 平方米内综合商店或超市的村比例
	有幼儿园、托儿所的村比例
	有图书馆、文化站的村比例
	有农民业余文化组织的村比例
	有体育健身场所的村比例
	有医院、卫生院的乡镇
	有敬老院的乡镇
	各地区千人病床数

续表

准则层	指标层
环境卫生	饮用水经过集中净化处理的村比例
	实施垃圾集中处理的村比例
	每公顷耕地化肥施用量
	地膜使用量
	完成改厕的村比例
	森林覆盖率
	有畜禽集中养殖区的村比例
	沼气池覆盖村的比例
住房条件	建房时间在2000年以后的户数比例
	钢筋混凝土结构住房户数比例
	砖混结构住房户数比例
	砖（石）木结构住房户数比例
	人均住房面积
	有新型农村社区集聚区村的比例

（2）指标权重及评价值计算

1）指标标准化处理。采用极差标准化法对各项指标进行标准化处理，使不同的指标具有可比的量纲。

当X_{ij}是正向指标时：

$$Z_{ij}=\frac{X_{ij}-\min X_{ij}}{\max X_{ij}-\min X_{ij}} \tag{1}$$

当X_{ij}是负向指标时：

$$Z_{ij}=\frac{\max X_{ij}-X_{ij}}{\max X_{ij}-\min X_{ij}} \tag{2}$$

式中，Z_{ij}为标准指标值；X_{ij}为某分项评价指标值；i为县域内各镇级评价单元；j为某分项条件的具体评价指标项。

2）权重计算。采用熵值法对各项指标进行客观赋权。其具体步骤如下。

构建判断矩阵：

$$A=\begin{pmatrix} X_{11} & \cdots & X_{1m} \\ \vdots & \ddots & \vdots \\ X_{1n} & \cdots & X_{nm} \end{pmatrix} \tag{3}$$

计算 X_{ij} 为第 j 个指标下第 i 个评价单元占该指标的比例为

$$P_{ij} = \frac{X_{ij}}{\sum_{i=1}^{n} X_{ij}} \quad j = 1,2,\cdots,m \tag{4}$$

3）计算第 j 项指标的熵值。

$$e_i = -k\sum_{i=1}^{n} P_{ij}\lg P_{ij} \tag{5}$$

式中，$k>0$，$e_i \geqslant 0$ 常数 k 与样本数量 m 有关，一般令 $k=\frac{1}{\ln m}$，则 $0 \leqslant e \leqslant 1$。

4）计算第 j 项指标的差异系数 g_j。

$$g_j = 1 - e_j \tag{6}$$

其中指标差异系数越大，对人居环境评级的作用越大，熵值越小。

5）求权数 W_j。

$$W_j = \frac{g_j}{\sum_{j=1}^{m} g_j} \quad j = 1,2,\cdots,m \tag{7}$$

6）乡村人居环境评价综合得分。结合各评价指标的权重和标准化后的值测算各评价单元的人居环境质量 S_i。

$$S_i = \sum_{j=1}^{m} W_j P_{ij} \quad i = 1,2,\cdots,n \tag{8}$$

3. 评价结果分析

（1）人居环境质量总体特征分析

根据表 4-3 中建立的指标体系及各指标层对应的权重，结合公式（6）计算出县域内各评价单元（镇级）经济水平、基础设施、公共服务、环境卫生和住房条件 5 个一级指标的综合得分，通过加权计算出县域乡村人居环境质量的综合得分。采用自然断裂法对评价值进行分级，进而对县域乡村人居环境质量分布做出判断，提出县域层次宏观统筹规划的重点区域和重点内容。

（2）人居环境质量单项特征空间分异

为分析县域乡村人居环境质量一级指标的空间分异情况，根据县域各镇区经济水平、基础设施、公共服务、环境卫生和住房条件一级指标的得分值和空间分布情况，采用自然断裂法，将各一级指标分为 4 级，分别为优质区、良好区、一般区和较差区。根据人居环境质量空间分异，判断各镇区乡村人居环境面临的主要问题，提出乡村层次分类实施的空间布局。

4.4.3 县域视角下的宏观统筹规划

1. 产业集群发展

城郊型乡村一般具有较好的经济条件和较完善的配套设施，交通相对便捷，可以为城市供应农副产品、工业原料和劳动力，还可以通过生态农业和文化旅游融合为长居城市的人们提供高质量的精神文化生活服务。在乡村为城市提供服务的同时，以城市的人流、信息流和资金流为依托，不断完善服务内容，实现城乡之间产业经济相互渗透的可持续发展。

城郊型乡村产业发展需要立足区域，以追求规模经济为原则，统筹联合与分工的关系，发挥区域内各种生产资料的整合能力。所谓联合，即将为城市提供同一类型的产业，按照一定的比例布局在具有优势的区域，形成一个具有区域性的乡村产业系统。在该系统下，各个乡村都可以充分发挥其生产力，并对周围乡村起到促进作用，实现“整体大于它的各个孤立部分之和”。所谓分工，即不同乡村根据自身的资源禀赋和社会经济发展水平，选择与自己相适应的主导产业，寻求适合自身的产业发展道路。乡村产业发展可根据为城市提供的生产资料类型分为农业型、工业型和服务型三种类型，在统筹联合与分工的基础上，完成区域乡村产业布局，为乡村发展指引方向。

2. 设施共享共建

乡村配套设施主要包括基础设施和公共服务设施两个组成部分，配套基础设施一般是指乡村道路交通、给排水、环境卫生、供电以及通信等工程基础设施，配套公共服务设施一般是指乡村行政管理、文化教育、医疗卫生、商业以及公共服务等设施。

设施共享共建需要从区域协同的角度出发，将满足具备纳入城市供水、排水、燃气等市政工程的乡村，在城市总体规划中进行统筹规划、建设市政管网和道路。不满足纳入城市管网的乡村，应该鼓励相邻乡镇之间的自发性协调，从基础设施共建共享的角度对区域集中供水和污水处理、交通线路布置等实现配置的最优化。

城郊型乡村因其区位优势，在城乡统筹发展中，应使城市配套服务设施积极向乡村覆盖，促进城市配套基础设施向乡村延伸，实现城乡配套设施的平等化。在乡村规划中应该注意预留区域性基础设施和走廊。

3. 区域空间管制

在县域总体规划中，应根据国土空间开发适宜性评价和资源环境承载力，划定县域“三区三线”（表4-4）。其中“三区”覆盖县域且互不重叠，“三区”内部统筹各类空间要素，“三区”各自包含“三线”。

表 4-4 “三区三线”对应关系表

三区	三线及附属线	功能分区
生态空间	生态保护红线	保护林地、保护草地、保护水域、保护滩涂沼泽、其他保护生态用地
	一般生态空间控制线	一般生态用地
农业空间	永久基本农田控制线	基本农田
	一般农业空间控制线	一般农田、园地、牧草地、农村居民点、其他农业空间
城镇空间	城镇开发边界	城市集中建设区、规划备用区、特殊用途区
	边界外城镇空间控制线	区域基础设施用地、特殊用地、采矿盐田等地面生产用地

和传统乡村相比，城郊型乡村在发展过程中更易受到城市中各种要素的影响，乡村无序蔓延扩张现象严重，因此需要对乡村边界进行控制，在一般农业空间内明确划定乡村增长边界。同时，对历史保护村落，应在一般农业空间内划定历史村落保护边界。乡村增长边界是乡村居民点的建设用地调整范围，利用乡村增长边界进行用地调整与控制，主要是为了满足本村发展的建设项目，如乡村产业建设和新型社区建设。在乡村增长边界内禁止进行与本村社会经济发展无关或具有污染的工业建设。

4. 乡村风貌引导

在县域层次，首先需要对县域乡村风貌要素进行区域整合，具体包括县域自然、人文、人工物质空间要素（表 4-5）。以区域要素整合为基础，突出本地区地域特色和文化民俗，构建县域自然与人文和谐的乡村新风貌。县域乡村风貌规划内容应包括制定县域风貌目标、构建县域生态格局、划分县域风貌分区和制定乡村风貌控制导则。

表 4-5 县域乡村风貌控制要素

自然要素	山、水、林、田、湖、草
人文要素	历史和地域文化、地方特色产业、新兴文化产业
人工物质空间要素	民宅、各类公共服务设施和基础设施

4.4.4 乡村视角下的微观实施规划

1. 乡村整治的类型模式

县域统筹规划侧重于区域中的宏观层面，对乡村层面的指导价值有限。因此本书着眼乡村微观尺度，按照“类型划分–问题审视–模式演绎”的构建方法，因地制宜提出不同类型城郊型乡村的整治模式。需要明确的是，在实际工作中乡村发展往往具有综合性和复杂性，乡村人居环境整治需要多种类型模式的叠加使用。

本书从乡村人居环境五大构成要素和系统平衡的三维视角出发，综合全局考虑城郊型乡村中的乡村自然系统、人类自然环境系统、居住环境系统、社会经济系统和其他支撑性经济系统，以县域人居环境综合评价为基础，以乡村人居环境面临的主要问题为导向，将乡村分为产业薄弱型、设施滞后型、生态修复型和风貌改善型。

在实际工作中，每个乡村并不属于单独某一类，多数乡村是各种问题并存的，即可能同时属于产业薄弱型和设施滞后型或者生态修复型和风貌改善型。

2. 产业薄弱型

（1）现代农业模式

该模式乡村指村落经济以发展农业为主，农民以农业为生的村庄。目前一些农村已经不再单纯依赖农业，村民的收入来源不断发生改变，呈现出多样化的趋势。这类乡村发展方向是走农业现代化道路，以形成农业园区、农业基地，以规模经济带动乡村发展。该模式适用于经济基础较好，农业生产条件便利，地势平坦且便于规模化经营的乡村，常见于平原且相对发达地区。

1）整治思路。农业型乡村把农业经济发展作为主要目标，其人居环境整治也是围绕农业经济展开的。在整治过程中此类型乡村应该从以下几个方面着手。首先，通过大片农业用地集中规划，使农业发展符合现代农业园区的发展需求，形成规模化的农业生产格局。其次，应该积极建设农业生产基地、农副产品交易市场，完善农产品的生产和销售链条。再次，通过加强基础设施建设，如改善道路交通状况，加强乡村与周边城市、农业园区之间的联系；提升农业水利条件，满足生态农业发展需求。最后，针对一些具有丰富地方特色文化的乡村，应该因地制宜，在保护的基础上适当开发建设，以便将一些有历史文化价值的遗产保留下来。

2）整治重点。农业生产用地整治。城郊型乡村毗邻城市，其中农业型乡村为城市提供绿色蔬菜以及粮食等服务。在整治中应该将一块区域内的乡村农业用地统筹规划，形成各种农业特色生产基地，方便农业生产规模化。

农业生产设施整治。农业生产设施现代化既有利于实现资源的集约利用，也利于降低劳动强度，节约劳动力。主要建设项目包括节水灌概设施、育苗专用智能温室、种植大棚、配套自动化控制系统、肥料处理配套设施等。

乡村基础设施整治。提升城市与乡村之间的交通可达性，改善路面条件，优化道路布局，使其能够保障农业生产作业机械化的需求。对田间道路进行路面硬化改造，方便运输车辆通行，满足现代农业发展规模化的设施需要。建设节水灌溉设施、排水沟渠、钢架种植大棚、防虫网等农业基础设施。

（2）工业园区模式

该模式适用于乡村经济以发展工业为主的乡村。工业园区模式乡村以发展工业为导向，推动乡村经济由农业主导型向工业主导型转换。整合乡村在土地、劳动力、资源等方面具备的优势，促进工业企业的发展，加快工业企业与乡村融合，促进可持续发展。在工业反哺农业的过程中，城郊型乡村非农人口逐渐增多，乡村内部逐步转变为生活社区化和村民市民化。

1）整治思路。乡村工业园区一般位于城市对外交通的主干道两侧，以乡镇企业为龙头，发展农副产品加工、工业产品加工。这类乡村农民信息接收渠道较多，思想转变快，有强烈的农村城镇化趋势，应将乡村整治规划纳入城镇规划的体系，在住宅建设方面提倡公寓式楼房，对乡镇企业用地进行统一规划，集中安排建设用地。对分散的小规模乡村要求有序向城镇靠拢，实行规模搬迁，最终形成集中连片发展。

乡村工业发展必须与生态环境保护紧密结合，发展工业绝不能以牺牲生态环境为代价。在乡村整治过程中，严禁布局有污染的工业，将乡村现有的污染工业向镇以上的工业集中区逐步聚集，暂时无法搬迁的污染工业应该加强监管和污染物的治理。适宜在乡村发展的产业应该集中布置在乡村内交通方便、基础设施条件较好的区域，并且和民居进行适当的隔离。

2）整治重点。①土地资源整治。乡村由于在工业发展初期建设用地不够集约，造成土地资源浪费现象严重。首先是居住用地，村民在收入增加后，对居住环境需求提升，因此新建房屋，但原有的住宅仍然保留，造成建设用地闲置。其次是农业用地，村民进入工厂企业工作，导致乡村从事农业生产的劳动力匮乏，部分农田荒废无人耕种；最后是工业用地，随着一些工厂向镇中心集聚，导致一些工业厂房闲置，这些工厂建筑密度低，占地面积大。乡村居住用地整合主要采用建设集中居住区的方式，建设现代化的工业新村。农业用地整合主要是指对耕地进行规模化经营，针对的耕地特点是破碎度较高、耕地质量低并且污染严重，提升耕地聚集度并通过生态措施稳步提升耕地质量，这样有利于农村基础设施和公共设施的集约配置，促进城乡统筹以及乡村平稳发展。②乡村布局整治。该类型乡村在布局中为了减少工业生产对生活的影响，一般将工业区与生活区分离。为便于管理和提高乡村居民生活的舒适度，乡村布局可按照功能分区的模式将工厂、仓库、居住等进行分区布置，形成布局科学、联系方便的有机体。当乡村工业发展到一定阶段，乡村生态环境会发生较大变化，虽然村民生活富裕了，但是乡村出现的空气污染、水体污染、土壤污染和废弃物堆积等问题困扰着村民。工业厂房和居民建筑交错分布，会对环境整治造成很大阻碍。在整治过程中首先要将工业向镇或者县工业园区集中，方便污染物的规模化集中处理。其次要加强基础设施建设将乡村道路系统与城市公路对接，形成城乡一体化的道路体系；实现城市和乡村公共交通系统融合，提升城市和乡村居民的出行便捷度；设立小型商业网点、物流配送场地、电商服务站和农产品收购点等设施和空间，满足村民的日常生活需求和生产需求：完善垃圾收集处理的工作机制，提倡垃圾分类收集和处理；适当增加文化室、卫生所、公共活动中心的投入，满足当地村民和外来居住人口的需要。

（3）旅游服务模式

该模式乡村依托当地特色的资源，以乡村美景、别样文化、特色美食、清新空气，不仅服务于长居城市的人们，满足他们对记住乡愁、返璞归真、追求高质量生活的需求，而且服务于本地居民，满足他们追求富裕和改善生活质量的需求。该类乡村通过“农文旅”融合，让城市赋能，利于规避农业作为第一产业存在的风险，既可扩大乡村发展面，又能改善提升乡村环境。

1）整治思路。该模式乡村整治需要和乡村特色资源相结合。历史文化型乡村需要加强对文化遗址和文化资源进行保护，在保护的前提下进行适当开发建设，新建建筑和历史建筑风貌要协调。观光旅游型乡村需要在游览和休闲度假方面有吸引力，在整治中要建设高品质的住宿设施和商业服务设施；民俗体验型乡村在整治过程中需要对乡村环境卫生、民宿、旅店加大整治力度，突出当地特色，形成干净卫生、特色鲜明的体验环境。

适合旅游服务模式的乡村主要以发展乡村旅游业为目标，乡村整治围绕旅游景点的开发建设、乡村特色文化的保护与传承展开。乡村旅游业的开发对象以农业景观为主，其中包含乡村人文历史、农业耕作活动、乡村自然景观等。乡村作为服务游客的场所，其风貌会影响游客的体验效果，塑造有特色的乡村环境，有利于提高乡村声望，给游客带来舒适的体验，从而为旅游业发展带来积极影响。

2）整治重点。①旅游景点的整治。服务型乡村的重点整治内容是旅游景点的建设、旅游项目的完善、观光环境的美化。观光型乡村增加观光景点，新增景点项目和观光路线可以增加乡村的游览价值；历史文化型乡村发展旅游观光主要通过对历史建筑、文物古迹的保护和开发；民俗体验型乡村是对民居进行改造提升，最终形成具有地方特色的农家乐、民宿，使乡村旅游景点多样化。旅游景点不应该局限在简单的圈地经营接待，应以乡村的文化底蕴为根基，对旅游景点、旅游项目、文创产品进行综合开发，增加乡村的知名度。②公共设施的整治。服务型乡村需要有完善的公共服务设施为游客提供周到的服务。乡村的商业服务、文化娱乐设施相对缺乏，加强这些方面的建设可以推动乡村旅游业发展。在整治建设过程中应该提升公共设施配置的水平，对餐饮住宿的环境和卫生进行整治，提升乡村的旅游项目服务水平，增加乡村的知名度和吸引力。③旅游模式的整治。现阶段乡村旅游模式以农家乐为主，体验内容相对单一，仅仅局限于“住农家屋、吃农家饭”，游客体验停留在感官层次，造成乡村旅游发展可持续性差，吸引力不足，要改变这种现状，必须提升乡村旅游发展的水平，丰富旅游体验的模式与内容。这类乡村在整治过程中需要重点关注建筑风貌整治和生态环境整治，重新焕发乡村独具特色的优美建成环境与自然环境风采，让游客在欣赏乡村优美的生态环境过程中也有机会体验村民的日常生活，重新审视自己在城市中的世界。

3. 设施滞后型

（1）配建模式

1）独立配建模式。该模式以独立乡村为单元，建设内容包括乡村内部基础设施和公共服务设施两部分，其设施服务人群一般以本村居民为主。

城郊型乡村在完善设施配置中应尽可能和周边市（县）或其他乡镇进行统筹集中布置，以实现设施配置的城乡融合。在规模较大或城市配套设施无法覆盖到的乡村，其基础设施和公共服务设施应采取独立配置的方式。配置过程中需要充分考虑乡村的人口构成和规模，以及本村的经济发展水平，以满足村民当下最迫切需求为主，和乡村住宅同步进行规划建设。

乡村配套设施在整治过程中，不可照搬城市的布置模式，必须以乡村自身特点为依据，综合考虑自然地形、经济发展水平、交通运输特点、本土建设材料、居民诉求等因素，制定与乡村发展阶段相符合的整治规划。其中乡村道路系统规划应该对现有道路进行系统整合，结合工程管线布置、乡村景观布局等进行综合考虑。乡村公共服务设施配置应以利于生产、便于生活为原则，布置在方便村民使用的地方，如乡村入口、主要道路两侧或者村委会周边，可结合公共服务设施布置公共活动场所，满足村民日常交往活动的需求。公共设施的布局以点状和带状为主，点状布局应该和公共活动场所相结合形成公共活动中心，带状布局应该和乡村主要道路结合形成街巷空间。

2）跨村联建模式。该模式适用于自然条件和资源相似，地缘、人缘上有天然联系的乡村。城郊型乡村在发展过程中，部分乡村依靠产业优势、交通优势或生态优势，发展势头越来越迅猛，甚至被评为乡村旅游特色村、美丽乡村示范村，但是在这些自身具有一定优势的乡村周边，往往存在一些本身基础设施薄弱的乡村，发展速度一直滞后。跨村联建模式可以打破乡村之间的界限，统筹区域现有资源，实现资源共享、优势互补，从而带动各村均衡发展。

在设施服务范围可以覆盖的前提下，一些配套设施可采取跨村联建模式，如生态污水处理池、变电站、4G 或 5G 基站、停车场、幼儿园、卫生室、商店、文化活动中心等。

（2）配建内容

1）道路系统。乡村道路在规划设计时需要从道路的功能入手，在满足乡村生产生活的基础上进行规划设计。乡村道路不仅承担着交通运输、市政管线埋设、防灾救援等功能，也是连接居住用地和生产用地，划分居住区、街坊的要素之一。在道路系统规划中应综合考虑乡村道路现状和功能布局，形成层次分明又联系紧密的道路系统；应延续乡村原有道路骨架和肌理特征，形成具有乡村特色的道路网络；应对传统街巷进行最大限度地保留，形成尺度宜人，收放有致，富有生活气息的街巷空间。

规划道路系统时，应满足乡村安全、实用、经济的交通需求。乡村内道路可按照 2017 年住建部颁布的《乡村道路工程技术规范》（GB/T 51224—2017）的规定来设置。据道路在乡村路网中的地位、交通功能及对沿线居民的服务功能，乡村道路可分为干路、支路、巷路三级，详细技术指标见表 4-6。

表 4-6　乡村道路规划技术指标表

规划技术指标	道路级别		
	干路	支路	巷路
计算行车速（千米/小时）	20 ~ 40	15 ~ 20	15 以下
车道数	2	1 ~ 2	1
道路红线宽度（米）	≥11	3.5 ~ 11	3 ~ 3.5
车行道宽度（米）	≥6	≥3.5	≥3
每侧人行道宽度（米）	≥1.5	—	—
每侧设施带宽度（米）	≥1	—	—

农田道路是连续乡村与农田及农田与农田之间的道路网络系统，应满足农产品运输、农业机械下田作业及农民进入农田从事农事活动的要求。主要分为田间道和生产路。田间道即机耕道，是为乡村与田间的货物运输、机械作业等操作过程而服务的道路，而生产路是为了田与田间的货物运输而设置，仅供人、畜下田作业使用。根据《高标准农田建设通则》（GB/T 30600—2014）及各地的土地开发整理工程建设标准进行规划设计，在此以 2009 年 6 月《海南省土地开发整理工程建设标准（试行)》为例，其规划等级与技术指标见表 4-7。

表 4-7　农田道路规划技术指标

规划技术指标	农田道路级别		
	田间道		生产路
	一级田间道	二级田间道	
设计行车速度（千米/小时）	20 ~ 30	15 ~ 20	10 ~ 15
道路红线宽度（米）	4.5 ~ 6	3.5 ~ 4.5	2 ~ 3.5

对乡村内部道路系统的规划，要结合乡村整治与农田规划进行，根据当地经济发展状况、乡村的层次与规模以及交通运输特点等综合考虑。个别中远期可能升级的乡村，在道路规划时，应注意远近期规划相结合，为未来发展留有余地，如遇到资金不足等问题也可分期实施，例如先修半幅路面等。

2）给水工程。城郊型乡村随着用水量的增多，部分村庄存在用水管理与供给脆弱、供水设施老化严重以及管道埋深不足等问题，跑水、漏水现象严重，影响村民的用水安全。乡村给水工程的整治主要是解决水源地保护、饮水安全及供水方式这三方面的问题。①水源地保护。对位于城市周边，有条件的乡村应通过城市给水系统的扩建、改造，纳入到城市给水管网的服务范围内。距离城市较远的乡村，应对高位水池、水塔等供水稳定的乡村要经常检查、维护设备；对于分散供水的村庄，应对水源地（水井、水窖等）周围 20 ~ 30 米范围内，清除污染源（垃圾堆、厕所、粪坑、牲畜圈等），保障用水安全卫生。②饮水安全。农村生活饮用水水质应符合《生活饮用水卫生标准》（GB 5749—2006）的规定，做好水源卫生防护、水质检验及供水设施的日常维护工作。乡村给水工程的设计用水量应根据《农村饮用水安全卫生评价体系》农村给水规定，保证农民生活用水量每人平均每天不低于 40 升，同时要考虑大牲畜用水量。对于水压不稳定的乡村，应依据地形和周边地区发展的需要，兴建给水调蓄设施（如高位水池、水塔）和配套加压泵站，有效解决农村供水压力小的问题。③供水方式。包括集中供水和分散供水，有条件的城郊型乡村应尽可能纳入城市给水系统和管网的服务范围内。对于采用分散供水的村庄，远期内应逐步实现村庄集中供水，供水覆盖率 100%。供水管线的布置沿道路一侧，避免横穿道路。管网敷设时可采用环状管网为主的模式，提高供水的稳定性。引导农民节约用水，规范用水制度，提高村民节水意识，达到节约用水目的，实现水资源统一管理。

3）排水工程。乡村排水工程是乡村基础设施的重要组成部分，它包括农村污水、雨水排水系统、污水处理系统和污水循环再利用系统。城郊型乡村排水工程应尽可能考虑城乡统筹，即由城市管网辐射向农村，将污水收集，并入城市管网。对于城市管网辐射不到的乡村，应采用小型生态污水处理设施，乡村排水体制包括分流制与合流制两种类型。原则上适宜选用分流制排水体制；经济发展水平差的乡村近期可采用不完全分流制，待条件成熟时过渡到完全分流制；其中条件适合乡村宜采用截流式合流制，并在污水排入管网之前采用化粪池、生态污水处理池等方法进行预处理。有条件的乡村可考虑将农田及水利设施建设与生活污水整治相统筹进行规划设计，达到水资源的循环利用并加强乡村污水景观化生态处理。

乡村排水管渠的布置，应根据村落的格局、地形情况等综合因素，因地制宜，采用贯穿式、低边式或截留式。雨水排除应充分利用地面径流和沟渠，污水排放可通过管道或暗渠。

4）电力电信。乡村供电方面，电网升级改造要符合农产品加工、美丽乡村建设、乡村旅游等农民用电需求，将电网升级改造纳入到乡村人居环境整治规划中，满足村民基本的生活条件。乡村的电杆线路要做到“规范、安全、美观”，沿道路一侧敷设，尽量不横穿道路，禁止私拉乱接电线，保障用电安全。

乡村通信方面，信息化水平的提升是关键。随着智能手机和电脑的普及，以及农村电商带动农业现代化的需求，网络通信硬件设施的建设要逐步跟上。从近期来看需要规范线路架设，而远期应当逐步实现管线地下敷设，提升农村电话、有线电视的普及率以及宽带入户率，满足不断提高的生产生活的需求。

5）环境卫生。乡村内的环卫服务设施，主要包括农村垃圾的收集和处理服务设施和村庄内的公共厕所。根据各省市村庄规划标准来设置环卫服务设施的数量，以2010年《北京市村庄规划标准》为例，每个村庄不少于1个固定的垃圾收集处理点，宜靠近服务区中心或交通便利之处，除此外还应设置垃圾箱，每个垃圾箱服务半径为50～80米，并通过卫生填埋和堆肥等多种方式对其做安全无害化的处理，处理服务设施距村民生活居住区至少500米以上，同时村庄内应设一条绿化带予以保护和隔离。村庄范围内也需相应地设置公共厕所，每个公厕的服务半径为300～500米，每处农村公厕的建筑面积一般为30～50平方米，同时应保证达到“卫生厕所”的无害化标准。

6）公共服务设施。根据《乡村公共服务设施规划标准》（CECS 354：2013）乡村公共服务设施项目主要分为6类，分别为行政管理设施、教育机构设施、文体科技设施、医疗保健设施、社会福利设施和商业金融设施，较大的乡村还设有集贸市场设施。其整治规划应该依据各村经济和社会的具体情况，根据各村人口规模，对公共设施进行合理配置，以改善村民生活条件与设施水平。同时，也要重视乡村周边的公共服务设施的统筹利用，有条件的乡村应充分考虑与城镇公共服务设施的共建共享。注意从多方面筹集资金，为进一步实现现代化健康宜居美丽乡村创造条件。

乡村公共服务设施的整治及新建设计，均应根据乡村总体规划要求分级分类配置、分期实施。根据各地区经济发展水平，逐级确定公共服务设施的项目和规模，不搞攀比，同时注意与城镇级公共服务设施的互补作用。

若乡村已有可利用改造的建成项目，则可视具体情况对该项目做适当调整，加以利用。特别是要注意保留和改造现存具有传统民俗特色的公建项目，如茶馆、酒楼、戏台、书场等。

乡村公共服务设施本身的特点是规模小、功能全。因此提倡开发综合性建筑，利于综合使用，或将同一场所不同时间派不同用途。如一店多用、一厅多用、一站多用等。例如，乡村的文化娱乐建筑，不但可以放电影和作为会堂开会，还可以兼作展览厅、培训中心、图书档案馆等。

乡村公共服务设施一般设置在乡村的中心地带，它既是乡村的主题，也是体现村容村貌的亮点和标志。公共建筑的设计和设置，除注意建筑体型、立面造型等以外，还要注重环境设计，创造乡村公共中心优美的室外环境。

7）公共活动场所。乡村的室外公共活动场所是村民休闲时间聚集娱乐的主要地方，经济条件好的乡村建立文化活动广场或者绿地公园，经济条件较差的乡村充分利用村委会或道路交叉口的空闲用地，营造村民聚集交往、休憩、娱乐的活动场地。一般来说，较多乡村没有条件建设广场和公园，在整治过程中要充分利用现有的开放场地，如将古戏台、打谷场、场院或闲置地等，打造成村民活动场地。

村民休闲活动的场地一般是健身广场，此外可以简单地搭建一些廊架，作为村民聊天乘凉的场所。乡村街道或庭院中用木料、树枝简易搭建成凉棚，上面种植攀爬类植物，形成室外公共活动空间，可以供村民聊天和乘凉。乡村的凉棚下还可以设置桌椅板凳，成为村民用餐、休息、娱乐活动的室外场所。

4. 生态修复型

部分城郊型乡村在经济建设中虽然抓住机遇，乡村经济得到迅猛发展，但是资源的不可持续利用造成的环境问题越来越严重，甚至变成了制约乡村发展的主要因素，而且土壤污染、水体污染、大气污染，已经威胁到乡村居民的生命健康。乡村生态环境修复既要重视生态自然基底的修复，还要重视生态化基础设施的建设，从生产、生活、生态三方面入手，方可塑造生态文明、可持续发展的乡村（表4-8）。

表4-8　城郊型乡村生态系统修复类型

自然生态环境修复	水环境修复
	土壤修复
	植被修复

续表

人工基础设施生态化	新能源设施
	生态环卫设施
	水循环设施

（1）水环境修复

水是人类赖以生存和发展的重要物质能量，目前，乡村水系面临着地下水过度开采、水环境污染加剧等问题，需要对乡村水系进行科学合理的生态化修复。

1）水岸修复。①自然修复法。该方法是选取适宜于生长在滨水地带的植被，种植在水系岸边、坡面和岸顶，其原理是利用植被的叶、茎、根来防止水土流失，保护水岸的抗洪能力；也可以采用“土壤生物工程法”，利用植物和木桩相结合、野生草和灌木草相结合的生态技术方法来控制河床滞留沉积与水岸侵蚀，维护河道自然性质。②工程修复法，该方法具有较强的抵抗洪水能力，水岸稳定性与安全性较高，不仅可采取种植植被的方式，也可采用木材、石材对水系进行护底，如在河岸边坡设置种植包、木桩等护岸，增强河岸的抗洪能力。③景观修复法，该方法从满足景观功能和生态功能的角度出发，综合应用水系和生态环境，充分考虑水系所处的自然环境与地理位置，在水岸设置一系列的亲水平台、景观小品、主题广场等，营造出富有自然气息的景观要素，在整治中可结合乡村的实际情况，将乡村人文景观与水系景观进行组合。

2）水体修复。①水生植物修复法。水生植物作为污染水体修复过程中重要的参与者之一，不仅为污染的水体提供充足的氧气，还在分解水中污染物质的过程中起到了非常关键的作用。以水生植物为主要参与者的污染水体处理系统，在使用的过程中基本不使用化学药品，一般不会产生有害、有毒物质，是一种非常有发展前景和潜力的“绿色型、生态型”水系（体）污染处理技术。但是，在使用水生植物的时候，要注意植物的类型选择与植物群落配置，水体温度与透明度的测量，以便水生植物更好地发挥作用。②水体动物修复法，水生动物主要包括底栖类动物、游泳类动物、浮游类动物，这些动物主要以水系（体）中的有机物碎屑、浮游的藻类、游离的细菌等为食物，在水系（体）中，投放合适数量、合适物种比例的水生动物，可以提高水（系）的透光度与透明度，减少水中悬浮物，对于延伸水系生态食物链有着非常重要的作用。③水系（体）微生物修复法，这种方法一般适合静水水系（体）或景观水系（体），当水体中的降解菌数量较少时，向水系（中）补充有益的微生物和促进这些微生物生长的营养剂，便可加速水体中污染物的分解与降解。除以上方法之外，对水系（体）的修复方法还有：物化处理法、生化处理法、曝气复氧法、光催化降解法等物理化学手段，对水体（系）进行修复。这些方法一般对水体有一定的危害。

（2）土壤修复

乡村土壤污染类型多样，污染程度不一，根据不同的土壤特点和污染程度，利用物理、化学、生物等修复技术，配合政府和村民自我规范，对乡村生态建设具有重大的意义。不同土壤修复技术优缺点对比如表 4-9 所示。

表 4-9　不同土壤修复技术优缺点对比

土壤修复技术		优势	缺点
物理修复技术	改土法	成本低，应用广泛，技术成熟，不破坏土壤结构和不引起二次污染	对低挥发性有机物的处理效果较差，对面积要求高
	热解吸技术	处理效率高，设备可移动，修复后土壤可再利用，适用于 Hg 和 As	设备昂贵、成本过高，可能破坏土壤结构和生态系统耗能
化学修复技术	固定化技术	费用低廉，毒性低，稳定性强	所需设备较多，污染物埋藏深度、pH 等都会影响该技术
	土壤淋洗	方法简单，成本低，处理量大，见效快可对污染严重的土壤修复效果好	可能造成二次污染，对结构紧实的土壤处理效果较差
	化学氧化还原	对于污染严重的土壤修复效果好	对土壤结构和成分会造成不可逆的破坏
生物修复技术	动植物修复	修复费用低，环境友好，可大范围应用	难以处理深层的污染，修复时间较长，修复效果弱
	微生物修复	绿色环保、高效、成本低	对修复土壤的污染浓度要求高
其他新型修复技术	微波修复	快速、高效和环境友好	过程烦琐成本高，不适于进行大面积土壤的实地修复
	电动修复	技术原理简单，成本较低，高效、无二次污染	适用性差，用于 pH 低、渗透系数低的密质土壤
	渗透反应墙技术	处理效率高、反应介质消耗慢、长期稳定运行不产生废物	主要用于修复污染的地下水，对土壤的修复研究较少
新兴土壤修复材料	纳米材料	超强的吸附、催化能力，缓解土壤中毒性，抑制植物对重金属的吸收	吸附后存在潜在危害，土壤中行为机理和生态毒理处于空白阶段
	生物炭	生产条件简单、生产成本低廉的优势	性质受原料温度等条件影响较大、土壤中长期存在难降解
	表面活性剂	可以与其他方式结合强化修复效果	活性剂自身具有毒性，会对微生物产生不利影响，导致二次污染

资料来源：员学锋，邵雅静，卫新东，等．2018．中国土地污染修复技术研究现状及发展趋势．江苏农业科学，46（17）：13-17

城郊型乡村面临能源过度开采和耕地无序开垦的情况，带来的不仅是生态环境恶化，更反映出当下乡村经济、社会发展的弊端。政府部门应该以制度完善为出发点，加强土地质量监管，建立健全法律法规制度，使土地修复工程做到有法可依。针对乡村土地污染现状，根据污染区域的土地特性，构建反映土地污染程度的环境质量评价标准体系和反映修复技术实施效果的评价体系，为乡村土地修复提供依据。

（3）植被修复

乡村植被是乡村生态系统的重要组成部分，根据乡村的实际情况，可以把乡村植被分为农业植被和村内植被两部分。

1）农业植被。农业植被是串联田野的绿色斑块，不仅具有景观的功能，还具备生境和生物多样性的功能，影响着乡村中物种动态的过程。植被构成上适宜采用复合、多层的模式，以形成多样化的生境，促进生物多样性，不同生态目标的沿河、沿路植被带宽度如表 4-10 所示。农业植被可分为传统农业植被、现代农业植被和自然地貌植被三部分。

表 4-10　生物多样性与植被宽度关系

植被宽度	生物多样性表现
<12 米	廊道宽度与生物多样性之间相关性接近于零
≥12 米	草本植物多样性平均为狭窄地带的 2 倍以上
≥15 米	有可能降低环境温度，过滤污染物，控制河流浑浊
≥30 米	不但能有效降低环境温度，还可以增加河流生物食物供应，有效地过滤污染物，并具有相对稳定的生境。林内还有较多边缘物种，但多样性仍很低
≥60 米	对于草本植物和鸟类来说，具有较高的多样性和更多的林内种，满足动植物迁徙和传播以及生物多样性保护的功能
≥80 米	能较好地控制沉积物及土壤元素的流失
≥600 米	能创造自然化的，物种丰富的景观结构，含有大量林内种

资料来源：姚小琴，窦华港. 2009. 天津海河廊道的生态修复. 城市规划，33（S1）：66-70

传统农业植被一般以小麦、水稻、玉米、油菜等农作物为主，合理种植对改善生态环境，营造宜人的人居环境具有重要的意义。传统农业植被整治包括农田斑块和农田之间的通道两部分。农田斑块的大小、数目、形状和朝向对农田产量和田间作业难度有较大影响，平原地区一般长度为 500 ~ 800 米，宽度为 200 ~ 400 米，山地和丘陵地带根据地形地势灵活设计。农田之间的通道一般指河流、林带、沟渠等，它随着农田斑块变化而变化，朝向一般与乡村主风向垂直，有利提高农作物抗风能力，增加粮食产量。

现代植被农业一般具有较大规模，采用集约化生产模式，经济效益较高。发展现代农业时应注意生态环境的平衡发展，同时注重将自然、景观、文化、旅游和农业相结合，建立多功能的农业生产模式。

自然地貌植被主要是在山地、丘陵产生，以林地为主，生物多样性丰富，在整治中应以自然保护为主，不宜进行人工开发。

2）村内植被。村内植被包括公共绿地、街道绿化和庭院绿化。

乡村公共绿地不仅是村民活动频繁的地点，同时也是乡村绿化的亮点所在。绿化具体配置时，应充分结合本地气候环境，在适地适树的前提下，注意常绿与落叶、观花与观叶树种的合理搭配，并综合考虑树木的色彩、形态、体量，以及开花植物的花期，采用乔木、灌木、草花、藤本相复合的绿化形式。绿化的平面布局应讲求点、线、面协调配置，力求创造优美、实用的乡村公共绿地。

乡村路面的宽度较窄，种植绿化带的宽度较小，应以行道树下种植灌木和行道树为主，并宜与地被植物等相结合种植。在行道树种植时，应充分考虑株距与定干高度。在一些人行道较宽、行人不多的乡村路段，行道树下可以结合种植一些灌木和其他地被植物，以有效减少土壤的裸露和对道路污染，形成了具有道路防护功能的、一定序列的立体绿带景观，加强道路绿化的效果。

乡村庭院的绿化根据各地区的环境生态基础设施条件及乡村庭院现有设施绿化的现状需要有所侧重，一般乡村庭院可以划分为林木型绿化庭院、果蔬型庭院、美化型庭院和园林综合型庭院四种绿化模式。其中林木庭院绿化的模式一般是指在房前屋后的一块空地上，栽植以绿化用材和树种种植为主的综合型经济林木。这也是一种经济型的庭院种植和绿化的模式。其主要特点之一是在绿化时可以合理充分利用庭院的有效利用空地，根据其具体情况综合组配栽植高产高效的经济林木以有效获取其经济效益。村民在绿化时，以高大的乔木品种为主，灌木为辅，因地制宜选择具有乡土特色的树种。果蔬型庭院绿化模式的特点是在庭院内栽植美化果树和蔬菜，庭院美化、方便村民食用的同时兼得一定的经济效益。这种模式是简单实用的庭院绿化蔬菜种植模式，村民在绿化时可以根据自己的喜好，选择和种植不同的美化果树和适合栽植蔬菜的品种。美化型庭院绿化模式的特点是结合美化庭院的改造，以庭院绿化和美化家庭日常生活中的环境设施为主要目的的庭院绿化模式。此类庭院绿化的模式通常在房前屋后就势取景，点缀花木，灵活设计。这种美化型庭院的绿化多适合出现在房屋密集、硬化程度高、经济利用条件较好、可利用绿化面积有限的村落。综合型庭院绿化的模式实际上是前面几种绿化模式的完美组合，也是常见的乡村庭院绿化形式。

（4）新能源设施

乡村发展需要提高乡村用能的品质，发展清洁能源可以有效促进农民增收，实现农民生活宽裕，并营造良好的乡村自然与人居环境。

太阳能热水器每平方米每年可代替标准煤100千克，代替用电450度，减少碳排放100千克。乡村家庭使用太阳能热水器，每年至少可节约开支1000元。

秸秆是重要的农作物资源，利用秸秆保持土地肥力，可减少化肥使用，提高耕地质量。秸秆气化，可改善农化燃料结构，提高乡村用能的水平。

发展沼气，不仅可以解决村民生活用能问题，而且能带动养殖业和种植业的发展。将大棚、禽畜舍、厕所和沼气池进行优化组合，种植、养殖、太阳能、沼气四位一体，可形成一个较为完整的乡村能源生态系统工程。

新能源设施建设是一种科学技术含量较高的项目，其效益显著，不仅可以改善乡村生态环境，节能创收，还可以提高村民的科学文化素质。

（5）生态环卫设施

乡村中厕所设施多为传统的旱厕，对环境造成很多不良影响。若粪池处理不当，会造成乡村环境污染，还可能影响人畜的身体健康。生态卫生厕所应在乡村普及推广，各地可根据具体情况选取三格化粪池式厕所、粪尿分集式厕所、双瓮漏斗式厕所、沼气式厕所和完整下水道冲式厕所等。除此外，也可根据国家标准与地区实际进行创新针对性设计，例如海南省住房和城乡建设厅结合国家的标准和海南省实际，针对农村厕改反馈的改造成本高、粪污池易渗漏等问题，设计了基本型、提升型、舒适性和公共型等4类改造厕所类型，还提出海南“五有厕屋+玻璃钢化粪池”，即厕屋有门、有窗、有便器、有内外批荡、有地面硬化加玻璃钢化粪池，面积不低于1.2平方米，三格化粪池容积不低于1.5立方米，作为海南农村改厕最基本建设标准。

目前面对垃圾收集与处理问题，省住房建设厅需要组织排查及整治活动，统筹抓好垃圾分类投放、收集、运输和处理4个环节的具体工作，主动跟踪、主动做好服务和协调工作。主要是通过以城带乡、设施共享等形式，构成“户分类、组保洁、村收集、镇转运、市县（跨区域）处理”五位一体的管理体系，实现定点存放、日产日清的良好效果，也能使得农村“脏乱差”现象得到整治。

（6）水循环设施

在供水方面，城郊型乡村应以城镇辐射供水为主，保证水量的充分供应和水质合格。城镇无法辐射到的乡村，可采用跨村联合供水、乡村独立供水或分散供水的方式。乡村供水水质应该有水质检测部门定期实施检测。

在用水方面，乡村水资源利用主要体现在生活用水和生产用水两个方面，水循环系统应该从这两个方面入手，分析其中存在问题，并提出改善措施，使水资源得以循环利用。在村民生活用水方面，城郊型乡村由于供水基础设施和管理体制仍不够健全，导致用水过程中存在水质安全和用水不便等现象和问题。在生产用水方面，很多乡村农田灌溉方式仍然采用原始漫灌的手段，导致水资源浪费而且对土地造成伤害，应积极推广喷灌、滴灌等节水方式，发展节水、生态农业。具有乡镇企业的乡村还需要给工业进行供水。乡镇企业布局分散，生产工艺相对落后，在水资源利用过程中浪费和污染问题严重。长远来看，应该对乡镇企业进行集中布局，改进生产工艺，推动中水利用技术，促进水循环。

在排水方面，对城镇附近的乡村，可通过城镇管网延伸将污水纳入市政管网，统一回收处理。对人口比较密集、经济和工业较为发达的乡村，可建设村级排水系统，集中处理污水。对地形复杂，人口较少的乡村，宜采用小型污水处理设施或庭院式污水处理系统进行单户或联户处理。

5. 风貌改善型

我国乡村风貌受到自然地理、历史文化和生活传统三个方面的影响，表现出地域性、历史性和自组织性的特征。所谓地域性，即在相同区域内，乡村风貌的演变过程具有高度相似性；历史性即乡村风貌的物质载体往往具备历史的痕迹，如明清时代的青砖小瓦马头墙到现在大量白色、砖红色的瓷砖。自组织性即乡村风貌受到中国传统礼制文化的影响，村民在选择建筑形式、材料和装饰时，被村规民约限制，具有趋同性。

乡村风貌改善需要考虑居民需求，从物质空间和文化传承两方面综合设计。乡村物质空间可分为建筑空间、庭院空间、街巷空间和场所空间，文化传承包括民间工艺、历史典故、乡风民俗和宗教信仰等。乡村风貌的表象是物质空间即乡村“物脉”，内涵是文化传承即乡村“文脉”，两者统一于乡村“人脉”（图4-2）。城郊型乡村建筑材料运输和信息流通方便，人员构成丰富，在整治风貌时如何在表象中彰显内涵并且体现居民需求尤为重要。其风貌整治应顺应时代发展要求，满足人民日益多元的生活需要，使现代文明与传统文化相得益彰。

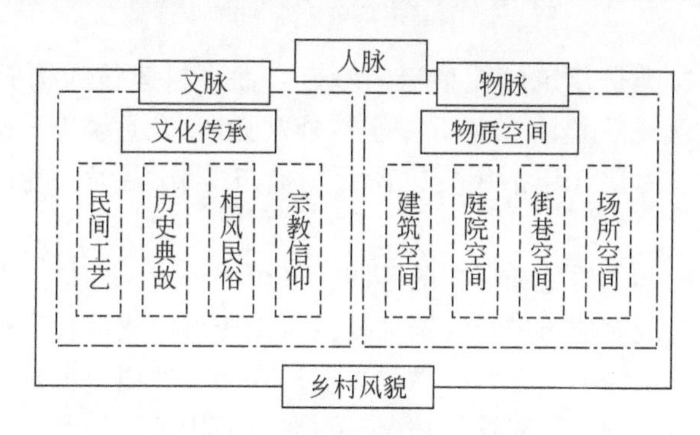

图4-2　乡村风貌整治内容框架

（1）建筑空间

建筑作为地区文化与生活的载体，有其独特的地域特点。在我国城郊型乡村内建筑大多为村民自建，由于不同地区自然地理环境和历史文化的差别，不同地区经济发展水平的制约，城镇文化偏好的影响，不同时期建筑形式与功能的转型，施工技艺的区别和建设风格与质量的差异等，导致乡村内建筑风貌差异性较大、类型众多且布局混杂。为体现乡村本土特色，建筑风貌整治应该因地制宜，强调村庄整体风貌的协调，并以化整为零的方式对乡村建筑进行整治，形成建筑与环境和谐的乡村特色风貌。

1）整治思路。乡村建筑风貌整治的核心是提出适用于本地域的模式化整治方法，而不是针对每栋建筑提出具体的整治方法。首先，应该综合考虑乡村所处的地域性特征和建筑自身特色，提出整治目标和整治意向；其次，在目标导向的基础上，将建筑构成要素进行分类，提出各类建筑的整治模板；最后，以建筑要素整治模板为基础，选择相应的整治技术（图4-3）。

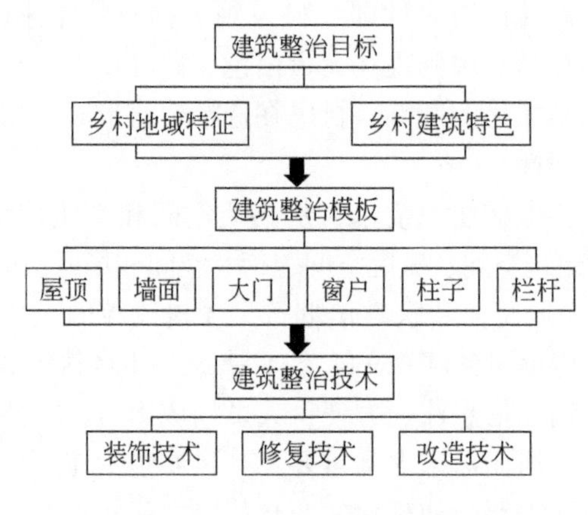

图4-3　建筑整治技术框架

建筑要素的分类是建筑风貌整治的基础，而乡村建筑的构成元素也有所差异。在现有的建筑风貌整治视角下，建筑外观元素可分为以下6类：大门、窗户、柱子、栏杆、屋顶（包括屋脊、屋面、檐口等）、墙面（包括山墙、墙裙、墙面装饰等）。

根据各建筑元素的质量和形式的不同，又可以分为3种整治方式。

建筑装饰，对现有建筑进行装饰性整治。由于房屋建造技术的改进，乡村传统民居的做法有些已经消失，有些做法虽然还在继续使用，但是由于房屋建造时间过长，已经很难表现。针对这种情况，对房屋应用涂料粉刷、材质贴面等进行强化或者重新表达。

建筑修复，修复主要针对建筑质量较差的建筑。对建筑局部进行修建、复原。这种整治方式主要应用于对年久失修的建筑：对门窗、栏杆、屋顶及外立面进行修补。

建筑改造，改造主要针对近年来乡村中新建或老旧的建筑，遵循与乡村整体风貌协调一致的原则，采用“引新于旧”或“涵旧于新”两种手法。这两种手法分别是以旧建筑、新建筑为主体，“引新于旧”是基于整体环境考虑，使现代感较强的新建建筑地方化，保留更多的历史性；“涵旧于新”则是更多考虑时代特征，乡村的历史性体现在新旧建筑的细节对比上。

2）整治实施模式。对于乡村建筑整治而言，节约成本是村民关注的重点，整治的效果是否具有地方性和乡土气息是规划者关注的重点。在整治实施过程中采用当地施工材料，雇用本村村民施工可以达到理想的效果。在具体的操作过程中，往往会遇到同一建筑元素有不同整治模式的情况，应该针对现有建筑的实际情况，提出相应的整治模板，保证整治目标和整治模式的统一，形成整体效果。整治模板可参考表 4-11。

表 4-11 建筑要素整治方式

建筑元素	具体内容	整治方式		
		整饰	修复	改造
屋顶	屋面	老旧	破损	材质及形式不同
	屋脊	老旧	破损	无屋脊
	檐口	老旧	破损	形式及颜色不同
大门	单门	褪色	破损	材质不同
	双门	褪色	破损	材质不同
墙面	山墙	不平整	破损	装饰及形式不同
	墙裙	不平整	破损	高度及材质不同
	层线	无层线	中断	特殊材质
柱子	木柱	褪色	腐烂	柱础及柱头不同
	砖柱	褪色	破损	柱础及柱头不同
窗户	窗框	褪色	破损	材质及颜色不同
	装饰	老旧	破损	材质及颜色不同
栏杆	木质	褪色	破损	形式及颜色不同
	砖质	褪色	破损	形式及颜色不同

（2）庭院空间

庭院是指房前屋后或房屋院墙之间的院落。它是乡村内分布最广、与村民生活最贴近的部分，在乡村整治中占有非常重要的地位。乡村庭院具有三大功能：

①农民娱乐休闲的重要空间；②满足家庭生活中的储存、交通、排水等功能；③生产功能，如瓜果蔬菜的种植等。乡村庭院的整治首先应该根据庭院的功能确定整治类型，其次确定庭院空间布局规划和景观布置。

1）庭院整治类型。①传统生产型庭院。适用于距离城镇较远，交通不够便利，生产水平较低的乡村。庭院以满足村民自给自足的生产需求为主，在整治中可逐渐提高生产水平，增加村民收入。②体验生产型庭院。适用于靠近城镇，交通便利，自然与人文景观较好的乡村。可通过开辟专门的体验采摘种植空间，配置餐饮等服务，建立具有乡村特色的庭院，打造乡村旅游观光产业，增加村民经济收入。

2）庭院空间布局。①水平空间布局。乡村庭院的水平空间布局可分为混合式和分隔式。分隔式的庭院一般以低矮的砖墙划分空间，储藏室单独设置，或以不同的地面铺装划分，一般生产空间用泥土铺地，生活空间用砖石或水泥铺地。混合式的庭院空间在生产空间和生活空间划分不明确，二者相互混合。②垂直空间布局。垂直空间主要包括地上空间和地下空间。村民可在地下空间进行沼气池布置，利用沼气进行取暖、做饭等，在地上空间种植经济作物，或种植庭院景观植被和布设凉亭小品等景观设施。

3）庭院景观布置。乡村庭院景观布置首先应该保持乡土特色，不可一味模仿城市庭院景观。在庭院景观布局时，需要了解地域文化和植被种植情况，通过现代技术将本土文化融入庭院景观布置中，营造具有乡土文化的庭院景观。

（3）街巷空间

乡村街巷空间与乡村居民生活息息相关，街巷空间整治要点主要包括街巷总体格局控制、街巷立面整治和绿化及景观小品配置等内容。

1）街巷总体格局控制。①街巷空间尺度。当街道的宽度/建筑物高度>1 时，这种比例街道的空间感较弱，这时街道整治可以采取在街道空间中布置一定高度的环境小品或种植乔木绿化；当街道的宽度/建筑物高度=1 左右时，街道由高度公共的空间进入半公共空间，这样的街道多为满足村镇居民日常生活的商业街道。设计上应注意街道与建筑一体化处理，尤其在装饰上的协调；当街道的宽度/建筑物的高度<1 时，街道由半公共空间进入了私密性较强的空间，整治上应考虑在材料、质感、装饰等方面加以变化，使之富有人情味。②街巷空间变化。乡村中的街道空间由于建造过程中到有很大的自发性，其两侧的建筑不可能做到整齐一致，致使街道空间忽宽忽窄；由于宽窄变化无常，将使街道空间出现小的转折，其结果反而使街道景观充满变化和情趣。在进行街道整治时可以采取以下方法给村民带来富于弹性和趣味的空间享受：单一的线性街，一般都以凹凸曲折、参差错落取得良好的景观效果；如果是两条主街交叉，那么可以在节点上利

用建筑来形成高潮，丁字交叉的则注意街道对景的创造。

2）街巷立面整治。乡村沿街立面是体现乡村风貌的重要因素，在整治中应该进行统一安排，使外观简洁、大方，具有地方特色。

建筑立面整治应该在现状的基础上，考虑乡村所在地域的文化特性，将传统文化以不同的形式融入建筑中。对不协调的建筑色彩、建筑装饰和店招进行弱化，对现状呆板平淡的街道立面，进行立面丰富。整治的具体步骤包括以下几方面。

第一，提取建筑元素符号。在体现地域文化特征的基础上，对各类建筑构件具有代表性价值的元素进行提取。

第二，建筑界面清理。清理现有墙面，对墙面的杂色进行合理统一；根据建筑质量的评价，将危房进行拆除，将具有历史价值的建筑进行修缮；将建筑立面上的广告、宣传标语进行有秩序的布置，并融入地域文化元素，丰富建筑立面。

第三，建筑界面改造。从整体出发，弱化原有建筑结构中的不美观部分，形成和谐统一的建筑风貌。适当增加一些建筑构件和装饰构件，使立面有较多的层次变化，可利用退台、阳台、雨篷等构建，起到良好的装饰效果。

第四，建筑细部处理。主要对破损的建筑构件进行修缮或替换，规范空调机位。

3）景观绿化和小品配置。街巷中的景观绿化一般以树池、花池和花坛为主。树池，一般是指树根与地面周围1米见方栽培树根的部分，常见的树池形状有方形、圆形或六边形等。花坛的形状主要有独立花坛、带状花坛和连续花坛等。对于经济基础薄弱的乡村，可根据实际情况，花坛树池应酌情设置。

街巷中的小品可以美化环境，为村民活动提供一些服务，在布置时应该适应当地的气候、地形和地貌等，并推荐使用地方性材料和建造技术，吸收当地的人文历史和建筑形式，使其兼具装饰性和功能性。另外，可增加街巷照明灯具的景观化处理，增强地域特色，美化街巷环境。

(4) 场所空间

乡村公共活动场所具有一定的公共性、社会性、物质性及一定的对外开放性，并且由于乡村居民的生活习惯和行为方式的特殊性，其公共活动场所空间的属性在本质上有别于其他城市。乡村室外公共活动场所通常为村民们在闲暇时刻可以聚集、休息、娱乐的场所，条件好的乡村通常会考虑建立适合村民聚集活动的广场或者是公园绿地，条件一般的乡村通常需要做的是充分利用本村的村委会或者与道路交叉口的空闲地供村民进行聚集娱乐康体等活动。一般来说，大多数的乡村都没有自己的广场和村民公园，考虑到其经济可行性，不宜在村内建大规模的广场类工程。乡村环境整治的时候，乡村应该充分利用现有资源和条件，如将原有的打谷场、场院、古戏台、古树名木周边、村口空间或其他闲置地等，改造或修建成适合村民聚集活动的综合性公共场所。

1）地面铺装。常用的公共活动场所地面铺设材料有：沥青、混凝土、花岗石、砖、天然石、卵石、砂土、木材、草皮等，可以根据不同的要求做出选择。场地地面材料的选择主要考虑材料强度、平度和耐久性特点，还要考虑使用的人群数量，地面的承载量等要求，要做到因地制宜，尽量就地取材，节约材料资源，采用符合地方气候、地质条件特征的材料。

2）休闲活动与健身设施。村民休闲活动主要是在农闲时分进行的文化娱乐活动和体育健身活动，如北方地区的唱大戏、扭秧歌等活动，南方地区的喝茶聊天、宗族活动等，此外还包括棋牌等益智活动。

村民休闲活动的场地一般是健身广场，此外可以简单地搭建一些廊架，作为村民聊天乘凉的场所。乡村街道或庭院中简易搭建成凉棚，上面种植攀爬类植物，形成室外公共活动空间。乡村的凉棚下还可以设置桌椅板凳，成为村民用餐、休息、娱乐活动的室外场所。健身设施是村民在公共活动场所强身健体、聊天、游戏、交往的重要服务设施，是人室外活动与需求关怀的体现，也是衡量场所功能性以及环境质量的重要标志。健身设施包括大众健身设施、老年人活动设施和儿童活动设施等。

3）布告栏类展示设施。乡村的展示设施主要有乡村展板、文化墙、科普宣传栏、村务公开栏、阅报栏等。有些民俗旅游村还设有一些广告设施、标志物、景观雕塑等也属于乡村的展示设施范畴。这些展示设施是乡村的名片，也是乡村特色展示的标志物。①广告设施发展的历史比较久远，如商业区街巷两侧的招牌就是早期的广告设施。在市场经济时代，传达信息的广告设施更是种类繁多。主要形式有广告板、告示板、灯箱、霓虹灯、宣传海报、建筑物外墙粉刷广告以及雕塑等。②标识设施种类多样，包括交通标识、乡村入口标识、民俗村旅游线路标识、景观标识等，可以起到指引道路和方向，提示人们的所处位置和行走路线等作用，帮助人们通行、查找路线和查询信息。如在村庄入口处设置平面图标牌提示村内各个景点及公共设施和场地的位置等的指示牌，在各种环境中标识，发挥着信息导向职能。标识作为功能性的设施，既要表达清楚、醒目、易识别，让人一目了然，又要经过美学的推敲，设计要美观大方，符合地域环境的气氛，做到精致、美观。③展览设施包括乡村的政务公开栏、科普宣传栏、阅报栏、文化墙等，是用来宣传和展览信息使用的一种设施，其应用较为广泛。

4）功能性与装饰性照明。功能性的照明主要包括场地的照明和公园等休闲环境的照明。乡村场地功能性照明主要注重乡村活动广场和绿地范围内，不同空间照明的方式和灯具的搭配效果，丰富乡村活动广场空间的层次，运用一般的功能性照明方式，明确乡村活动场所的位置和轮廓，满足人们的基本需求和活动。乡村场地功能性照明其一是高杆柱式的照明，适合于广泛的照射乡村绿地和其他人们日常活动聚集的区域，应尽量选用一种显色性良好的光源进行照明；其二就是采用中杆柱式的照明，照射乡村活动广场周围的日常活动环境，一般建议采用扩散型照明灯具的泛光照明，以白炽灯的温暖色光源照明为宜，创造一种亲切的感觉和氛围；其三则主要是低杆式及脚灯式的照明，应用于小型绿化空间、坡道、台阶处，设置 0.9 米以下的低杆灯或脚灯，光源低、扩散范围少，易于为人营造柔和、安定的环境，使植物与树丛之间产生明暗相间的自然光照和反射效果，别具一番情趣。

乡村小游园的环境照明，应根据不同的功能需要配合不同的光源和照明使用方式，科学合理地配置和组织使用光源，重要景观节点空间进行重点光源的配置，偏僻角落的光源和照明也应根据需要适度进行合理安排，以更好地营造整体和谐的乡村游园照明气氛。乡村休闲环境光源和照明主要适宜于采用汞灯、荧光灯等各种泛光照明，保持夜间绿地的翠绿与清新；树木照明时，应尽量采用低置灯光和远处高置灯光的结合；充分考虑各种灯具的整体照明功能特征以及各种灯具对整个景观环境和空间景观形态上的直接影响，以避免由于灯具照明不当而直接造成各种眩光类“光污染”及“空间”和“实体”的高度失真；灯杆的高度应和周边树木的高度结合起来考虑，使得灯光更加的富有视觉表现力，以有效提升小游园整体空间的品质。

乡村装饰性照明主要是结合夜间乡村的文化标志物或乡村环境照明小品等特点设置，要特别注意对氛围的衬托和渲染、灯具的造型和照明方式选择等要求，在夜间乡村环境照明空间中一定要充分利用夜间灯具的特点进行造型、色彩和功能组合，以更好地达到衬托夜间乡村环境照明的目的。合理布置乡村装饰性环境照明灯具的位置十分重要，环境照明灯具在夜间乡村中会成为唯一的视觉表现焦点，其位置直接决定了夜间乡村整个的环境和布局的整体形态；环境照明灯具本身的装饰性应该在外观上具备较强的视觉表现力，造型上的装饰性可以和广场水池、雕塑喷泉等小品、设施、建筑和夜间乡村景观等文化元素紧密结合；夜间环境照明小品的照明主要是起到了衬托、装点夜间乡村环境和渲染夜间乡村气氛的重要作用。比如在夜间乡村广场中的雕塑等夜间乡村环境照明设施的周围，可以设置恰当的夜间投光灯具进行照明，用光线来表现和反映夜间乡村景观的轮廓，有力地展示和表现夜间乡村特有的品质。

5）公共绿地。乡村的公共绿地主要是指为全村居民服务的广场绿地、小公园、小游园绿地、休闲绿地等。随着人们精神需求的提高，公共绿地愈加显示出重要作用。高品质的公共绿地可为村民休闲、游玩、晨练提供清幽舒适的环境，提高人们的精神享受。但是，很多乡村由于没有进行过统一规划而缺乏公共绿地。在乡村综合整治工作中，应尽量利用乡村道路两侧或不利于建设的地块营造公共绿地，以满足村民的生活需求。自然条件较好的乡村，可利用现有的河流、池塘、苗圃和小片林地等，通过景观改造建设乡村公共绿地，丰富村民的业余生活。

4.5　城郊型乡村人居环境整治规划实施保障

4.5.1　政策与法规保障

乡村人居环境整治要落实落地，政策和法规的保障是其中一个重要因素。政策法规可以确保乡村人居环境整治中乡村有序建设和发展，目前乡村建设项目一般的审批程序是村民在申请建设住宅时需通过乡镇政府批准，领取《住宅建设施工许可证》后方可建设，但是在审批过程中并未将相关规划作为审批依据，使乡村规划在实施中缺乏法律地位。

城乡规划法明确要求在乡、村庄规划区内进行乡镇企业、乡村公共设施和公益事业建设的建设单位或者个人，建设单位或者个人在取得乡村建设规划许可证后，方可办理用地审批手续，其中明确的用地审批对象必须是所有乡村集体住宅建设的用地。对于村民集体建设住宅的用地，在乡、村庄规划区内使用原有宅基地进行农村村民住宅建设的规划管理办法，由省、自治区、直辖市制定，城乡规划法对于乡村集体建设的用地和许可没有做出明确的必须遵循规划的规定和说明。

乡村建设在规划实施中包括用地规划许可和工程规划许可两部分，在乡村规划中应该提出相应规划要求作为审批依据。首先，在建设用地规划许可方面，规划中应确定乡村集体建设用地的类型，明确乡村公共空间的用地范围，作为建设用地规划许可的依据。其次，在建设工程规划许可方面，对规划新增的住宅用地，规划深度应达到修建性详细规划的要求，以作为住房审批依据；对原有宅基地，应提出适合当地特色的住房建设导则，以供地方部门审批时参考。

4.5.2　实施资金支持渠道

我国目前乡村建设主要以国家投资为主，建设资金的短缺严重限制了乡村整治改造的进度。随着我国市场经济的不断发展，乡村建设不仅需要依靠政府公共投资，而且趋向采取政府与企业、商家公私合作开发的投资模式。

在乡村人居环境整治中，政府担任的工作主要是改革村建资金筹集方法，并以此扩展资金筹集渠道，为乡村建设提供有力保障。乡村建设资金筹集的方法有以下四种。

1）政府投资。

2）企业投资和村民集资。

3）有偿出让乡村旅游设施（民宿、广告、餐饮等服务项目）经营使用权，从而获得整治改造资金。

4）利用税收。通过征收乡村发展收益税，用于乡村整治建设。在乡村行政经费缺乏的情况下，依靠政府和地方企业自发合作，抽取适当收益作为乡村整治之用。

乡村整治建设资金筹集方法的丰富与完善可以使政府、企业和村民都获得良好的经济效益。其一，多元化投资可以有效缓解资金困难，地方政府不用全部出资，就可以解决乡村整治资金来源问题；其二，多方参与有利于提高建设实施的效率和质量；其三，有利于带动乡村企业的积极性，企业可通过经营活动来补偿所交纳的税金，也可宣传其承担的社会责任，树立良好的企业形象；其四，多渠道筹资工作有利于提升公众参与度，使乡村整治过程能得到村民的支持和理解。

4.5.3 管理及其维护

所谓“三分靠建设，七分靠管理”，整治后如果管理不力，就会造成人力、物力和财力的大量浪费，使整治成果付之东流。整治完成后的使用管理是乡村人居环境建设过程中一个关键的环节，管理体制是否健全和管理质量的高低对乡村整治效果的好坏产生直接的影响。

目前，一些城郊型乡村人居环境整治取得成果的原因包括两方面。首先，由于地方着手组织专门的管理机构并颁布地方人居环境整治规范条例，明确管理体制和责任，实现建设与管理的顺利衔接，如浙江、安徽、陕西等地出台《美丽乡村公共服务建设与管理规范》等管理文件，明确乡村中管理人员要求、工作流程和管理要求，一定程度上巩固了乡村人居环境整治成果。其次，引入市场机制，建立乡村土地、设施使用和商业、服务业的联系，调动管理者积极性。如将乡村内部垃圾分类与运输交给村里的企业经营，或允许村民在村子内开展有偿商业、娱乐活动，其意义在于利用村民的力量对乡村公共设施进行管理维护，并可利用市场实现村庄长期发展。

4.5.4 评估与反馈

城郊型乡村人居环境整治内容包含了社会、环境和经济诸方面。对具体的乡村整治规划实例来说，有效的评估体系往往是汇集了各种评价标准的加权综合。由于乡村人居环境本身是多重交融的，所以社会、经济、环境效益往往相辅相成，以其中一个为出发点，就有可能带动其他方面发展。乡村规划实施评估需要表现出对社会、环境和经济诸多方面的综合考量和协调。

1. 评价对象

城郊型乡村经济发展速度快、乡村面貌变化快，人居环境整治规划实施评估工作应做到全面覆盖。

2. 评估周期

建立常态化的乡村人居环境整治规划的体检评估机制，对规划实施开展年度体检，每五年进行滚动的规划实施评估。参照体检评估结果对规划的实施工作进行修正，结合乡村实际情况，根据乡村建设、规模等级和发展阶段进行适当调整，以保障乡村人居环境整治规划的落实。

3. 评估框架

乡村人居环境整治规划实施评估体系包括建设成效、管理机制和社会评价等三个方面（图 4-4）。规划成果评估不局限于乡村人居环境整治规划，部分已编制“村庄规划”和“美丽乡村规划”的乡村也应该纳入评估体系内。

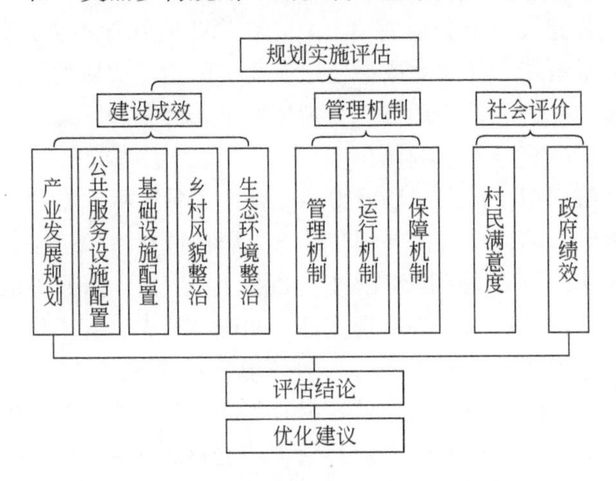

图 4-4　乡村人居环境整治规划实施评估框架图

建设成效评估主要评价规划实施落实程度，如乡村产业发展规划、基础设施配置、公共服务设施配置、建筑风貌整治、生态环境整治等；管理机制评估主要从管理机构、运行机制和保障机制三个方面进行评价；社会评价主要包括村民满意度评价和政府绩效评价两方面，评价规划实施对老百姓和当地政府是否带来积极影响。

通过对以上三个方面的评价，对规划实施进行深入全面的总结，得出科学可靠的评估结论，并提出进一步改进乡村人居环境整治工作的建议。

第5章　城郊型美丽乡村整治规划——以富平县梅家坪镇岔口村为例

5.1 背景研究

富平县将美丽乡村建设作为重点民生工程，提出“加快推进富平县美丽乡村建设的实施意见”，制定出台《富平县美丽乡村实施方案2016—2020》和《2016年美丽乡村建设工作要点》，确立了“全面整洁、示范引领、梯次推进、巩固长效”的工作思路和“卫生村庄、生态村庄、美丽村庄”三个层次培育体系。突出示范路、示范村建设，按照三个培育梯次逐级推进，全力打造“村点出彩、沿线秀丽、产业兴旺、全面整洁”的生态人居环境，辐射带动全县美丽乡村建设。

5.2 村庄概况

5.2.1 地理位置

富平县位于陕西省中部，渭南市东部，是关中—天水经济区的重要组成部分，与铜川、咸阳、西安三市相邻，地理位置十分优越。同时也是陕甘宁革命老区振兴规划中的重要一环。

梅家坪镇位于富平县县政府所在地西北侧，相距约为25千米，西邻铜川新区，北接耀州区，南与咸阳市三原县毗邻，东与庄里镇相连，有“中国优质苹果基地百强乡镇”的称号。

岔口村位于梅家坪镇最北部，距富平县县政府所在地22千米，处于铜川新区、耀州区、梅家坪镇发展圈的交汇处。西铜高速、铁路、210国道、富耀公路穿境而过，交通优势明显。

5.2.2 自然条件

岔口村地处黄土台塬区（图5-1），居民点西侧紧靠黄土台塬，东临西干渠，地势西高东低，是关中平原和黄土高原的过渡地带，属温带大陆性季风气候，四季分明，雨热同季。夏季高温多雨，冬季寒冷干燥；冬春季易出现大风伴有浮尘及寒潮带来的降温天气。夏季易出现雷雨和大风等灾害性天气，秋季温度下降比较快、气候湿润，阴雨天气集中，早晚温差大。年降水量为533毫米，年平均气温为13.1摄氏度。

图5-1 黄土台塬地貌

5.2.3 社会经济条件

岔口村村域面积约为387.30公顷，规划面积为143.45公顷，辖3个自然村，即岔口村、赵家村和米家堡，5个村民小组，共860户、3153人。

岔口村为传统农业生产型村庄，主要种植小麦、玉米等粮食作物，经济作物主要有苹果、柿子、樱桃、葡萄、蒜薹、白菜和洋葱等。苹果的品种多样，以“早熟红嘎啦”、“红富士”、“晚熟粉红女士”为主栽品系，年产优质苹果达3万吨以上，成为岔口村苹果种植发展的特色。养殖业以牛羊猪为主，其中，每类各有3户，养殖规模分别为羊155只、猪210只、奶牛65头。

乡村的年轻人有不少在位于北杨村的龙钢集团富平轧钢有限公司和陕焦化工有限公司务工，岔口村为两家公司提供生活服务设施。岔口村村民收入主要来源于农业生产和外出务工两个方面，2014年岔口村人均纯收入为9924元。

5.2.4 现状分析

1. 村庄风貌现状

(1) 建筑风貌

岔口村建筑风貌可分为窑洞、土木建筑、砖木建筑、砖混平房、砖混楼房5类。各类分布区域、样式特点和示例图等具体内容可见表5-1，现代建筑风貌分区图如图5-2所示。

表5-1 岔口村现状建筑风貌汇总

分类	分布区域	屋顶	外墙	门窗	示例图
窑洞	主要分布在黄土台塬上，大部分废弃，少部分有村民居住	黄土窑顶，隔热保温	夯土墙体，冬暖夏凉	木质门窗，白色窗纸	
土木建筑	呈点状分布于居民聚居区内，多数处于空置状态	椽木承重，青瓦盖顶，单坡与双坡屋顶并存	木结构承重，墙体采用夯土垒砌	涂有黑色油漆的特色木质双扇板门，以及木质架构玻璃纸窗	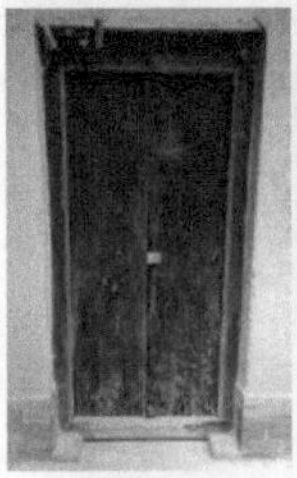 
砖木建筑	零散分布于居民聚居区内，部分古巷道内集中分布	椽木承重，青瓦盖顶，单坡与双坡屋顶并存	木结构承重，墙体采用红砖或青砖垒砌	涂有黑色油漆的特色木质双扇板门，以及木质架构玻璃纸窗	 
砖混平房	现存较多的建筑形式，与二三层砖混楼房共同形成村庄内的主要建筑风貌	预制板屋顶	裸砖、瓷砖及水泥外墙并存	红色铁门，玻璃窗	

续表

分类	分布区域	屋顶	外墙	门窗	示例图
砖混楼房	现存最多的建筑形式，呈带状分布于村内主要道路沿线	预制板屋顶	外墙瓷砖贴面较多，部分外墙涂抹颜料	红色院门，现代化的铝合金玻璃窗	

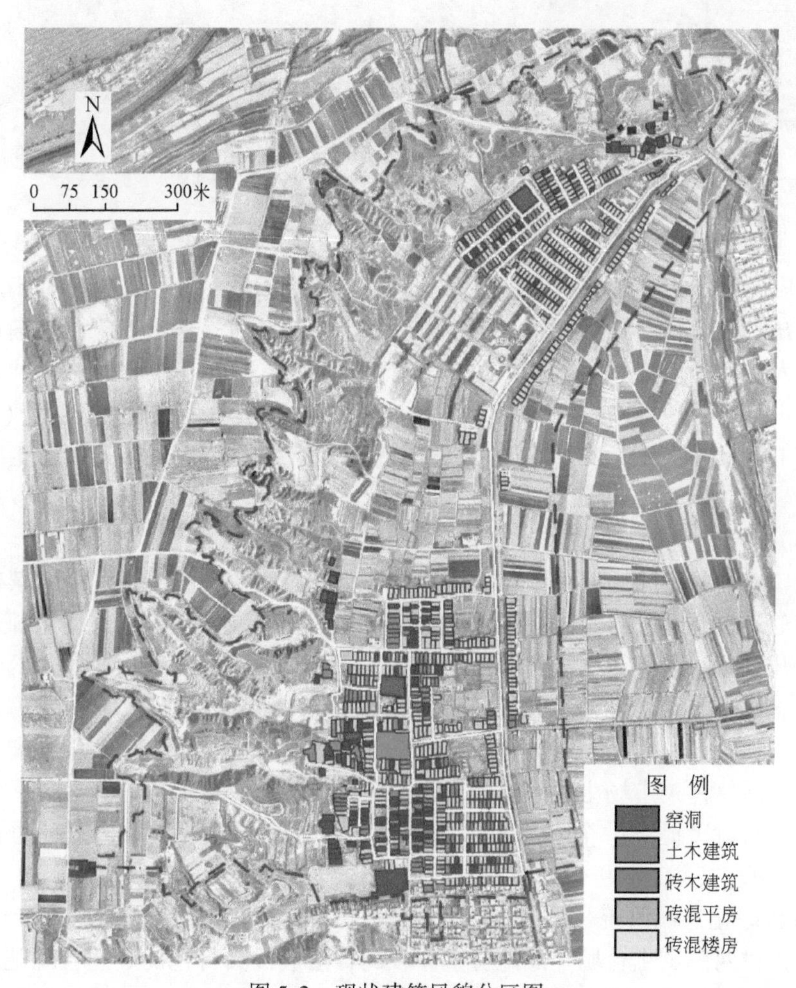

图 5-2 现状建筑风貌分区图

（2）街道风貌

村内主要道路为水泥路，道路硬化不全面，存在部分土路，尘土较多。道路两边堆放杂物现象严重，排水明渠暴露，影响环境卫生（图5-3）。

路边堆放杂物　　　　排水明渠暴露在外

图5-3　岔口村现状街道风貌

村庄内街道类型主要有两种。其一是街道两侧为新建住房，纵墙临街，建筑高度（H）与街道宽度（D）的比例为$1:2<H/D<1:1$，向远处望去逐渐产生远离感，人在其中行走感觉舒适；其二是街道两侧为新盖房屋，横墙临街或街道两侧为土木结构、砖木结构房屋，山墙临街，建筑高度（H）与街道宽度（D）的比例为$1:1<H/D<1:0.5$，向远处望去逐渐产生接近感，人在其中行走感觉较为舒适。现状街道风貌分区图如图5-4所示。

（3）开放空间风貌

岔口村开放空间主要可以分为街道开放空间、村委会广场与岔口组菜市场三类。街道开放空间是村民闲暇时间的主要聚集活动场所空间，也是促进邻里关系的主要开放空间，但街道基础设施的落后，让村民无法享受到环境优美的街道交流空间。村委会广场包含幼儿园、舞台、健身等功能，是村内仅有的开敞空间，但建筑质量较差、设施陈旧导致其使用率低，无法给村民提供一个舒适安全的聚落场所。岔口村菜市场主要为服务焦化小区而设，但环境卫生质量较差，设施缺乏，无法给村民提供一个交易与休闲并存的开放空间。开放空间现状分布图如图5-5所示。

（4）绿化景观风貌

岔口村西侧黄土台塬片区地势整体较高，形成极具特色的黄土台塬地貌景观及良好的景观视线，同时退耕还林及居民的耕地种植使得台塬上的绿化景观丰富优美，但存在交通不便和部分沟壑区成为垃圾堆放点等问题。

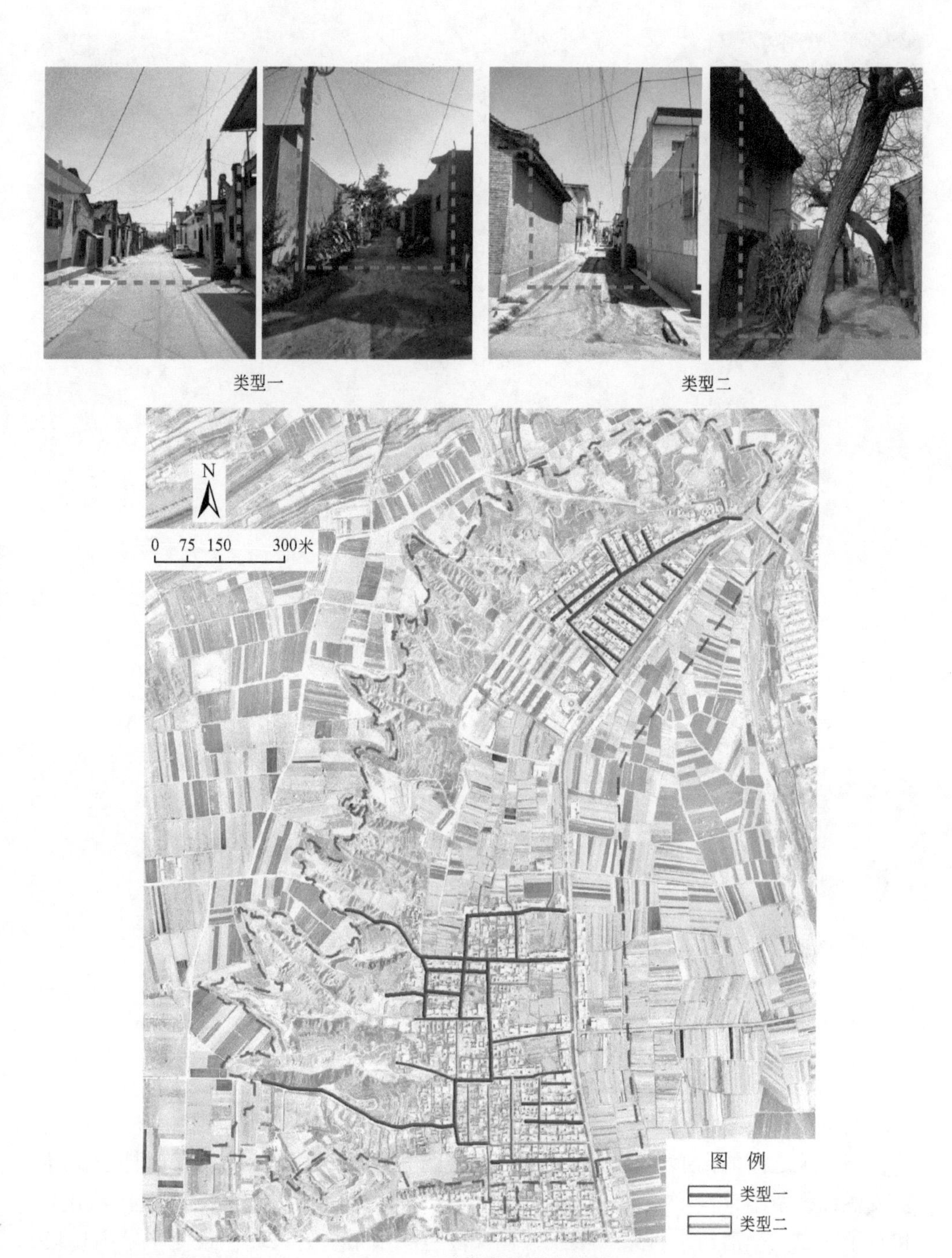

图 5-4 现状街道风貌分析图

街道开放空间

村委会广场

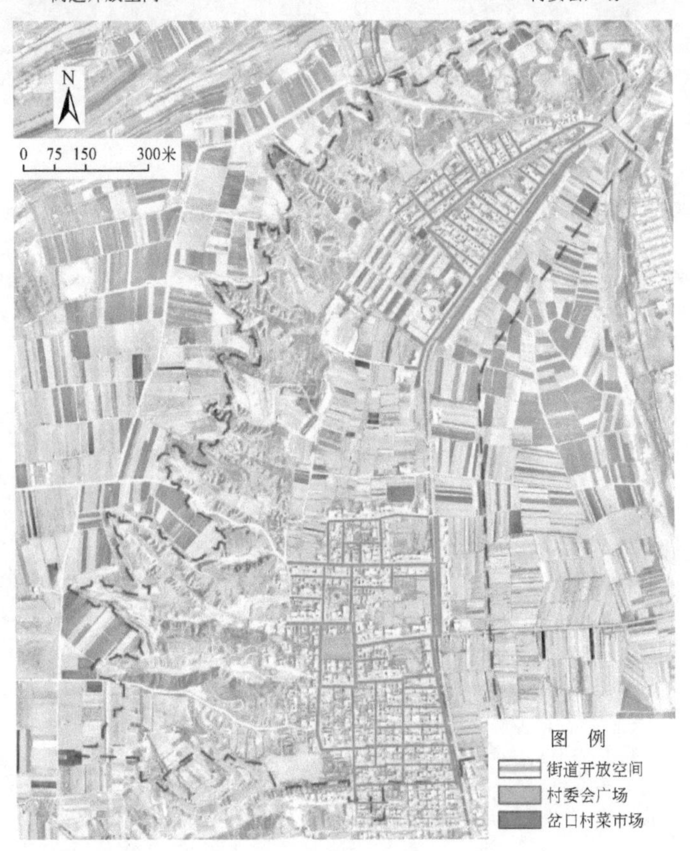

图 5-5 开放空间现状分布图

西干渠东侧紧邻富耀公路，渠边紧密栽种柏树，干渠西侧为岔口村居民建筑，与建筑之间的街道上栽种柿子树。柏树四季常青，冬季依旧苍翠，柿子树春夏茂盛，秋季结果。干渠渠底至渠壁下部约 1.5 米处已经过硬化，渠壁上部由土和石子铺成。生活污水排入干渠及人们又随意向干渠里丢垃圾，致使干渠内垃圾多、气味难闻，严重影响村庄形象。

村内裸露地面较多，街道两侧绿化稀少，不成体系。村内现存少量古树。街边树木种类主要为桐树、臭椿树和槐树，并有少量月季。道路两侧堆放杂物较多，垃圾随意丢弃，脏乱差问题严重。绿化景观现状分布图如图 5-6 所示。

图 5-6　绿化景观现状分布图

（5）景观小品风貌

岔口村内缺少标识系统，乡村家具和景观小品数量较少，并且风格混乱，无法体现村庄特色，应结合村庄特色资源进行设计与改造。

现有小品如下（图 5-7）：

1）岔口村南侧入口处有一座石碑，介绍岔口村村名的由来，年代较久。

2）村委会内有现代风格的一座石碑和一个花坛，少量健身设施色彩以红、白、黄色为主。

3）少数农户门前有自己设计的景观小品。

4）较多农户门前有石凳，多是自行设计且形状各异。

(a)村口石碑　(b)村委会大门　(c)村委会内景观　(d)健身设施

(e)农户门前的石凳

(f)农户宅前景观小品　(g)农户庭院景观小品

图 5-7　景观小品风貌图

2. 历史文化遗产

（1）红色交通站旧址

米家窑红色交通站位于岔口村米家堡西沟，是烈士米忠泉的家。1946 年 10 月 17 日晚，李先念等三人在前往陕北途中曾秘密居住于此地，米家窑成为当时的红色交通联络站，储藏枪支弹药，为争取革命胜利发挥了特殊作用，是党秘密工作、统一战线工作的成功范例。李先念曾居住的窑洞至今保存完好，但尚未形成对游人开放的景点。

（2）米家堡遗址

米家堡遗址位于米家堡组西约100米的黄土台塬前沿沟畔上，东、南、北三面临沟壑陡壁，西与平坦的黄土塬地接壤。堡址坐东面西，平面略呈不规则长方形，东西长约为100米、南北宽为30～40米，地势西高东低。由于水土冲刷较为严重，现仅存东墙和西墙。东墙长约为40米，残存高为1～3米，厚为2米；西墙高约为6米，长约为30米，宽约为5米，在西墙正中底部筑有一个拱形土洞通道，宽约为2.5米，墙高为2米，有缓坡通至堡内，现已经填实。米家堡址应属明清时期防御性设施，对研究和了解富平县北部当时社会、经济状况提供了依据。

（3）农协会址

农协会址位于米家堡西南角，现为废弃的米赵庙小学。明清时期此处为显圣庙，以祭拜修建偃武渠的武玠、武璘两位抗金英雄。1927年，这里成为农协会会址，在我国政治发展历史上对遏制封建势力起到协助作用。后来，为满足米家村、赵家村和庙沟村孩子的教育需求，将此处改建为小学，原本显圣庙的三栋建筑保留，又新修建了三栋，整体形态与原有建筑相似，但缺少了细部雕刻（图5-8）。

3. 乡土特色挖掘

乡村景观的乡土特色可以总结归纳为：使人们对土地心存敬畏，包含着丰富的风土人情，让人感觉亲切，产生舒适和怀旧的感触，且对任何人，都能够给予一种“乡土性”感觉的景观特色。岔口村的乡土特色风貌可从空间尺度、时间印记、文化特色、村民角色四个方面进行发掘。

空间尺度——岔口村明清古建筑街巷及砖木结构房屋较多的街巷空间普遍尺度较小，但两侧房屋建筑基本为一层，使得尺度较小的街巷并不显得狭窄，反而给人亲近感。

时间印记——岔口村农房建筑可分为窑洞、土木结构、砖木结构、砖混结构四种类型，随着时间的推移，村民不断自行改建房屋或新建房屋，四种不同类型的建筑正是不同年代的代表，是最好的时间印记的体现，也是不同时期村庄特色风貌的彰显。

文化特色——红色交通站、农协会址是红色文化旅游资源，应进行重点保护。

村民角色——现今村民“工农兼业”现象明显，但从事农业生产的农户依然占大多数，因而田园风光与园林风貌仍旧为村庄主要景观。

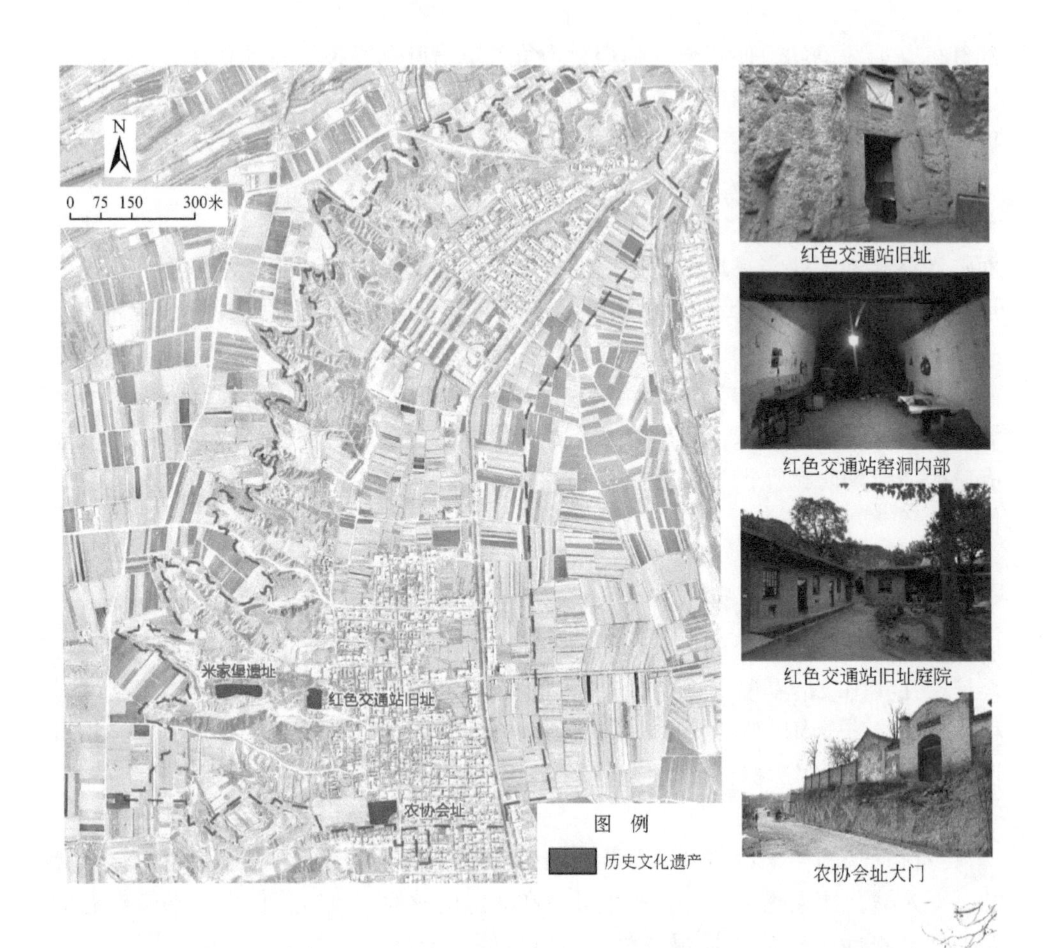

米家堡城墙东侧

农协会址现存建筑

图 5-8 历史文化遗产分布图

4. 乡村聚落空间形态演变

(1) 空间形态演变

中华人民共和国成立初期，因交通不便，耕地半径控制在步行范围内，为方便耕作，住宅紧邻农田呈分散分布，这时岔口村形成农业生产空间和住宅均分散布局的模式。到20世纪70年代，生产空间经历了集中整合、向外扩张的过程，这与集中养殖、工农业发展有密切关系，居住空间也随着人口的增加进一步扩张。到2000年，生产空间呈现出由耕地重新细碎化至生产空间集中规模化发展的变化，生产生活用地重构，居住空间出现更加集聚和规整的形态。到2016年，随着农业农村的快速发展，生产空间更大规模的集中，生活空间有沿村庄边缘和过境交通通道发展的趋势，尤其是商业和商住空间外溢的尤为明显。围绕村委会、文化活动场所逐渐形成乡村文体活动和居民交流的中心（图5-9）。

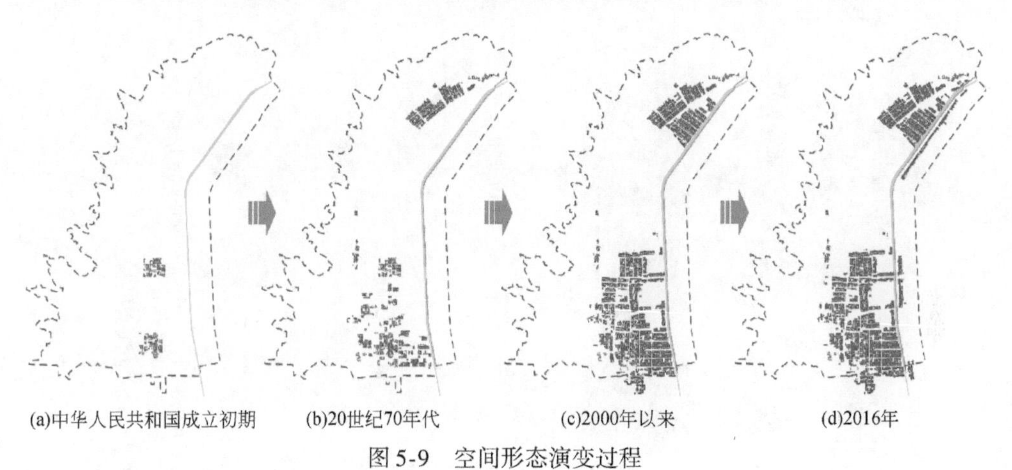

图5-9　空间形态演变过程

（2）空间形态演变机制

国家乡村政策、乡村经济发展、社会结构变化等共同作用促进乡村空间分化重构，生产生活方式变迁及乡村居民对美好生活的需求对乡村空间布局模式起到直接影响作用。由计划经济向市场经济的转变过程中，由城乡二元结构向城乡一体化融合发展的过程中，乡村生产方式发生变化，促使乡村社会结构和网络转型，引起生活方式改变。在多种因素的影响下，乡村的功能演变作用于乡村空间，使乡村整体形态、风貌和微观设施、场所、院落及住宅均产生适应性变化（图5-10）。

5. 院落类型与农房建筑形状

（1）传统坡屋顶院落

该院落于20世纪80年代前修建，院落坐东朝西，整体格局呈狭长形，土木结构建筑，其院落南侧房屋年久失修已经拆除，其留存建筑自修建以来未经大规模改造，历史原貌保存良好。

a. 院落功能布局分析

生活空间：厨房1处位于北侧房屋；卧室未拆除前3处分布南北侧房屋；厕所1处位于院落东端，属露天旱厕。

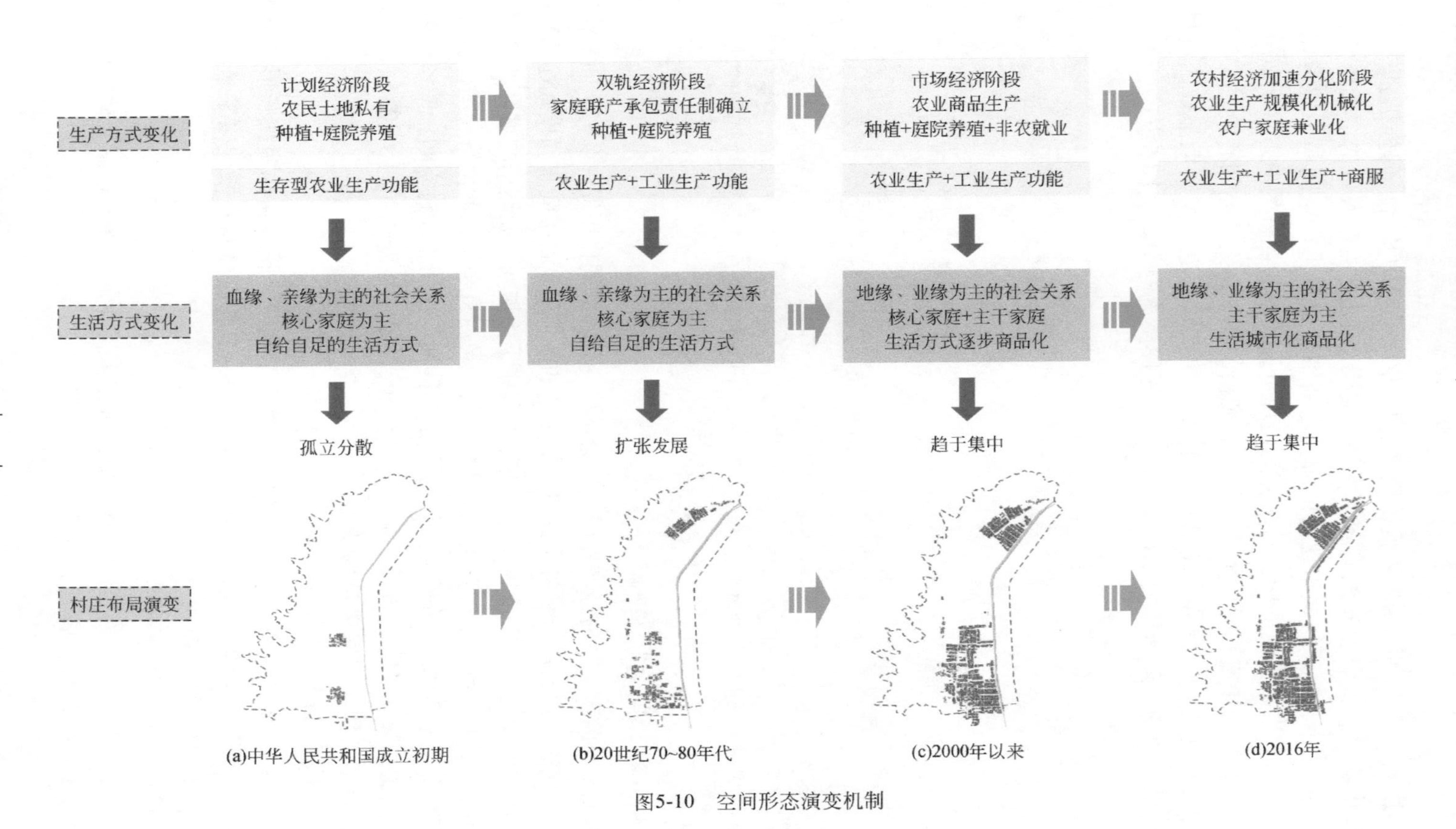

图5-10 空间形态演变机制

休憩空间：木结构双层前庭 1 处；狭长形庭院 1 处；方形后院 1 处。

生产空间：已废弃牲口棚 1 处，位于后院；储物间 2 处，分别位于门厅及庭院东侧（图 5-11）。

b. 建筑历史特征

屋顶：关中特色“一边倒”型屋顶，材质为木结构及瓦片。

墙体：夯土墙体，采用少量青砖砌筑勒脚、墙角、檐口，俗称金镶玉。

入口：入口墙体打通作为入口，未凸出，与墙体呈同一个平面。

门厅：双层木结构，以做储物用（图 5-12）。

（2）传统平屋顶院落

该院落于 20 世纪 90 年代左右修建，院落坐北朝南，整体格局呈狭长形，砖混结构建筑，其院落自修建以来未经大规模改造，基本保持 90 年代修建时的格局。

图 5-11　传统坡屋顶院落实景

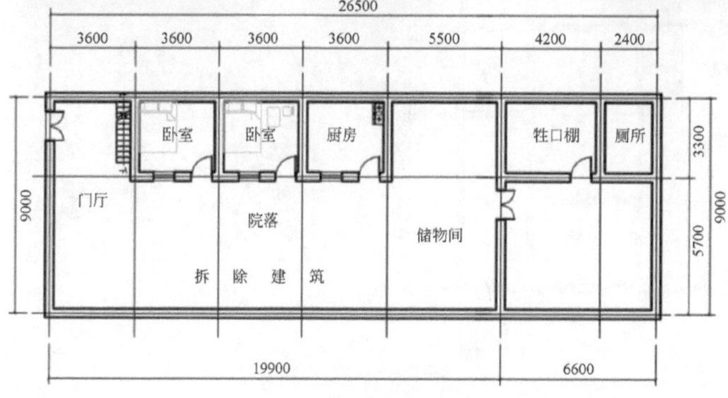

传统坡屋顶院落平面图

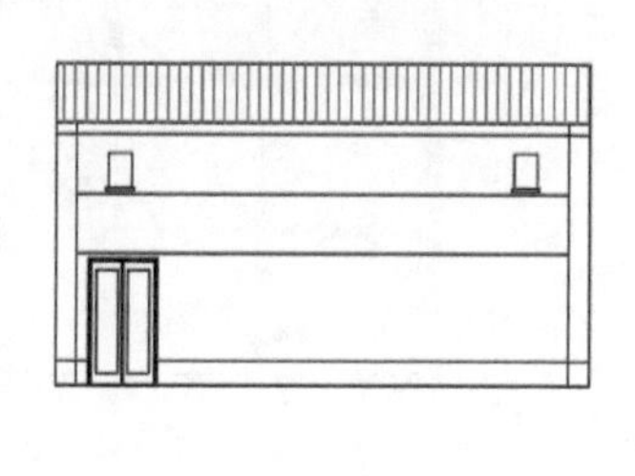

西立面图

图 5-12　传统坡屋顶院落平立面图（单位：毫米）

a. 院落功能布局分析

生活空间：厨房1处位于门厅东侧；卧室3处分布于庭院周围；厕所1处位于院落北端，属露天旱厕。

休憩空间：长方形庭院及门厅两处。

生产空间：储物处两处，门厅处停放农具，屋顶晒粮食；原牲口棚废弃（图5-13）。

图5-13　传统平屋顶院落实景

b. 建筑历史特征

屋顶：砖混平屋顶，砖砌屋顶装饰。

墙体：红砖砖混墙体，雨花石装饰。

入口：2.1米宽大门，能够出入较大型农具。

门窗：关中传统格栅门，窗户为传统什锦窗（图5-14）。

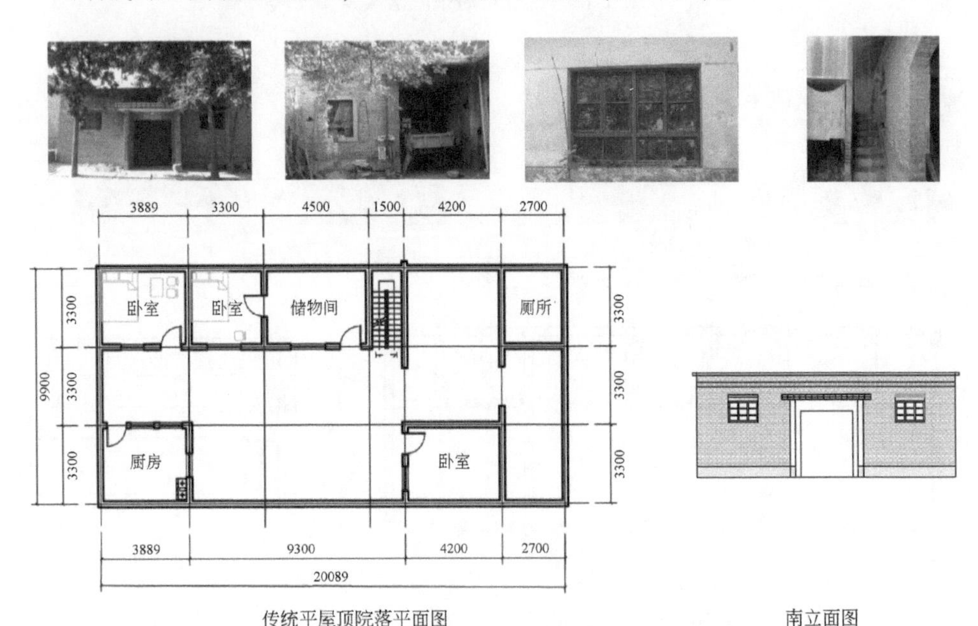

图5-14　传统平屋顶院落平立面图（单位：毫米）

（3）现代院落

该类型院落多于 2000 年后修建，整体格局呈狭长形，混凝土构造；由于村民生产生活方式的变化，其院落格局同过去传统的院落格局相比，有很大的灵活性和多变性，建造风格也有很大的不同。

a. 院落功能布局分析

生活空间：厨房 1 处、室内卫生间 1 处、室外卫生间 1 处、卧室 3 处、客厅 1 处。

休憩空间：全封闭或半封闭庭院一处，门庭多与庭院连成一体。

生产空间：储物间位于后院（图 5-15）。

图 5-15　现代院落实景

b. 建筑历史特征

屋顶：多为平屋顶瓷砖挑檐，部分为平屋顶砖石挑檐。

墙体：多数为瓷砖贴面墙体，瓷砖风格差异较大，部分为水泥抹平墙体。

入口：民居宅门采用关中民居常见的墙垣门，门框及大门颜色以朱红色为主（图 5-16）。

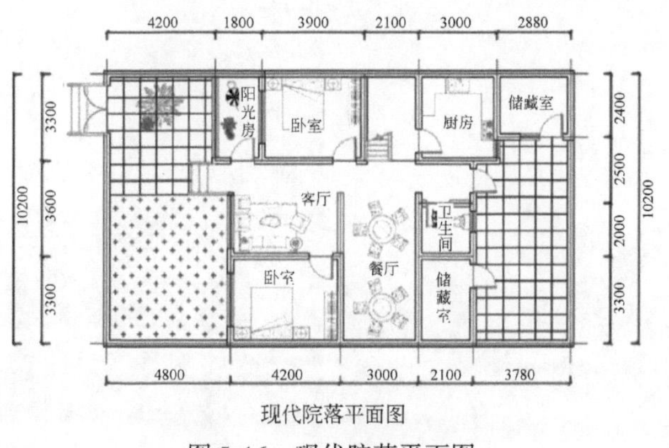

图 5-16　现代院落平面图

6. 建筑结构分析

(1) 坡屋顶（土木结构）

墙体为夯土，屋顶为坡屋顶的传统关中建筑，多数建于20世纪70年代中后期，未经翻新，保留至今。

(2) 坡屋顶（砖混结构）

墙体为砖石，屋顶为坡屋顶的关中建筑，多数建于20世纪80年代中后期，多为关中传统土木建筑翻新而成。

(3) 平屋顶（砖混结构）

墙体为砖石，屋顶为平屋顶的20世纪90年代建筑，其院落形式保持传统功能，多为关中传统土木建筑翻新而成。

(4) 平屋顶（混凝土结构）

墙体为混凝土，屋顶为平屋顶的21世纪以来的建筑，其院落形式多变，多数和传统民居功能不符，多为关中传统土木建筑重建而成（图5-17）。建筑结构分布如图5-18所示。

土木坡屋顶示意

砖混坡屋顶示意

砖混平屋顶示意

混凝土平屋顶示意

图 5-17　建筑结构类型图

7. 建筑年代分析

从岔口村的建筑建设时间来看，可以基本分为两类：

第一类为 20 世纪 90 年代以前修建的建筑，其院落形式主要为传统院落，屋顶形式以单坡屋顶为主，墙体以土、木、砖混为主，建筑风貌较为统一。

第二类为 20 世纪 90 年代以后修建的建筑。其院落形式主要为现代院落，屋顶形式多为平屋顶，建筑材料以混凝土、钢筋、铝合金、瓷砖为主，建筑风格较为混乱。

（1）20 世纪 90 年代以前建筑

该类建筑多延续了关中民居传统的狭长式平面布局，建筑多为砖木结构，一般为 1 层，建筑材料构成简单，主要是土、木、砖、石，采用少量砖砌勒脚、墙角、檐口，俗称“金镶玉”，或称“穿靴戴帽”来重点加固土坯墙身；用地布局以院落为中心，单坡屋面分布两侧狭长型庭院，建筑色彩以土黄色和灰青色为主。

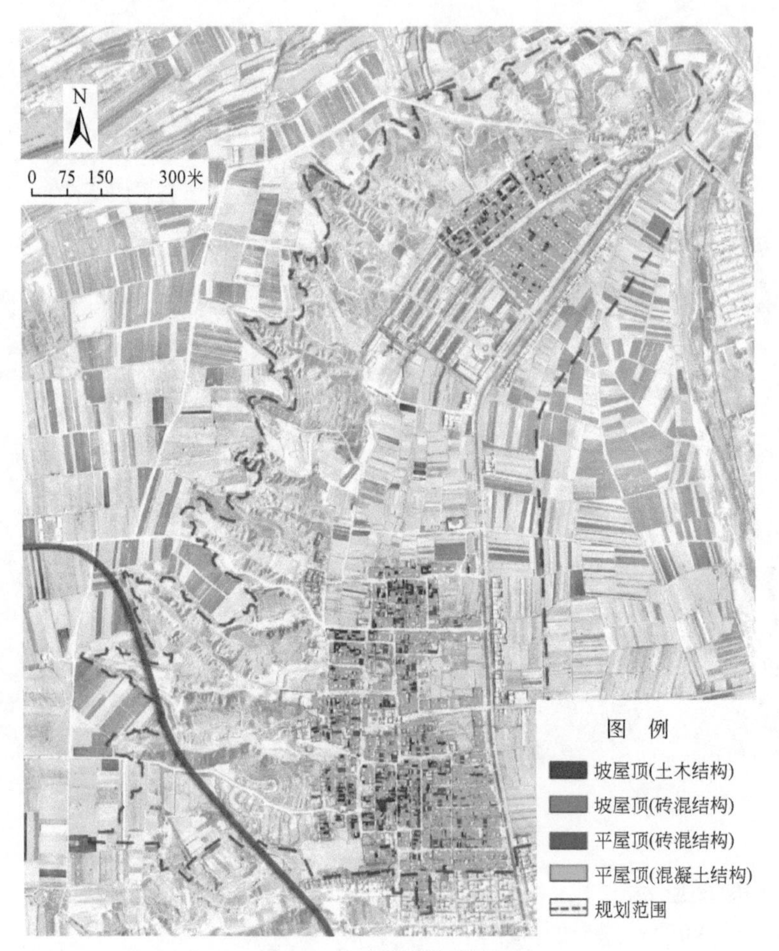

图 5-18 建筑结构分布图

（2）20 世纪 90 年代以后建筑

该类建筑逐步摆脱了传统单一的狭长式平面布局，呈现出平面布局的多样性，以满足现代生活的多样化需求，一般为 1 层或 2 层，建筑材料多为混凝土、砖、钢筋和瓷砖等；屋面基本为平屋顶，可用于农作物的晾晒；建筑色彩一般以白色为主，檐口、窗门点缀朱红色。

该类建筑建设的自主性比较高，应用多种现代建筑材料，住宅结构、功能设计的随意性强，建筑色彩及细部装饰也由于建筑材料的变化无法传承村庄传统特色，整体建筑风格杂乱，很难形成统一的村庄风貌，也不利于传统文化的传承。建筑年代分布如图 5-19 所示。

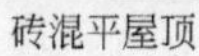

砖混平屋顶　土木坡屋顶　砖混坡屋顶　半坡传统屋顶　入口夯土墙体

20世纪90年代以前建筑示意

朱红大门，现代瓷砖　砖混建筑　简易塑合板封顶　水泥铺地，铝合金窗户　铝合金屋顶，纹饰大门

20世纪90年代以后建筑示意

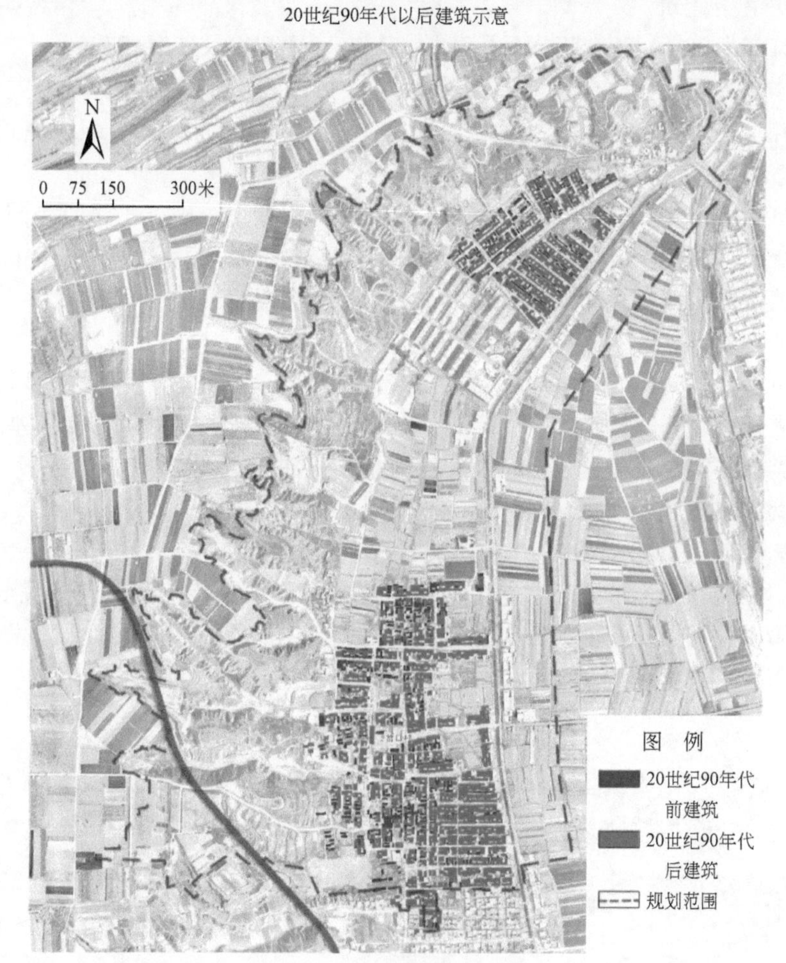

图 5-19　建筑年代分布图

8. 建筑质量分析

(1) Ⅰ类建筑

建筑多为2000年后所建，多为两层混凝土结构，墙体以现代瓷砖为主，大门以红色铁门为主，窗户多为现代样式的铝合金。

建筑各部分结构完整，墙体主要结构构件无变形。由于修建年代尚短，建筑墙体无破损，屋顶结构完整坚固，整体质量良好。

多由传统关中院落重建而成，丧失传统关中院落的建筑特色，建筑生活功能也发生了很大的变化，其庭院由以往的“窄长型”变化为“正方形”，其庭院顶部往往搭建蓝色的塑合板挡避雨雪。

(2) Ⅱ类建筑

建筑多为20世纪80年代后所建的一层夯土木建筑及砖混建筑。

墙体大致可分为“夯土、青砖及红砖”三类，大门以红色铁门为主，窗户多数富有时代特点，屋顶包括关中特色“一边倒”式的青瓦屋顶及砖石型的平屋顶，整体地域及历史特色较为突出。

建筑部分因年久失修，屋顶木构件及瓦局部有变形、破损；门窗等围护构件局部有变形、裂缝，玻璃破损。墙体粉刷部分材料局部剥落。其功能上多保持传统关中院落形式，庭院属“窄长型”庭院。其建筑分布于庭院两侧。

(3) Ⅲ类建筑

建筑多为临时搭建的简易建筑、废弃的农间小舍及院落内不再使用的牲口棚，该类建筑以临时使用为主，不具备长期使用的要求，质量及面貌较差。

Ⅰ类、Ⅱ类、Ⅲ类建筑示意及建筑质量分布如图5-20所示。

9. 地域建筑要素提取

(1) 建筑平面布局形式

关中民居在平面形式与空间结构组织上仍属于中国传统院落式的民居模式。平面布局主要特点是多沿纵轴布置房屋，以厅堂层层组织院落，向纵深发展的狭长平面布置形式（图5-21）。

Ⅰ类建筑示意

Ⅱ类建筑示意

Ⅲ类建筑示意

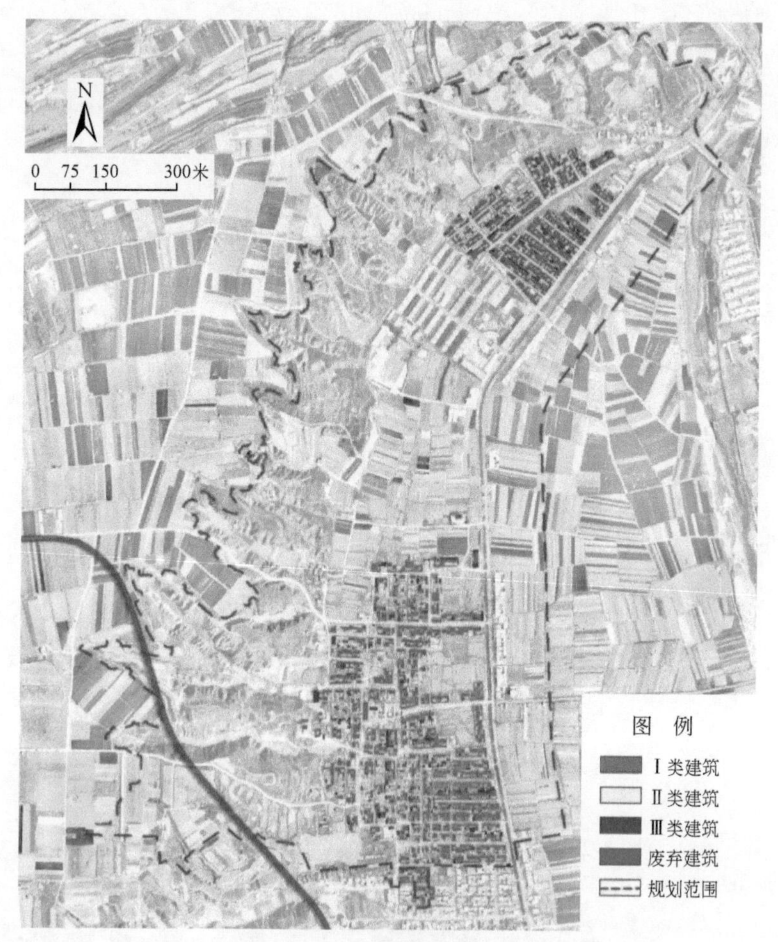

图 5-20　Ⅰ类、Ⅱ类、Ⅲ类建筑示意及建筑质量分布

(2) 屋顶形式

关中传统民居的正房屋顶均为硬山坡顶，岔口村与关中地区其他村庄一样，由于受到现代建筑材料及施工技术的影响，20 世纪 90 年代末以后的建筑基本弃用了坡屋顶形式，逐步演变为施工相对方便、建筑安全等级较高的平屋顶形式。其余 90 年代末以前的建筑中基本沿用了传统民居中的坡屋顶形式，且个别建筑完全按照正房硬山坡顶和厦房单坡顶的屋顶形式建造，较好地保留了传统关中民居的屋顶特点（图 5-22）。

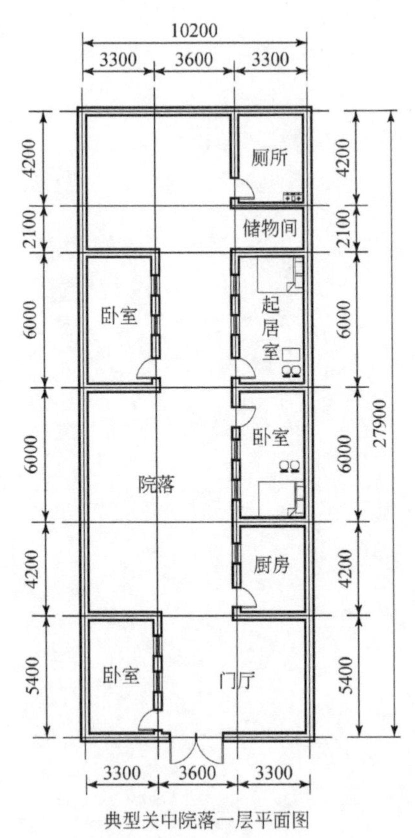

图 5-21　典型关中院落一层平面图（单位：毫米）

图 5-22　屋顶形式实景

（3）墙面

岔口村现状建筑仍然延续了关中民居传统的“穿靴戴帽”特点，但随着历史变迁，墙脚色彩由青砖色逐步演变为朱红色。另外，对墙面细部进行装饰也很常见，如增加窗洞、纹饰及粉刷等。现代建筑墙面以现代瓷砖居多，对村庄整体文化风貌有较大影响（图 5-23）。

图 5-23　墙面形式实景

（4）门窗

新建民居宅门采用关中民居常见的墙垣门，门框及大门颜色以朱红色为主。

房屋门可以对关中传统的格扇门进行要素提炼，简化处理，形成样式简洁明快而又有传统风味的房屋门样式。

窗户设计除采用岔口村常见的木质纹饰窗户外，可采用传统的、构造简单明快的什锦窗，色彩为褐色或朱红色（图 5-24）。

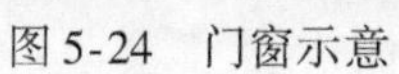
图 5-24　门窗示意

（5）装饰

装饰主要包括院门的砖雕、匾额、下坎、门枕、门前的拴马桩、房门与窗户的木雕、墙面的浮雕和漏窗的石雕等。装饰应该表现关中传统文化，色彩及尺寸应该与建筑相协调（图5-25）。

图5-25　装饰示意

（6）色彩

通过对岔口村建筑色彩进行分析提取确定主色调为灰白色、青灰色和灰褐色，副色调为砖红色和土黄色（图5-26～图5-28）。

图5-26　建筑环境素材提取

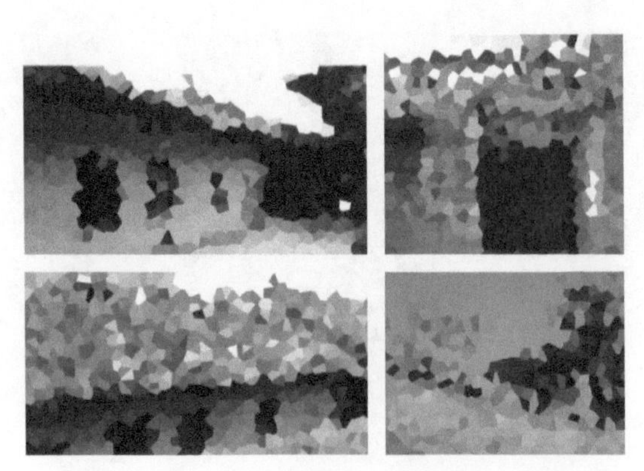

图5-27　晶格化提取色彩

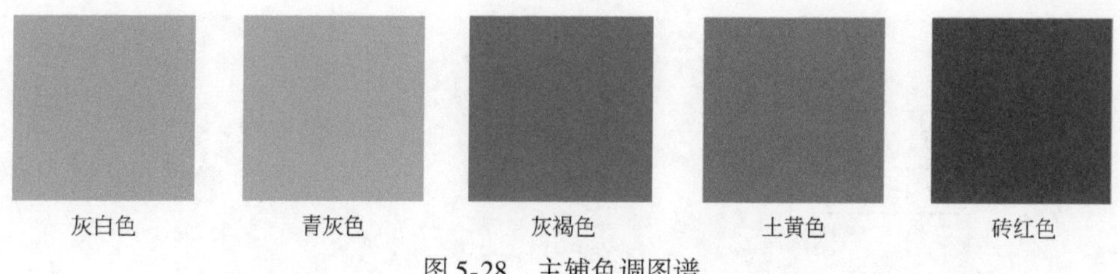

图 5-28　主辅色调图谱

10. 基础设施现状

（1）道路现状

城市道路：连接岔口村与外部区域为富耀公路，此外北邻西延铁路，西邻包茂高速，交通便利。

村庄内部道路：由主路和宅间路构成，整体硬化程度较低，且越往村落内部，道路平整度越差（图 5-29）。

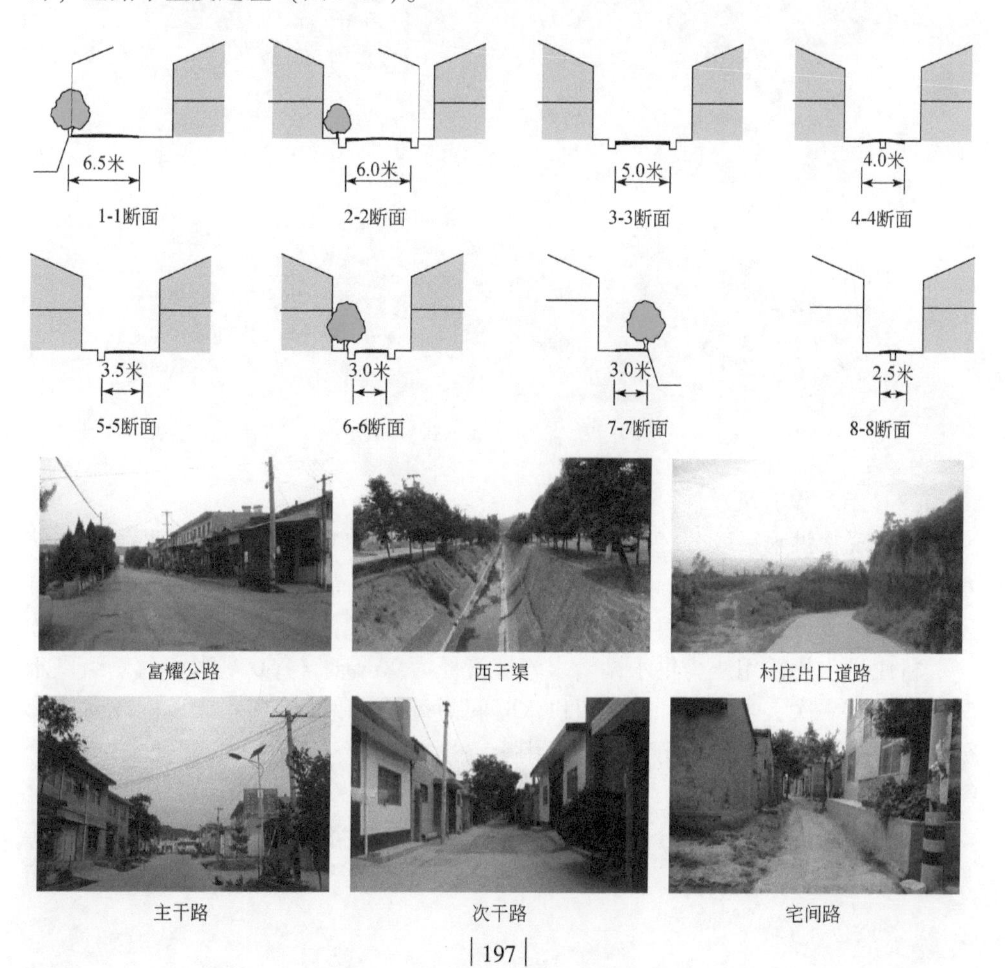

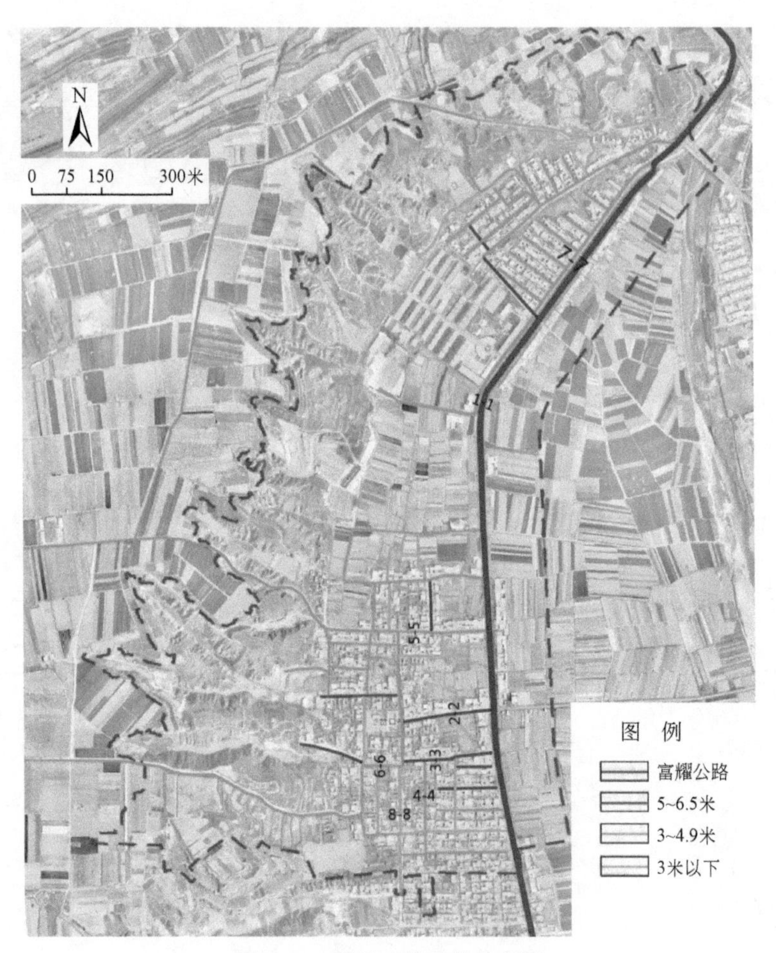

图 5-29 道路系统现状分布图

（2）给水设施现状

村庄现状供水采取分区供水的形式，岔口组取水自焦化小区，水源为桃曲坡水库。米家组和赵家组水源为各自机井，抽水至西侧高位水池进行统一供水。村庄水源水质较差，水中有白色沉淀物。

村庄供水均采用压力供水，给水管道管径为 90 毫米与 50 毫米。岔口组供水时间为两天一次，米家组和赵家组供水时间为每天傍晚。因给水水压问题村庄部分地区用水不便，采取自行买水方式用水（图 5-30）。

（3）排水设施现状

村庄现状排水为雨污合流的形式，均利用排水渠将污水排放至村庄东侧西干渠内。排水渠无统一规划，为单双侧相结合式布置，部分道路未修建排水渠，污水自流。现状无任何污水处理设备，对西干渠污染较大（图 5-31）。

机井点

水窖

图 5-30　给水设施现状分布图

住宅排水

硬化道路排水明渠　　未硬化道路排水明渠　　暗渠

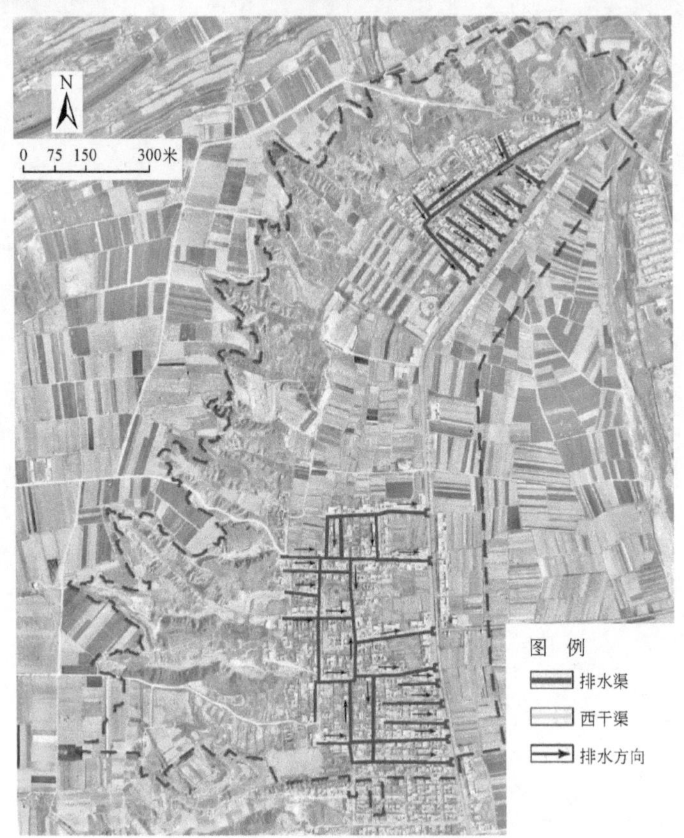

图 5-31　排水设施现状分布图

(4) 电力电信现状

岔口村现状电力由耀州电力局管理。岔口村有七个变压器，其中，赵家组容量为 250 千伏安，岔口组为 200 千伏安、250 千伏安，米家组为 351 千伏安、100 千伏安、200 千伏安、100 千伏安，电力覆盖率为 100%。

岔口村内没有邮电设施，主要邮电设施位于陕焦小区旁。村庄大部分农户利用卫星接收器及集镇闭路设备进行信号接收。移动电话信号已经覆盖全村（图 5-32）。

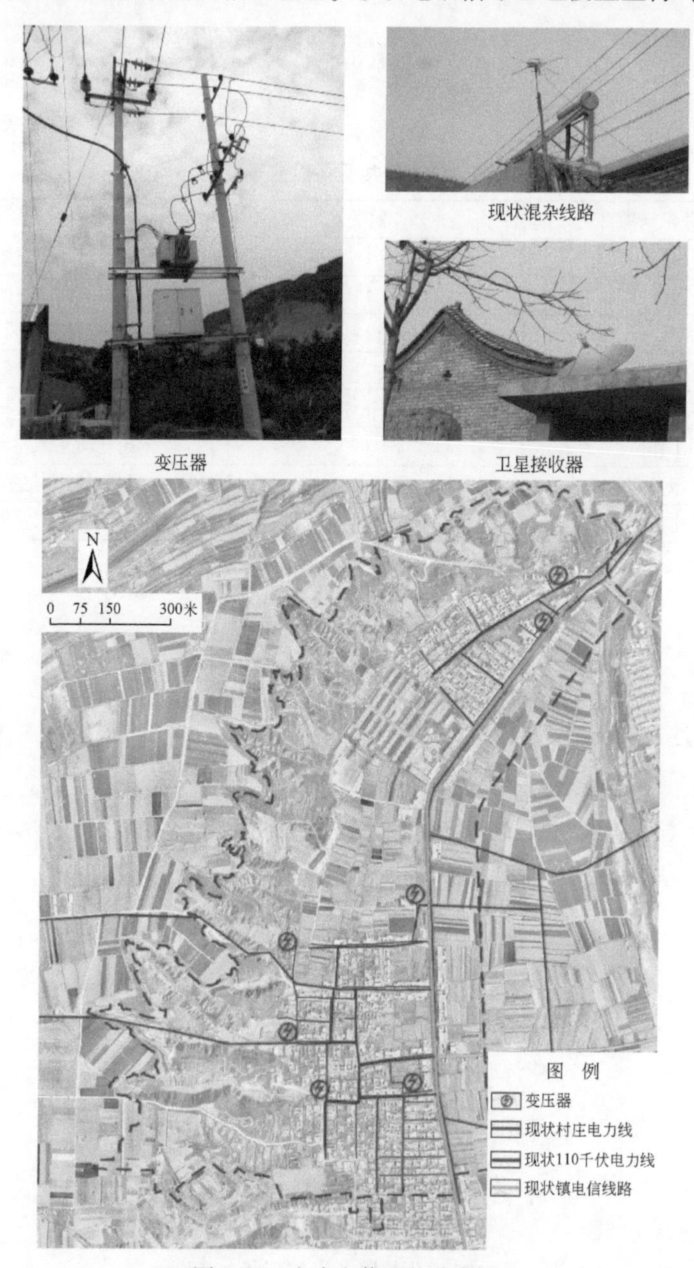

图 5-32　电力电信现状分布图

(5）公共服务设施现状

公共服务中心：现状有 1 处岔口村村委会，内设置多项服务设施；

便民店：规模普遍偏小，主要集中在富耀公路东侧，村内零星布置有 5 家；

医疗设施：岔口村村委会里有卫生室 1 所，村西侧有青岗岭正骨医院，距离较远。

就目前村庄人口发展态势，岔口村公共服务设施远不能满足村民需要（表 5-2、图 5-33）。

表 5-2　公共服务设施现状

公共服务设施项目	数量	位置
卫生室	1	米赵庙幼儿园左侧第一间
中心警务室	1	米赵庙幼儿园左侧第二间
图书馆	1	米赵庙幼儿园一楼
文体活动处	1	米赵庙幼儿园左侧
健身设施	1	村委会
水利工作队	1	米赵庙幼儿园左侧第四间
计生服务室	1	米赵庙幼儿园左侧第二间
道路卫生工作队	1	米赵庙幼儿园左侧第四间

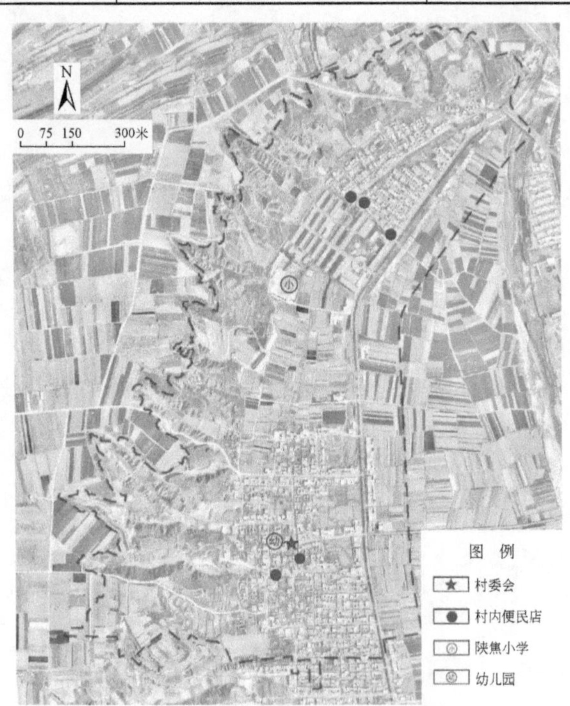

图 5-33　公共服务设施现状分布图

（6）环卫设施现状

村庄内共有 3 处公共厕所，岔口组、赵家组、米家组各有 1 处。

主要道路对应的街口处有垃圾收集点，垃圾车每周来清理 1 次，由青岗岭公司下辖的保洁公司管理。垃圾收集点全村共有 14 个，其中，岔口组有 8 个，赵家组有 2 个，米家组有 4 个，总体数量较少（图 5-34）。

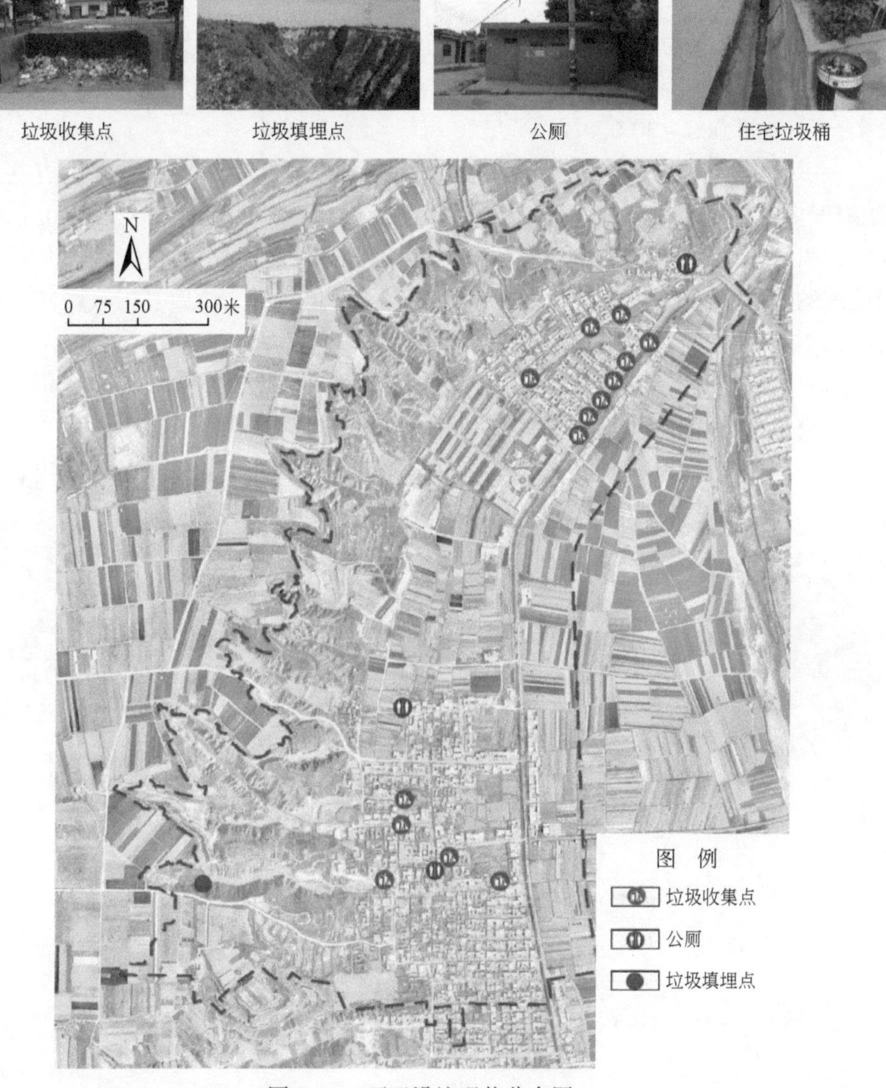

图 5-34　环卫设施现状分布图

5.2.5 村民调查分析

1. 家庭结构

调查区农户户均家庭人口为5人，长期在家居住人口为3人，在家居住成员中老人所占比例较大。

2. 家庭收入

农户收入主要为务农和外出打工两个部分。在村务农人员主要为老年人，种植粮食作物的农户年收入较少，为1000～2000元，种植经济林果的农户年收入较多，可达20 000～30 000元。

大多数青壮年都外出打工，长期在外和周边短期工的情况都存在，有些属于“工农兼业”状态。外出打工地点分布于附近的焦化厂、轧钢厂，较近的铜川新区、耀州区、西安市，以及深圳市、上海市和江苏省的城市。由于周边县城与大中城市的发展存在差距，打工者的工资收入也存在差距，就近打工人员年工资收入约为20 000元，在大中城市打工者年工资收入为30 000～40 000元。

农户支出主要为生活性支出、教育支出、医疗保障支出、农业生产资料支出和红白喜事支出5个方面。其中，生活性支出年均花费高达约18 000元，教育支出年均花费约为10 000元，这两者所占比例最大。其次为红白喜事支出，医疗保障支出和农业生产资料支出所占比例较低（图5-35）。

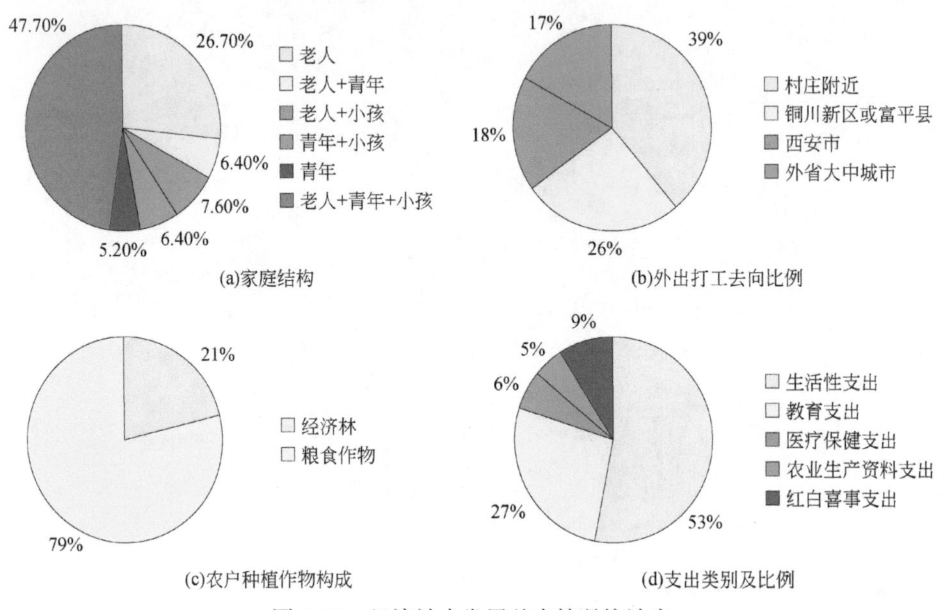

图5-35　经济社会发展基本情况统计表

3. 生产方式

（1）生计策略

农村家庭收入结构发生变化，经营性收入在总体收入中的比重有所下降，工资性收入所占比重持续上升，家庭兼业现象明显。村庄 71% 的农户从事农业生产的同时，也通过兼业获取工资性收入。农户从事农业生产的年收入大多为几千元，无法支撑正常的生活需求，从事非农产业年收入逐渐成为家庭主要经济来源（图 5-36）。

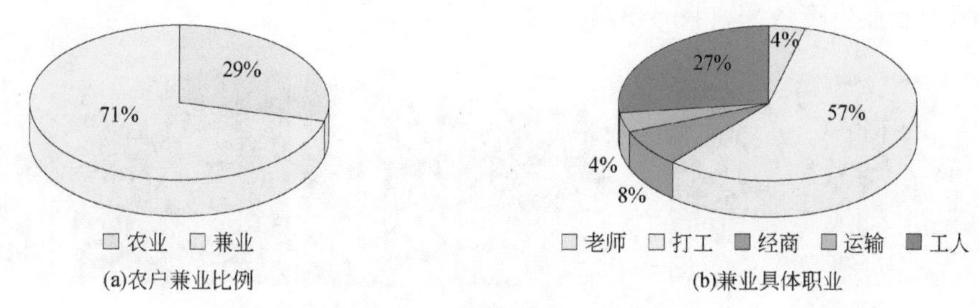

图 5-36　农户兼业情况统计表

调查发现，不同年龄阶段的劳动力选择的就业地点不同，就业距离的选择随着年龄的上涨而趋向于就近原则。目前村庄常住人口以 40 岁以上为主，50 岁以上农户大多选择在本村庄内部，主要通过务农获取收入，还会选择在附近的焦化厂与轧钢厂打工补贴家用，务工收入较低，月收入在 2000 元左右，基本上每天都可以回家；40～50 岁的劳动力外出打工一般会选择在富平县、铜川市和西安市等距离家乡相对较近的城市，务工收入较高，月收入在 2500～3000 元，在铜川新区或者耀州区打工的基本上每天都可以回家，在省城打工的多在节假日回家；而 40 岁以下的年轻人大多会选择到北京市、上海市、广州市、深圳市、成都市、重庆市这类的大城市谋求发展，务工月收入在 3500 元左右，每年回家次数较少，回家时间多集中在春节前后。

（2）农业生产方式

1）以个体农业为主。农业生产停留在“小而全”的家庭生产方式，种植大户、家庭农场、联户农场、村办农场、站办农场和农业车间等经营形式发展缓慢。村庄曾有农业生产合作社，由于村民积极性不高等原因，运营效果不够理想。

目前，岔口村农业种植以苹果和蔬菜为主，农业生产商品化程度较高。村庄的作物不仅是为满足生存需求而种植的粮食和蔬菜，经济果木的种植主要是因为其经济效益良好，成为岔口村的主要农作物。

个体养殖的农户数量已经很少，村庄现有养殖以规模养殖为主，村庄约有 5

处养殖场，以养羊、奶牛和猪为主。

2）生产方式现代化。调查发现，大多数农户家里有三轮车、电动车等交通工具，住宅和耕地的空间时间距离由于农村交通方式的改善已经大大缩短，农业耕作半径发生变化，空间距离对生产的影响减少。

农业生产工具机械化水平提高。由于农业产业化的要求，现代化的农业生产工具越来越广泛地使用，岔口村63%的农户家庭停放有农机具，麦场在十几年前就已经废弃，插秧机、播种机、联合收割机的使用不仅节约了用地空间，同时也提高了农业生产效率（图5-37）。

苹果种植

农村交通工具

图5-37　农业生产方式实景

4. 生活方式

据调查，全村有45.9%的农户用上了清洁的生活电能，其余的农户生活用能是烧柴和煤。另外，全村有51.6%的农户用了太阳能热水器（图5-38）。该村当前无集中供暖和锅炉地暖，主要供暖情况如图5-39所示。

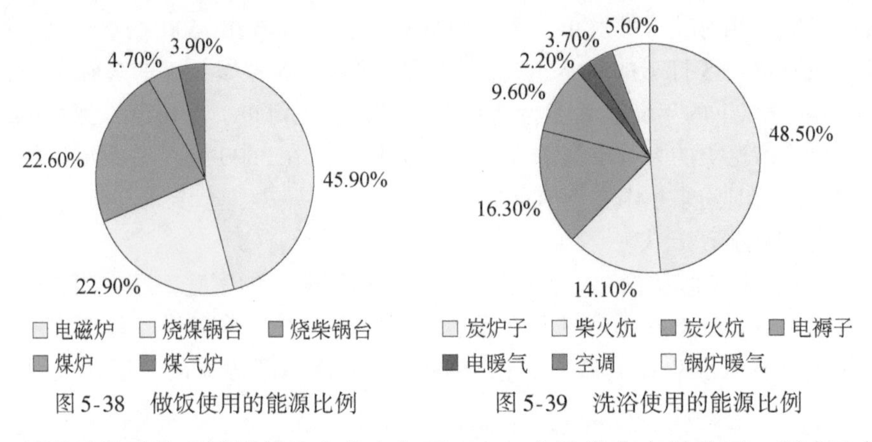

图5-38　做饭使用的能源比例

图5-39　洗浴使用的能源比例

村民日常采购生活用品地点分布如下：127户经常在本村购买，所占比例为69.4%；有14户在耀县县城，所占比例为7.7%；有42户在外村集市购买，所占比例为23.0%。总体来说，有91.7%的居民认为，购买物品较为方便，其余居民认为不太方便，造成这一现象的原因是交通不便。

村民的娱乐项目主要以看电视和打牌等室内活动为主，生活娱乐方式比较单一，缺乏集体娱乐活动项目（图 5-40）。

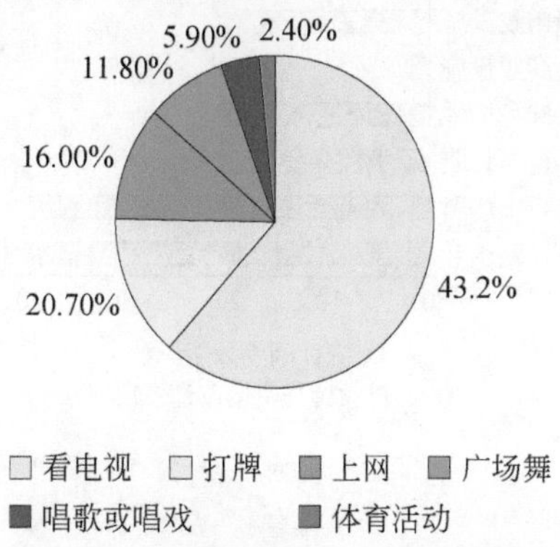

图 5-40　各类娱乐项目所占比例

岔口村秸秆主要作为生活能源，但还有少部分就地焚烧，对空气造成污染，产生安全隐患（表 5-3）。

表 5-3　作物秸秆处理方式

作物秸秆处理	拉回家烧柴	田间堆放	就地焚烧	沤肥
比例/%	46.2	22.2	29.9	1.7

5. 村民意愿

通过广泛调研，将村民对乡村设施建设与空间改造的意见按需求强度由高向低进行排列：①修建道路街巷，硬化路面，增加路灯；②修建公共活动空间，如文化广场和老年活动中心等；③建立医疗卫生保健设施；④改造幼儿园和小学等教育设施，提高教育水平，修建室外健身场地，并配套健身设施；⑤改善水利等市政设施，改造给排水系统，方便村民用水与农田灌溉；⑥增加消防设施，改善邮电通信与商业设施。

村民期望的住宅类型为单家独院式，多年的住宅方式已经习惯，并且独院式布局可自行设计，比较自由。少数村民希望住上楼房，享用方便完善的配套设施。也有少量村民偏向于联建房形式，认为如此布局显得村庄更加干净整洁。

对住宅院落的改造，更多村民希望保留原样，简单改造整理即可，或是置换功能，改为娱乐场地和厕所。少量村民不愿进行改造，对居住空间和储物空间的需求也不强烈。

调查过程中有村民提出应当完善村庄管理体系，统一建设，统一管理，考虑发展一村一品，为村民带来更富有更舒适的生活（图 5-41）。

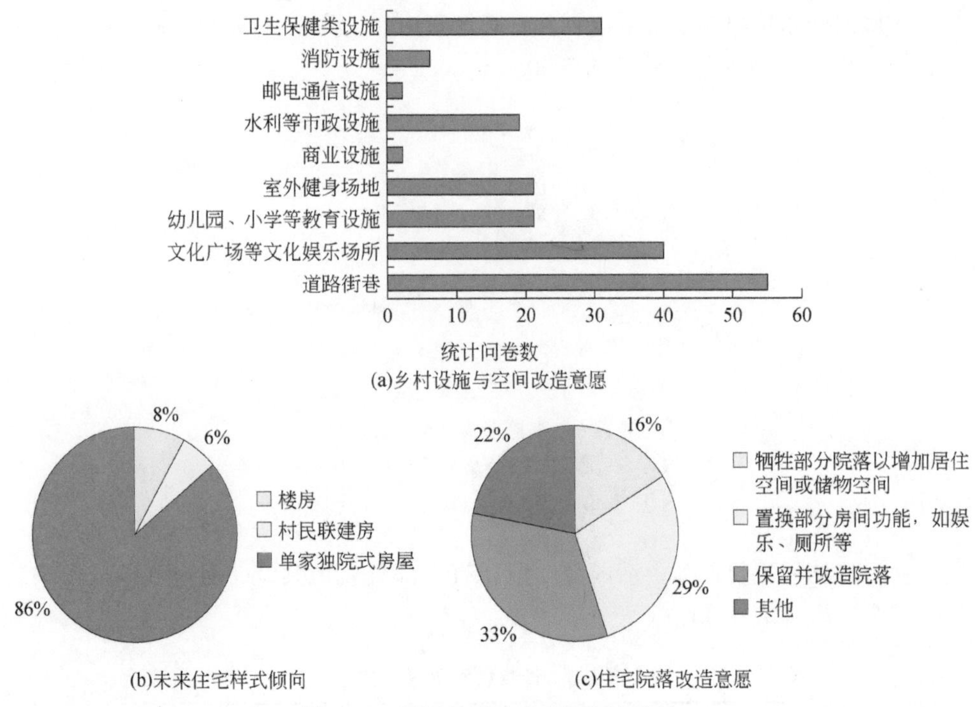

(a)乡村设施与空间改造意愿

(b)未来住宅样式倾向

(c)住宅院落改造意愿

图 5-41　居民整治改造意愿调查统计

6. 小结

村庄常住人口以老人和小孩为主，整治过程中应注重老年人与小孩的需求。老年人的需求主要集中于医疗、养老和休闲活动方面，小孩的需求集中于教育方面，配套设施的改造则必须满足其需求。

村庄内从事农业生产的户数所占比重较大，电动车、摩托车、三轮车的使用频率高，虽然机械化生产水平提高，但依然有一多半农户家中放有农机具，这就对道路、院落与建筑的改造提出了要求，既要满足农户生产活动的需求，还不能影响院落的风貌。

农户的能源使用情况差别较大，基本由各自经济收入水平决定，而不是享受村庄集体的配置。在规划中应重点解决基础设施不完善问题，全面提升农户的生活条件，使所有农户都能享用到良好的设施条件。

村民意愿调查最直接反映了村庄现状存在的问题，也最贴近村民的生活需求。规划遵循以人为本的原则，村民的需求程度直接引导村庄整治的重点方向，如村庄道路的整治、公共活动空间及医疗保健设施的建设应受到重点关注。

7. 存在问题总结

农房布置较为混乱。农户自行新建改建房屋情况较为普遍，致使不同时期、不同结构的房屋混合分布，村庄建筑风格杂乱。老旧破败农房闲置现象明显，有墙体倒塌、荒草丛生状况，导致土地资源浪费，影响村庄整体风貌。

生活支撑设施不完善。道路硬化程度不高，土路雨天泥泞，支路缺少路灯，出行不便；给水时间比较受限制，排水系统不完善，村民吃水灌溉不方便；垃圾堆放点、公厕卫生清理不及时，影响村庄公共环境；公共休闲活动场所与活动中心缺乏，不能满足村民的娱乐生活。

环境绿化急需改善。村落内部绿化不成系统，种植的树木零散分布，进行门前绿化及庭院绿化的农户数量较少；陕焦化工有限公司和龙钢集团富平轧钢有限公司距离村庄较近，存在空气污染风险。

乡土特色不鲜明。村庄传统特色风貌与建筑符号逐渐消失，沿街建筑立面、公共空间形象较差，无法体现地域特色。

5.3 村庄规划构思

5.3.1 控制乡村风貌分区

对村庄风貌进行分区控制，针对不同的分区有不同的控制方法，保证不同分区拥有各自风貌特色，又能在整体环境中相互协调，共同体现村庄的乡土特色。应特别注重红色文化风貌区和古民居风貌区的整治，这是岔口村特色风貌的重点体现。

5.3.2 美化村庄生态环境

黄土台塬边坡的整治为村庄增加层次分明的背景景观格局，田园风光与台塬风貌形成鲜明的对比。村庄内部增加景观节点、绿化系统，结合景观小品的布置、建筑立面的整治，将形成环境优美、乡土风情浓郁的村庄面貌。

5.3.3 延续村庄发展肌理

分析村庄的发展肌理，进行挖掘整理。本次整治规划中新建建筑数量较少，应融入原本的村庄肌理，延续原本的肌理特点，达成协调统一。

5.3.4 改造村庄农房院落

整理村庄现有农房建筑，对不同类型的建筑提出不同的改造方式，并整理危房，控制新建房屋。同时对院落进行合理改造，满足居民日常生活习惯，保证土地资源的高效利用。

5.3.5 提升村庄配套设施

提升村庄基础设施与公共服务设施条件，解决村民最基本的生活问题，为提高居民生活水平做最基础的支持。

5.3.6 激活村庄发展活力

村庄内明清古街巷与米家窑交通站为主要旅游资源，整治后可激活乡村第三产业发展。公共服务设施的完善丰富了村民的日常活动。新功能的加入为村庄发展注入新动能，必定使村庄更有活力。

5.4 村庄规划定位与目标

5.4.1 规划定位

规划以美丽乡村的建设目标为出发点，结合村庄优势基地条件，遵循以人为本的原则，将岔口村打造为“生活舒适、生态宜人、红色文化主题鲜明”的美丽乡村（图 5-42）。

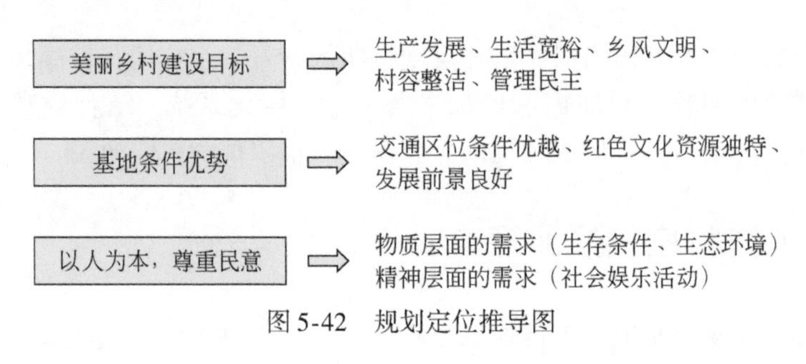

图 5-42 规划定位推导图

5.4.2 发展目标

村庄整治规划应以改善村庄人居环境为主要目的，以保障村民基本生活条件、治理村庄环境、提升村庄风貌为主要任务。

本规划的发展目标为建设村庄布局合理、配套设施完善、生态环境优美、红色文化主题鲜明的美丽岔口，并探索可推广的美丽乡村村庄整治新模式。

1. 村庄布局合理

现状存在土地资源浪费现象，如农房破败闲置、人均占地面积较大和土地资源利用低效等，规划中应进行控制与引导，整理闲置用地为景观节点或建设为公共服务设施，提高利用效率。

2. 配套设施完善

充分考虑当地居民对提高生活质量的要求，科学合理地规划岔口村的基础设施与公共服务设施，保证村民日常生活的便利，以及娱乐活动的顺利开展，逐步提高生活品质，丰富生活内容。

3. 生态环境优美

合理整治黄土台塬边坡，使村庄原有完整的田园风光与台塬风貌相结合，形成岔口村建成优美独特的生态景观。村庄内部需合理布局，改善土地资源浪费现象，增加绿化，为村民提供优美舒适的生活环境。

4. 红色文化主题鲜明

充分挖掘村庄历史文化资源与乡土特色，继承并发扬以米家窑交通站为核心的红色文化，普及红色文化相关知识，宣扬革命精神与爱国主义精神。

5.5 村庄整治规划

5.5.1 总体方案

1. 总体结构

岔口村未来发展规划的村庄整体结构为“一核、一心、两轴、两片、多点”(图 5-43)。“一核”指以村委会和卫生所为核心的村庄公共服务中心。“一心”指以红色窑洞及村庄文化陈列馆为主体的红色旅游发展核心。“两轴”指包括村庄发展轴及红色旅游观光轴。村庄发展轴指连接老年人活动中心、村委会、老街巷古树节点及老牌坊公园等公共空间，规划为居民日常生活的主要空间轴线。红色旅游观光轴指连接入口空间、村委会及红色革命窑洞等节点，规划为承担村落对外展示的主要功能。“两片”指南片村落以红色革命文化为主题，北片村落以美丽乡村为主题。“多点”指南片包括古街巷老树观光处和农协会址等一级节点，以及入口空间和古巷道入口空间等二级节点。

图 5-43 总体结构图

2. 总体布局

岔口村村庄整治规划范围内用地主要有村民住宅用地、村庄产业用地、基础设施用地、公共服务设施用地及其他非建设用地（图 5-44）。

其中，村民住宅用地，根据原有的宅基地分布，分两部分集中布置为北岔口组团和南岔口组团。其中包括两类用地，即住宅用地和混合式住宅用地。混合式住宅用地主要沿村庄主干道富耀公路布局。

村庄产业用地较少，分为村庄商业服务业设施用地和村庄生产仓储用地。村庄商业服务业设施用地主要分布在南岔口组西台塬下的红色窑洞旅游区，少量商业用地沿富耀公路布局。

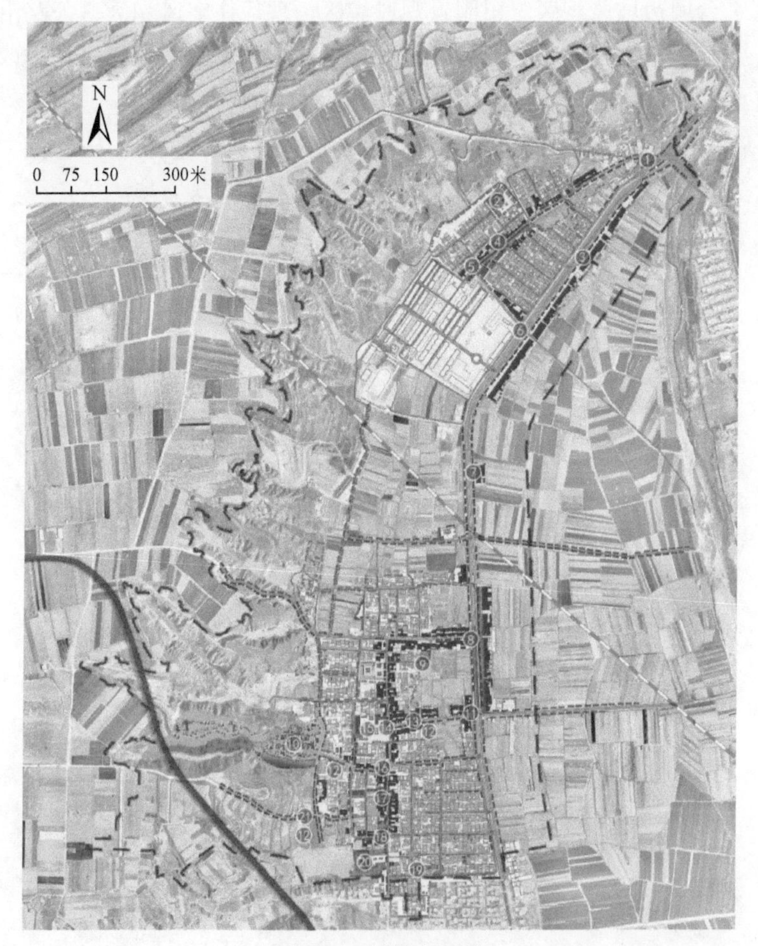

图 5-44　总体布局图

1. 三岔路口；2. 片区公园；3. 街边商铺；4. 陡坎绿化；5. 服务中心；6. 北片区主要出入口；7. 西干渠；8. 南片区主要出入口；9. 宅间绿化；10. 米家窑广场；11. 南片区主要出入口；12. 停车场；13. 现代乡村建筑典范；14. 广场；15. 村委会；16. 古街巷入口；17. 古街巷建筑典范；18. 古树；19. 宅间绿地；20. 农协会址；21. 村庄入口

村庄公共服务用地布局，在原有村庄废弃宅基地及空地基础上，以组团绿地和街头广场绿地形式散布在规划范围内。

5. 5. 2　村庄风貌整治

1. 风貌分区控制

岔口村村庄景观风貌分区包括红色文化风貌区、古街巷风貌区、现代文明展示风貌区、台塬边坡风貌区、田园景观风貌区、现代住宅风貌区、公路沿线商业风貌区。为打造具有差异的风貌片区，规划针对不同片区分别提出整治改造意见（图 5-45）。

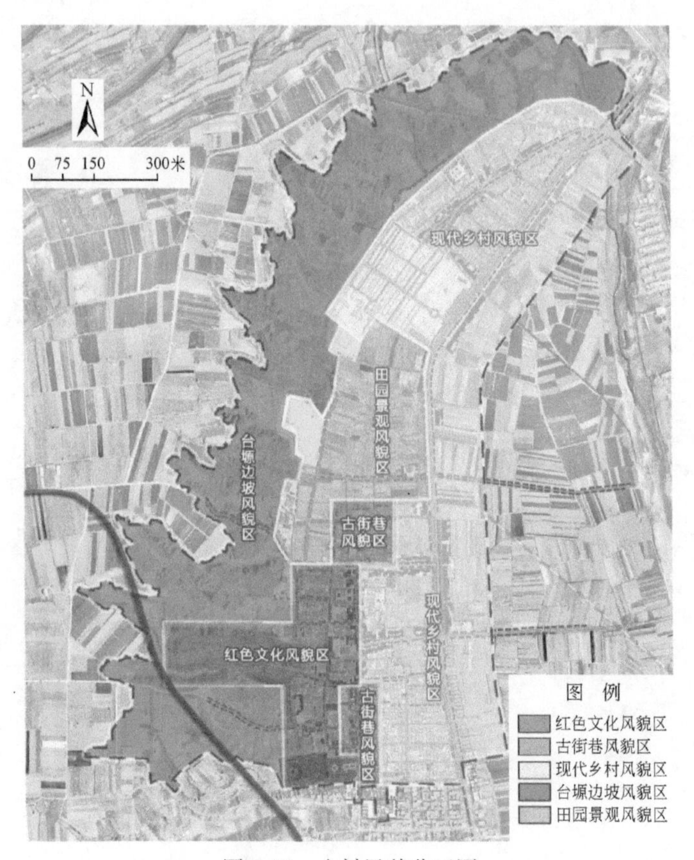

图 5-45　乡村风貌分区图

红色文化风貌区——以米家窑为中心的红色文化风貌区，打造红色文化主题片区，在保护红色窑洞和米家堡址的同时，对其周边的建筑、景观改造过程中体现红色文化。

古街巷风貌区——打造以古街、古建筑和古树等为主要要素的，具有古色古香的关中传统民居传统街巷风貌区。

现代文明展示风貌区——在村庄的主要入口区域打造现代政治文明展示风貌区，主要通过墙面标语、入口标志和景观设施等的增加，来展示宣传中国现代政治文明。

台塬边坡风貌区——村庄西倚黄土台塬边坡，为村庄的背景景观，退耕还林以柏树、苹果树种植为主。通过利用台塬地区的地形特征，以及不同色彩的植物种植搭配，营造出层次与色彩分明的特色景观。

田园景观风貌区——以小麦和玉米等农作物种植为主，蒜薹和白菜等蔬菜种植为辅。地势平坦，面积广阔，接连成片，形成极具关中平原地区特色的田园景观，与塬林风貌形成鲜明对比。

2. 绿地系统整治

（1）整治措施

针对村庄绿化缺失且不成体系的现状，规划对种植区绿地、台塬边坡绿地进行保护，并对道路绿化、集中绿化、街角绿化、宅旁绿化、庭院绿化进行补足（图 5-46）。

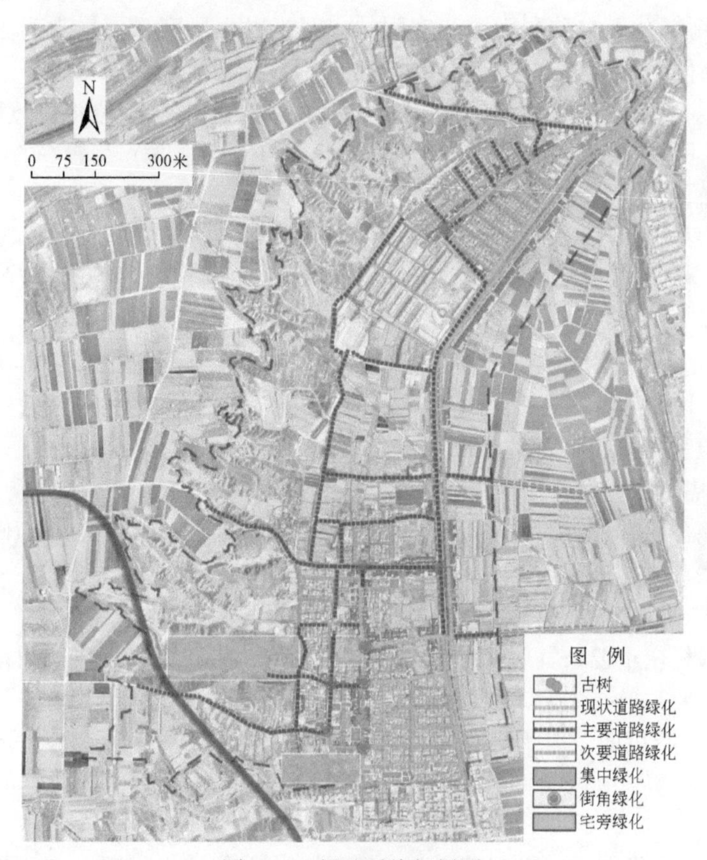

图 5-46　绿地系统规划图

1）道路绿化。富耀公路：岔口村主要对外交通道路富耀公路现状环境质量极差，单侧绿化无法实现隔音降噪、降低粉尘污染的作用。为改善公路沿线居民的生活条件，在路东种植行道树，可选择栾树和国槐等乔木并配植灌木。

主要道路：在现有树木的基础上，以 8 ~ 12m 的间距进行补足，可选择种植国槐、柿子树和梧桐树等。

次要道路：次要道路可以结合住户门前绿化进行整治，一侧种植花草灌木，另一侧间隔 10m 种植柿子树和紫薇等小乔木，并配合爬山虎等攀缘植物。

2）集中绿化。包括村委会广场、农协会址、米家窑广场在内的集中绿化区，以铺装为主，绿化为辅。在广场四周种植景观树，如银杏、樱花和柿子树等，来围合活动空间。

3）街角绿化。选择可利用的街角空间，清理杂草碎石，充分利用现有的高大乔木，补植灌木绿篱，形成环境良好的街角绿化空间，为村民创造茶余饭后的休闲聚集场所。

4）宅旁绿化。充分利用屋旁宅间的空间，以小尺度绿化景观为主，见缝插绿。宅旁绿化提倡由村民自主种植乡土景观树、果树、蔬菜和瓜果等。

5）庭院绿化。庭院绿化鼓励村民充分利用自家庭院的有效空地自行种植，以瓜果蔬菜、灌木花卉为主，林木为辅，营造良好居住环境的同时产生较好的经济效益。

（2）整治示意

1）次要道路绿化。岔口组属于现代村落风貌区，街道改造以平整路面、增加绿化为主要任务，建筑立面进行清理，也可增加中国传统文化礼仪教育的宣传标语及图画，使教育融入生活。

2）街角绿化。选择可利用的街角空间，清理杂草碎石，充分利用现有的高大乔木，补植灌木绿篱，形成环境良好的街角绿化空间，为村民创造茶余饭后的休闲聚集场所（图 5-47）。

3. 景观系统整治

规划整合现有景观节点，结合绿地系统整治形成“三轴一带、两侧渗透、多节点”的景观结构体系（图 5-48）。

“三轴”指连接村庄主要入口与红色窑洞节点的横向轴线，打造一条红色文化轴；串联村庄重要公共服务设施及古街巷的南北轴线，展现传统村落风貌；连接岔口组主要入口与中心节点的沿路景观轴，展现美丽乡村风貌。

“一带”指以西干渠为主体，包含富耀公路沿线商业设施在内的景观带。

“两侧渗透”指包括西侧台塬边坡景观与东侧田园景观所形成的两侧景观渗透。

“多节点”指由一级景观节点、二级景观节点与门户景观节点所构成的点状景观要素；一级景观节点包括村委会广场、米家窑入口广场、农协会址；二级景观节点包括古树节点、岔口组中心公园及多个街角景观节点；门户景观节点包括村北入口节点、村南入口节点及闵家坡入口节点。

图 5-47　绿化整治前后对比

图 5-48　景观系统规划图

4. 照明系统整治

村内现状照明设施严重不足，除入村道路设有单侧路灯以外无其他照明。规划沿主要道路每间隔 30 ~ 40 米布置高杆节能路灯，沿次要道路与步行街巷，采用与街巷建筑风格配套的灯具。此外在景观节点设置低矮景观照明灯具，并对照明进行分级控制。

（1）道路照明

一级照明路段要求照度较高，灯具造型体现现代风格，采用太阳能照明。

二级照明路段要求色彩宜偏暖色调，满足夜间行车要求，形成一定的景观效果。

三级照明路段要求照度要求较低，满足村庄内部宅间路照明。

（2）景观照明中心

一级照明中心要求全方位立体照明，通过路灯和景观性灯柱等手段，烘托中心气氛，体现重点区域景观氛围。

二级照明中心要求基本上与一级照明中心相同，适当降低照度和色调丰富度，突出商业热闹的气氛。

三级照明中心要求允许出现多种照明方式，适当提高照度和色调丰富度，但不得破坏居住环境的静谧气氛（表 5-4）。

照明系统规划如图 5-49 所示。

表 5-4　三级照明中心照明方式

等级分类	灯具设置间距（米）	灯具高度（米）	备注
主要道路	25 ~ 40	3 ~ 5	单排设置
次要道路（步行巷道）	20 ~ 30	2.5 ~ 3.5	单排设置
景观照明	>10	<2	点状设置

5. 设施系统规划图

（1）整体标识系统

村庄标识系统选择与村落传统风貌相协调的木质标识，以浅棕色为主色调，点缀村庄色彩。标识系统主要分为四种，即文化展示栏、信息宣传栏、街道标识与公共服务设施标识，各类别形状不同又相互协调（图 5-50）。

（2）红色文化风貌标识系统

红色文化风貌区与村庄其他风貌区差别较大，在其中使用的标识系统应突出红色文化的特点。标识的设计以红色为主，搭配体现红色文化的典型符号，如五角星和革命主题图画等。标识系统主要有文化展示栏、街道标识和公共服务设施标识（图 5-51）。

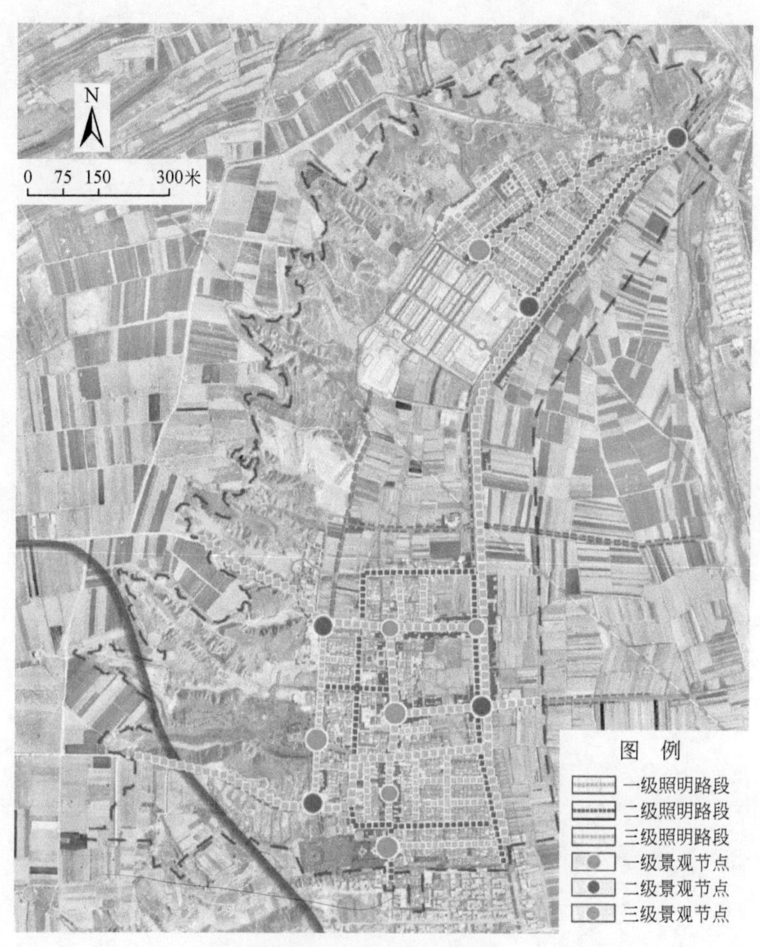

图 5-49 照明系统规划图

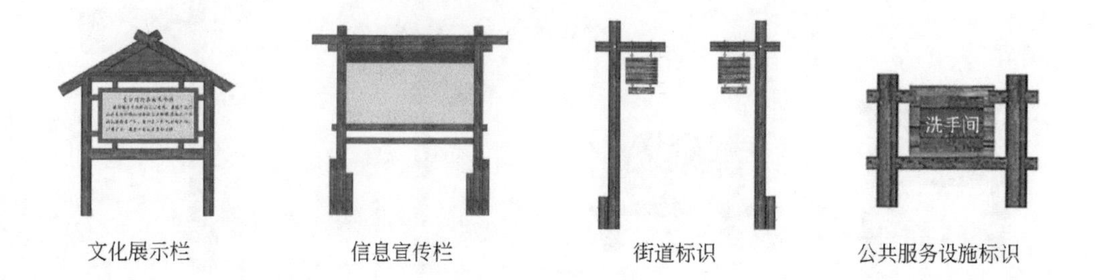

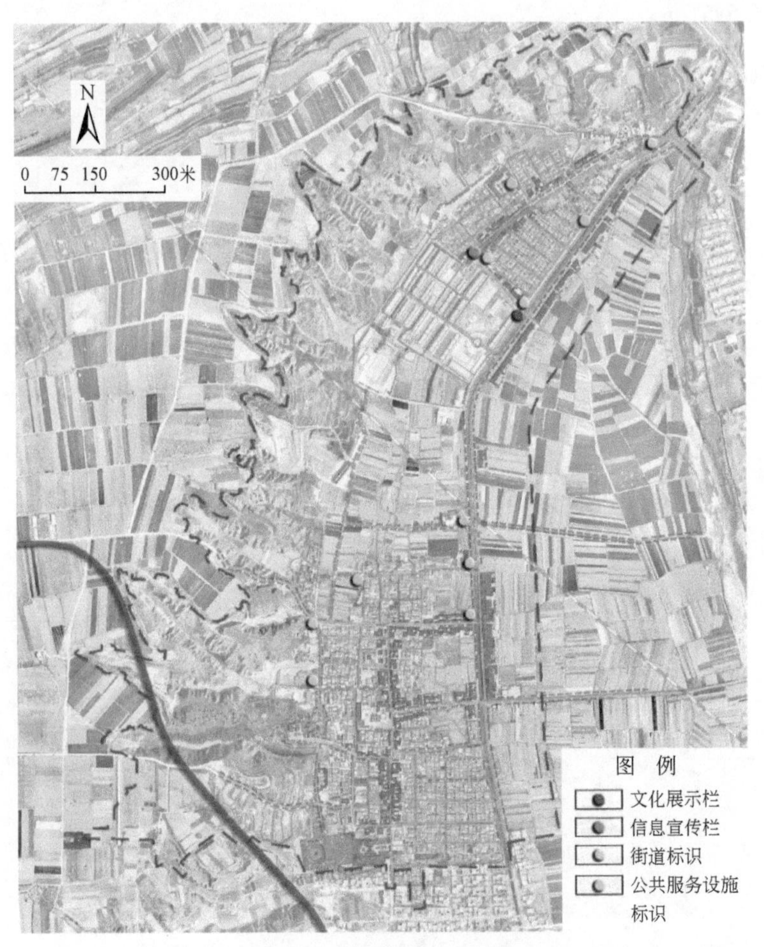

图 5-50 标识系统分布图

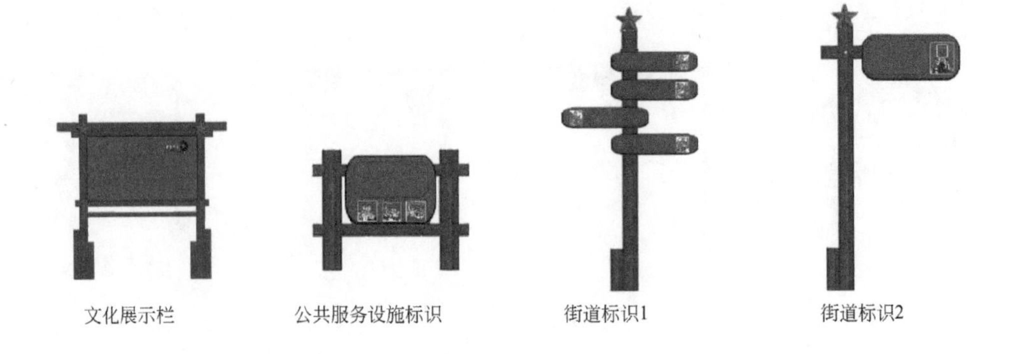

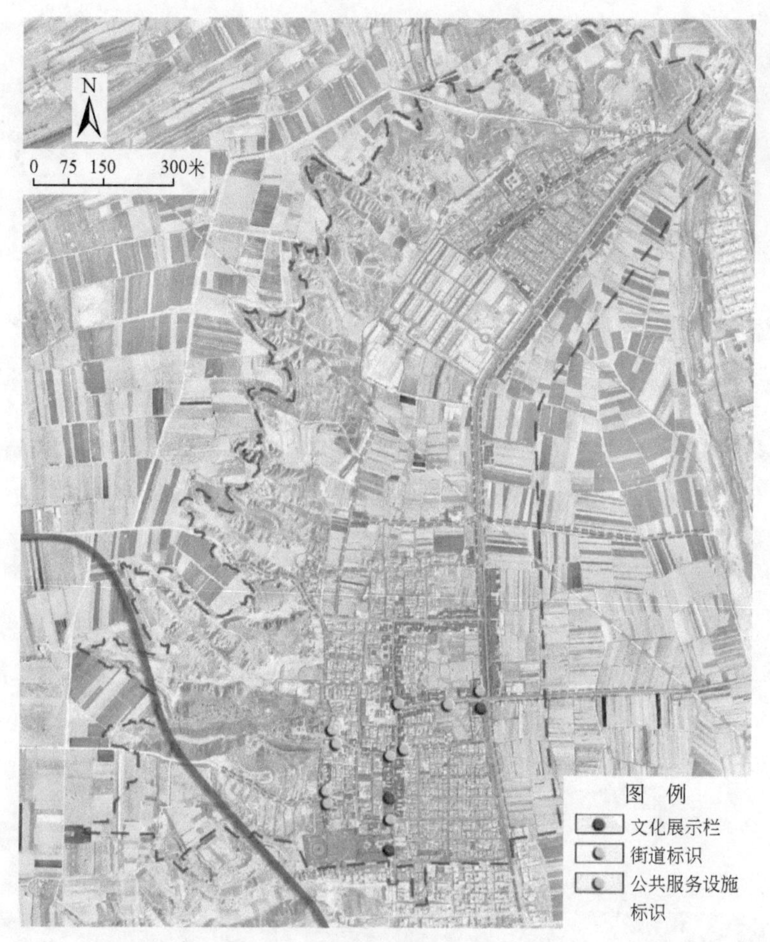

图 5-51 红色文化风貌标识系统分布图

(3) 景观小品

景观小品可分为两大类，分别为装饰性小品，如雕塑、水景、围合和隔挡类小品（花架、景墙、花坛和栏杆等）；服务性小品，如指示牌、垃圾箱、灯具、座椅和健身设施等。

岔口村景观小品的选择应尽量满足装饰与服务双重功能，大方简单且经济实用。小品的布置及风貌控制应重点结合风貌分区与开放空间的设计，体现乡村气息。同时要与乡村色调协调，最好能为村庄色彩起点缀作用。

红色文化风貌区应选用具有红色文化特点的景观小品，如红色文化浮雕墙面等，突出红色文化特色。古街巷风貌区应选用具有古朴特色的小品（图 5-52）。

(a)古街巷风貌区景观小品意向图

(b)红色文化风貌区景观小品意向图

图 5-52　景观小品意向图

6. 开放空间整治

(1) 街巷空间整治

路面整治：对村内现存泥土路进行分类硬化处理，村内主要车型道路采用混凝土硬化，次要车行道可采用铺砖硬化，步行古巷道内则可采用更具乡土特色的青砖和石板等材料进行铺装设计，与古建筑共同营造特色街巷空间。

立面整治：对粉刷脱落、细部残缺甚至墙体损坏的墙面进行修补翻新。对沿街外立面裸露水泥外墙进行低造价的粉刷或绿化美化处理，统一同一街巷内的建筑外立面色彩和门窗构件等，使建筑沿街立面和谐统一。

重点整治街巷：重点整治街巷为村内红色旅游线路沿线的街巷，以村委会广场为中心连接红色窑洞、农协会址和村庄入口的东西街巷，以及富耀公路沿线道路空间。街道整体突出表现红色革命文化与现代政治文明的展示与宣传。村庄南北方向的古街巷主要展现关中特色传统村落风貌（图 5-53）。

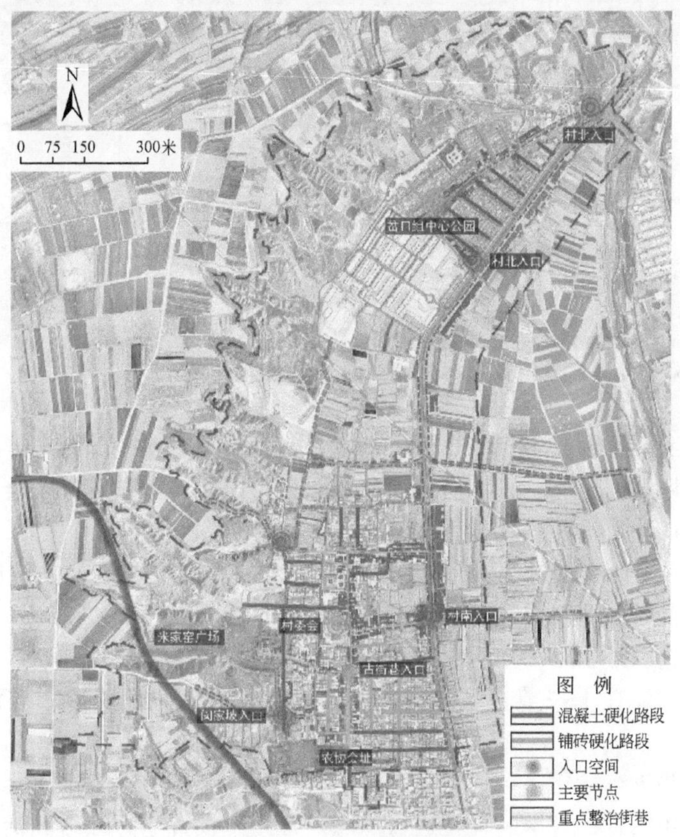

图 5-53 开放空间规划图

(2) 入口空间整治

主要包括村北片区两个入口和村南片区两个入口，不同入口处通过标志设施的区别，展现不同的风貌特色。村南片区的两个入口串联进红色旅游线路中，以红色革命文化相关元素进行装饰（图5-54）。

图5-54　入口空间节点整治前后对比

(3) 红色旅游线路整治

岔口村村内红色旅游线路主要连接三个村庄出入口，以及村委会、米家窑广场和农协会址三个重要景观节点。

车辆从三个入口驶进村庄后停放于停车场，连接重要节点的道路以人行为主，禁止车辆行驶，以保证游客安全。

旅游线路以环状路为主，游客可根据下车地点选择近处的节点先进行参观，再依照指示牌前往下一节点，环状路的布置避免游客走回头路，旅游线路更加顺畅。

道路两侧进行绿化，选用黄杨等灌木、桐树和臭椿树等乔木与爬山虎之类的爬藤类植物相结合，月季、菊花进行点缀。道路中设置宅旁绿地和街角绿地，摆放休憩座椅，为游客提供休息场地。

沿街建筑立面进行清理，涂绘弘扬红色革命文化类的宣传画和宣传标语，以及有关“两学一做”等思想政治学习内容，并使用红旗和五角星等具有象征意义的符号进行景观装饰（图 5-55）。

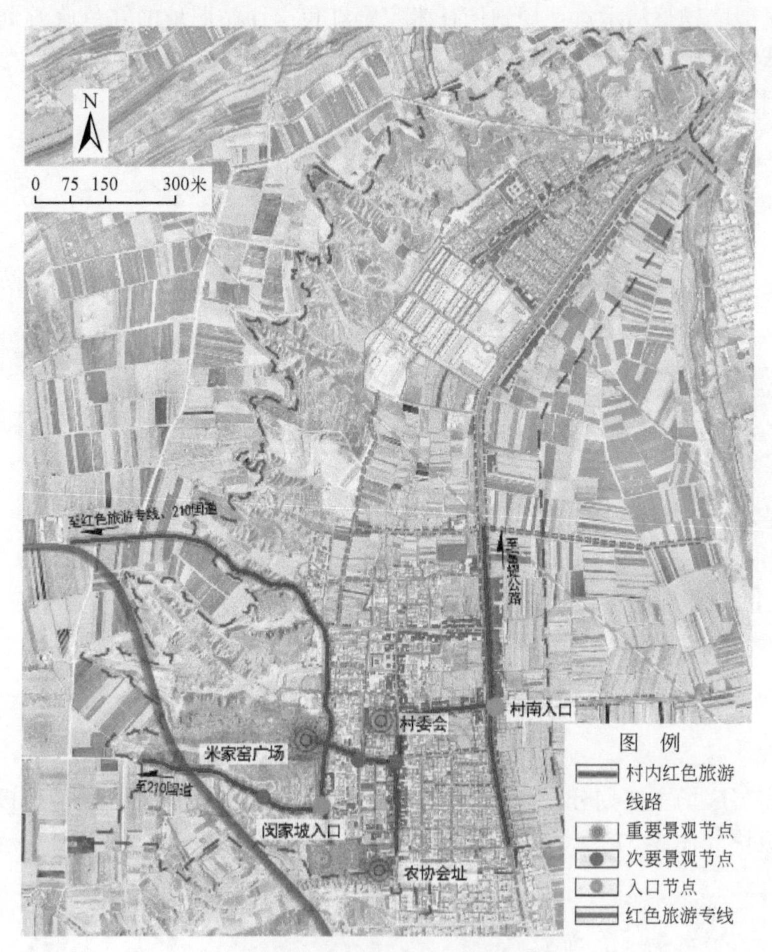

图 5-55　红色旅游线路规划图

富耀公路整治示意：红色旅游沿线街道重点突出红色革命文化，可以在街道两侧建筑墙面上添加宣传标语、宣传画和景观装饰灯来表现红色主题，以少量景观小品进行点缀。沿街建筑墙面应进行清洗或重新粉刷，保证浅色风格，与乡村整体色调相统一。临时搭建的影响风貌的棚子可拆除，保证足够的活动空间。同时应清理街道垃圾，保证良好的卫生环境，增加花坛和灌木球等绿化，提升整体风貌（图 5-56）。

红色旅游专线整治示意：红色旅游专线通入岔口村的道路，道路沿线西南侧为黄土台塬边坡，东北侧为沟壑。台塬边坡一侧可使用爬藤植物进行绿化，以红色革命文化宣传标语和雕塑小品进行装饰。沟壑一侧以小树植和草丛进行绿化，可放置具有红色元素的指示牌，引导游客进入村庄内部。

米家窑广场整治示意：规划依托米家窑红色交通站旧址的红色旅游资源，综合红色革命文化、黄土台塬地貌景观特色，打造为集红色旅游、爱国主义教育、乡村休闲为一体的游憩广场和岔口村乡村名片。

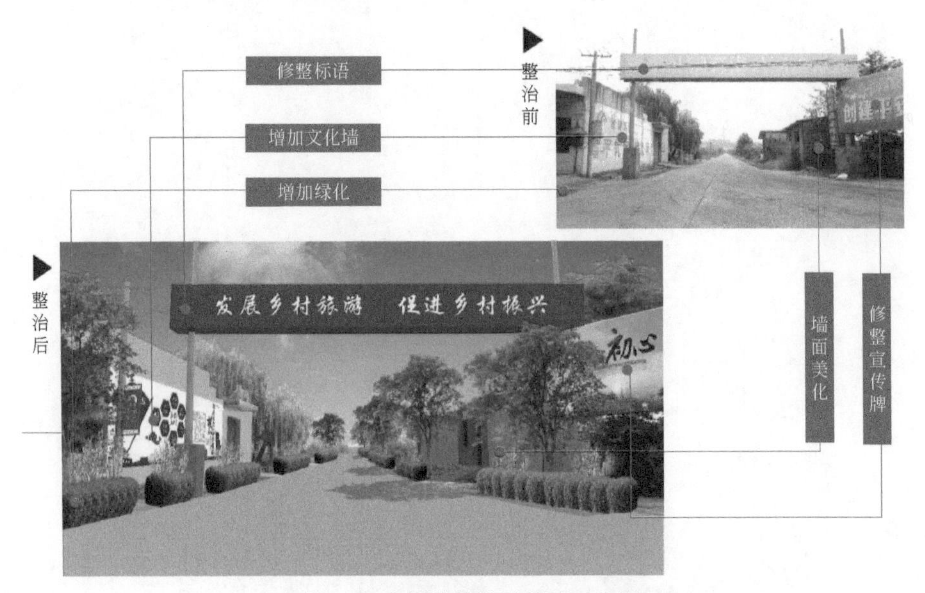

图 5-56　富耀公路整治前后对比图

米家窑广场主要划分为三个板块，分别为红色窑洞板块、米家堡址板块和涝池水景板块（图 5-57）。

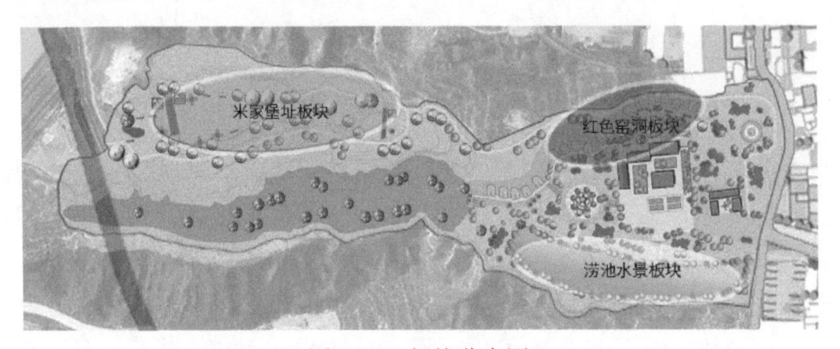

图 5-57　板块分布图

红色窑洞板块——展示以米家窑红色交通站为主的联排窑洞，介绍米家窑在战争时期的用途，弘扬中国伟大的革命事业。为其窑洞保留原本布局，进行结构加固和细部修缮，门前设立解说牌。米家窑南侧的临时建筑均拆除，保留质量好、有年代特色的建筑，建筑立面可利用红色文化元素进行装饰，改造为游客服务中心、展示厅和博物馆等旅游服务设施。红色窑洞与西侧废弃窑洞群和东侧联排窑洞之间相隔的土墙，打通两侧区域，形成开阔的广场。位于塬坡上现废弃的窑洞经过结构加固和内部改造而形成联排窑洞景观，窑洞改造保留原本的土坯墙面等典型关中窑洞特色，并添加与红色革命文化相关的景观元素，台塬坡面主要展示黄土台塬区典型地貌。红色窑洞区域地势较高，与南侧涝池和西侧广场之间需要设置台阶，解决高差问题。

米家堡址板块——以两堵老城墙为展示核心，介绍老城墙在村庄发展过程中的防御作用，感受传统民俗风情。米家堡址现存东西两道残墙，遗址南北两侧塬坡边缘的道路可将两道残墙相连接，名为“老牛坡”，坡路较窄且陡，荒草丛生，一侧紧挨沟壑，较为危险。老牛坡是李先念在战争年代途经岔口村时重要的道路，具有历史意义，因此，应保留原本的道路，进行杂草清理，拓宽并夯实路面，沿沟壑一侧设置围栏，保证路人的安全。道路沿途经过几孔废弃窑洞，经过加固与修缮后，可成为游客观赏点，从而了解黄土台塬区的居住环境。西残墙的东侧和西侧各有小片空地，可进行荒草清理，地面夯实，以石沙铺设，设置休憩座椅，成为小型休闲广场，为游客眺望乡村整体风貌提供绝佳视点，也可用作岔口村村民平日举行活动的场所。道路向西延伸，能够与 210 国道通向米家堡的道路相连接。原本的垃圾堆放点在台塬沟壑处，整治过程中需要将其移除，避免影响村容村貌。

涝池水景板块——以观赏和蓄水作用为主，涝池边沿线步行道可观赏涝池景观，水边凉亭提供休憩场所。同时，涝池为村庄充分利用地表径流节约用水发挥作用。

旅游线路：米家窑广场规划两条旅游线路，其中，旅游线路一串联村内米家窑广场入口、老牛坡、米家堡址、红色旅游专线和闵家坡入口等节点，为连接米家窑广场和岔口村村庄大范围的游线；旅游线路二连接米家窑广场入口、涝池水景和红色窑洞等节点，为广场内部小范围的游线。两条旅游线路的体验完全不同，旅游线路一整体地势较高，能够以俯瞰的视角感受台塬地貌特色和风景，同时眺望乡村整体风貌。旅游线路二环绕在广场内部，通过窑洞展示黄土台塬区地貌特征，了解人们的生活方式，感受不一样的人文特色（图 5-58）。

农协会址整治示意：农协会址内部建筑保存完好，皆为明清时期作为显圣庙用途时的砖木结构建筑，整治中应当保留原有建筑，对建筑进行结构加固和构件修缮，对内部进行打扫和重新布置，分别作为展览馆、纪念馆、多媒体播放室和管理处等用途，用以宣传红色革命文化精神。院落进行景观绿化补充，可使用栾

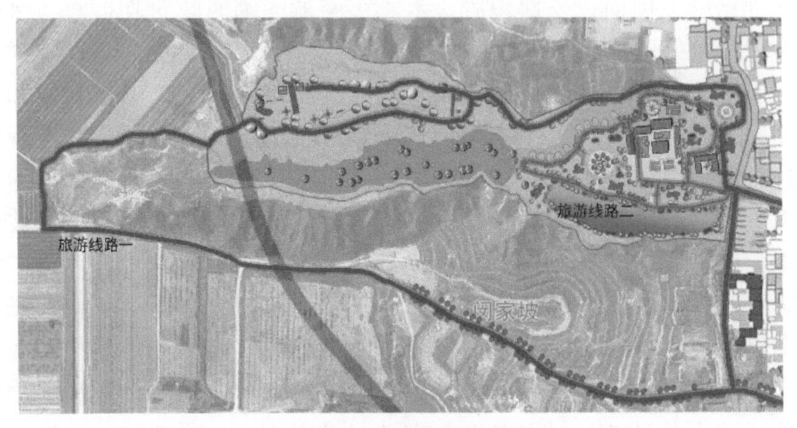

图 5-58　旅游线路图

树、桐树、枣树和月季等与乡村整体景观相匹配的植物种类，绿地中可以设置符合乡土气息的小品进行装饰，提升会址的整体风貌。会址西侧广场布置戏台，并以具有红色元素的雕塑和浮雕墙展现红色革命文化，宣扬爱国主义精神（图 5-59）。

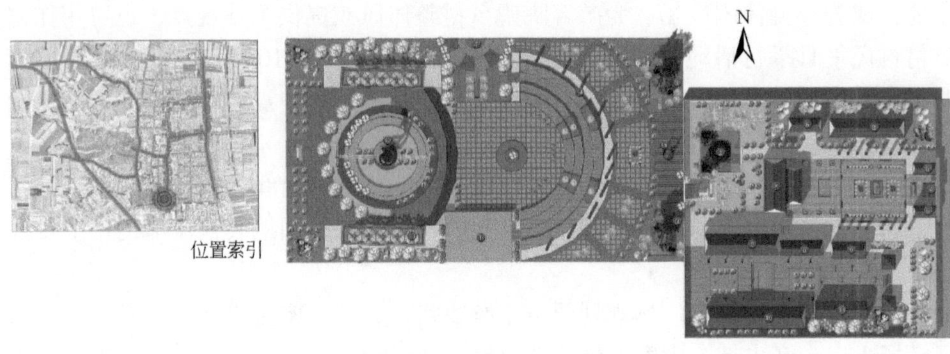

图 5-59　农协会整治示意

7. 沟渠整治

（1）偃武渠整治

卫生整治：针对偃武渠垃圾污染现状，在对渠内漂浮垃圾进行清理的同时积极向周边的群众进行宣传，呼吁大家爱护环境、不要乱扔乱丢垃圾，引导村民转变观念、摒弃陋习，共同维护良好的环境。

绿化整治：首先，加强渠道绿化美化建设，通过增加滨水植物来改善渠道生态环境；其次，清除渠道两侧裸露地面上的杂草枯枝并同意播种草种，形成较好的滨水景观。绿化只布置在裸露的地面上，不占用硬化的道路（图 5-60）。

图 5-60　偃武渠整治前后对比图

（2）西干渠整治

卫生整治：针对西干渠垃圾污染现状，在对渠内漂浮垃圾进行清理的同时积极向周边的群众进行宣传，呼吁大家爱护环境，不要乱扔乱丢垃圾，引导村民转变观念、摒弃陋习，共同维护良好的环境。

绿化整治：首先，加强渠道绿化美化建设，通过增加滨水植物来改善渠道生态环境；针对西干渠西侧绿化带不连续的现状，选用现有树种对其进行补植。其次，清除渠道两侧护坡裸露地面上的杂草枯枝并统一播种草种，形成较好的滨水景观。

护栏：西干渠两侧需采取安全防护措施，防止行人意外跌落，增添护栏，高度为 1. 2m 左右。在考虑协调美观、形式造价的同时，应满足相关设计规范要求。

（3）街道明渠整治

清理街道明渠内的垃圾，并进行加盖，结合路边的灌木树丛营造良好的景观效果（图 5-61）。

8. 黄土台塬边坡整治

台塬边坡主要为村庄退耕还林用地和草地，种植苹果树和柏树等植物，种类少、色彩单一。村民通常只路过边坡去往塬上，较少关注边坡环境，且村庄公墓区位于此处，无人打理，较为杂乱。

在入户调研过程中，发现少数村民会前往边坡的道路散步，但主干道上车辆多、坡度大，存在安全隐患，而主干道上连接的支路基本处于闲置状态，路边可进行绿化，且视角好，适于发展为娱乐休闲场所。因此，建议发展高程较低处的坡地为散步道和凉亭等休闲场所，规划图中已给出 5 条适合改造为休闲步道的支

图 5-61　街道明渠整治前后对比图

路。高程较高处进行补植，增加景观层次感，为村庄背景增加色彩。

建议将村庄公墓进行规范化管理，提倡“生态殡葬”，即不会影响边坡的环境。

黄土台塬边坡整体需要整理和增加绿化，低处可修建休闲步道。绿化整治主要采取补植的方式，高处可选择柏树、黄杨和苹果树等，低处需要配合休闲步道的功能，适合种植樱花树、月季和菊花等观赏性较强且花期不同的植物，构成四季不同色彩的景色。步道设置在紧靠高一级台地坡壁处，另一侧为大片绿化，台地边缘布置灌木，保障娱乐休闲人群的安全。

休闲步道处需要改造坡壁和道路。现状坡壁为黄土，可用毛石和挡土砖等砌成墙面，适当用爬藤植物进行装饰，使坡壁整齐且有美感。道路用青砖或卵石铺装，防止雨天泥泞，影响人们出行。铺砌纹理可以灵活选择，但铺地分块应当偏小，体现林间幽谧之感。

不用作休闲道路的路面可保持乡土气息，继续保持土路，路面需进行夯实，保证干净整洁（图 5-62 和图 5-63）。

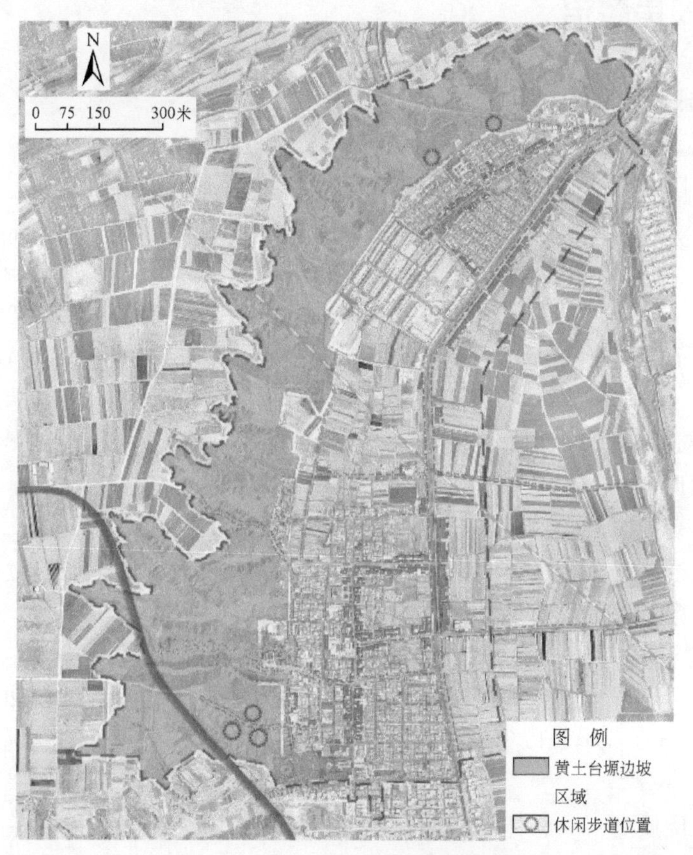

图 5-62 黄土台塬边坡整治规划图

图 5-63 边坡细部整治示意图

5.5.3 农房整治

1. 民居整治设计说明

(1) 建筑改造设计内容

本次岔口村建筑改造提升内容主要分为两个部分：

一是为了保障村民的基本生活，对民居进行的基础性修缮和改善，包括对民居中的屋顶、门窗、墙面、大门、围墙、院落环境、厨房及厕所的基础整治；

二是为了提升村庄的整体面貌及宣扬社会主义核心价值观，对重要街道的民居立面进行改造，包括对立面的宅门、屋顶、门窗、围墙及景观设施的统一提升。

(2) 改造设计原则

坚持“四节”方针：节地、节能、节水、节材；

继承原有的民居建筑肌理，空间环境体现出地方特色风格；

实用、经济、安全、美观；

设计考虑居民的原有生活习惯和生活方式。

(3) 建筑现状

民居质量状况：岔口村民居年代及质量参差不齐，房龄跨越自20世纪70～80年代老房至今；半数以上民居存在结构、构造老化、外观陈旧问题。

民居质量分类：

A类：优质房——整体结构质量较好；多为砖墙、现浇楼板平屋顶；房况外观较好；

B类：次新房——结构质量基本正常；多为砖墙、木檩屋架平屋顶；

C类：旧房——结构存在缺陷，建造久远，整体质量差；多为砖包土胚墙、木檩屋架坡屋顶；

D类：危旧闲置房——院墙及房屋坍塌，年久失修，无人居住；多为土胚墙、木檩屋架坡屋顶。

(4) 建筑风格及色彩

随着经济社会的发展，新材料新技术的运用，以及民居的不断翻新，传统的文化印记从民居建筑中被简化与遗忘。建筑风格从一个侧面维系着特定地域的文化脉络，是实物化的文化遗产，是对传统民居中的建筑元素、色彩及整体风格进行的提炼，并运用于此次改造项目，是对历史文化的尊重及关中传统民居的文化传承。

建筑风格：本次建筑改造在建筑风格上，紧紧围绕“关中传统民居”主题，根据岔口村的现阶段经济发展水平、农民的要求及适度超前的意识来设计改造风格，重点改造屋顶、墙面、门窗、大门、围墙、庭院环境。通过对传统的筒瓦后墙、高围墙和深院等历史文化元素的挖掘与提炼，运用改造设计，使其再现地域民俗特色风格。

建筑色彩：在继承关中传统民居丰富的深浅灰色调的基础上，改造设计以奶白、青灰、米黄和浅蓝等颜色为主，以塑造淡雅的田园风光，力求体现出当地的地域乡土的建筑风格特色。

（5）建筑风格及建筑色彩的具体应用

屋顶：以提升屋顶保温防漏性能，丰富建筑形式为宗旨，采用轻钢瓦面全坡顶、瓦檐口和女儿墙压檐等屋顶形式。屋面瓦材可采用金邦瓦，颜色选用灰色、红色。

墙体：现存瓷砖面、水泥面、清水砖面、水刷面、灰砖面和土胚面等多种形式，对贴面、清水砖墙、水刷面墙进行清洗、修补。水泥和其他砖墙面，进行清洗、找平、涂料刷涂，涂料颜色以奶白色、青灰色为主。

门窗：单玻门窗改造为保温塑钢双层玻璃门窗，提升其保温性能与建筑面貌。

大门：对其造型、材料及细节进行改造，满足其功能性要求，同时塑造出地方历史文化特色。

围墙：墙脚设勒脚，墙顶可砖瓦压檐；修缮、加固与美化围墙内外，色彩上以奶白色、青灰色为主，风格与门头、正房相协调，塑造出沿村落街巷整体的地方文化性界面。

2. 建筑风貌控制

为了保持岔口村的村庄建筑传统风格，保障村民基本的居住要求，同时发扬“红色革命”主题，结合岔口村村庄景观风貌分区，将岔口村民居及建筑分三类进行风貌控制。分别为现代乡村建筑风貌、传统关中民居风貌及红色革命年代风貌；为打造具有差异的风貌片区，规划针对不同片区提出有针对性的整治改造意见（图 5-64）。

（1）现代乡村建筑风貌

以现代乡村建筑为主，建筑材料以水泥、青砖、铁、铝合金为主，建筑色彩以青灰色为主色调，红、黑、白色为辅，装饰以关中建筑细部装饰为主，借以弘扬“两学一做”学习教育墙面宣传画统一风貌。

（2）传统关中民居风貌

以传统关中民居风貌为主，建筑材料以土、木材、青砖、红砖、瓦砾、青石为主，建筑色彩以青灰色为主色调，黑、土黄、朱红为辅，装饰以关中建筑细部

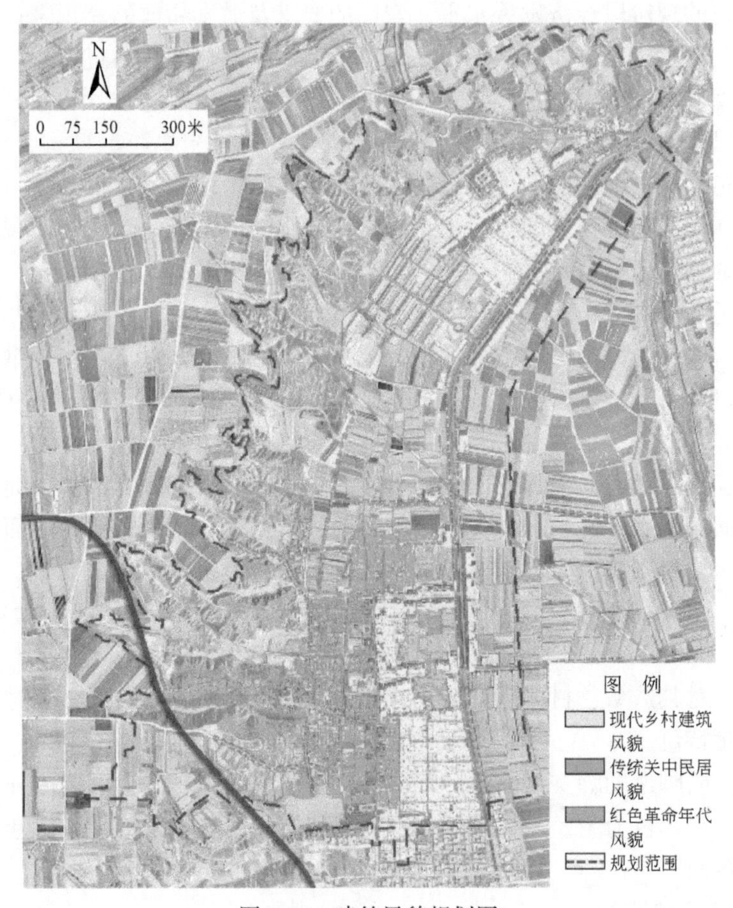

图 5-64 建筑风貌规划图

装饰为主，同时在墙体上绘制宣传画来弘扬“中华人民共和国成立以来社会主义文明发展历程”。

(3) 红色革命年代风貌

以传统关中民居风貌为主，建筑材料以砖石、土木、青砖、红砖、瓦砾、青石为主，建筑色彩以青灰色为主色调，黑、土黄、朱红为辅，装饰以关中建筑细部装饰为主，借以墙体宣传画来弘扬“抗战解放时期红色革命”文化。

3. 建筑改造分类图

为了满足岔口村村民的基本居住需求，需要对不同质量的民居建筑进行不同程度的整治改造，故将岔口村现存民居建筑分类为优质房、次新房、旧房及危房。

为了体现岔口村的村庄特色及保存历史文化信息，也为了提升岔口村整体建筑风貌，选择重要街巷沿街建筑进行风貌整治优化，根据其建筑风貌分区，将其分为现代先进思想化立面整治、关中风貌统一化立面整治、红色文化宣扬化立面整治三种不同类型的民居立面风貌整治（图 5-65、表 5-5）。

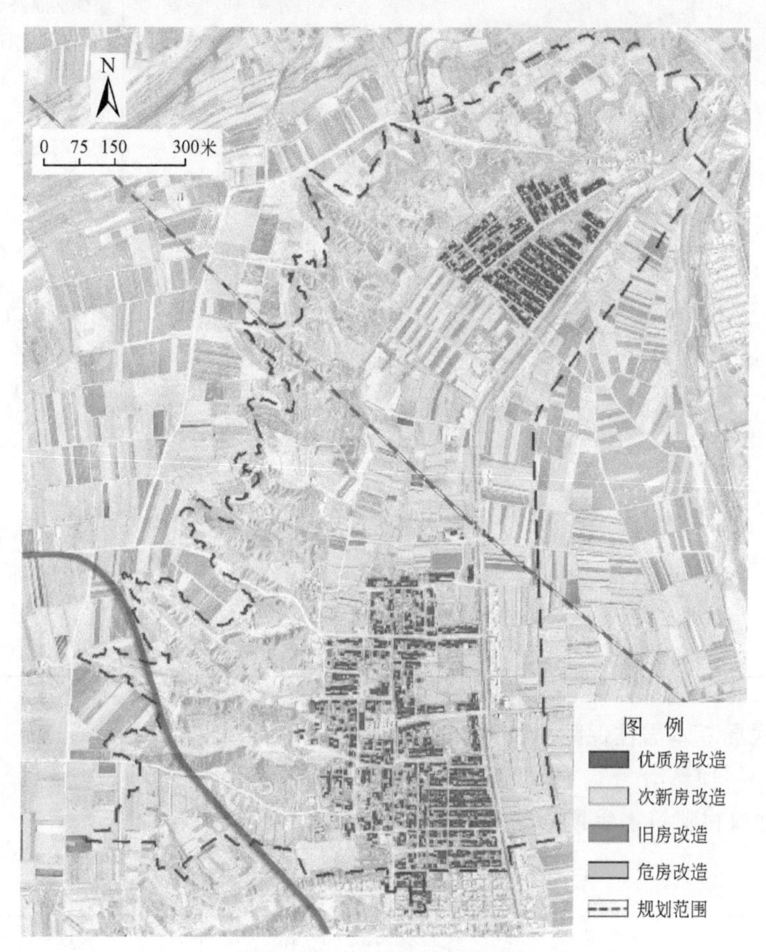

图 5-65　建筑改造分类图

表 5-5　建筑改造策略表

编号	类别	现状照片	现状状况	整改部位
1	优质房		整体结构质量较好； 砖墙、现浇楼板平屋顶； 房况外观较好	完善民居内部各功能空间组织； 整修屋顶、入口、院落布局及厕所、厨房

续表

编号	类别	现状照片	现状状况	整改部位
2	次新房		结构质量基本正常； 多为砖墙，现浇楼板平屋顶或木檩屋架平屋顶房	墙体加固修缮； 整修院落、院门、院墙、正房屋顶、墙面、门窗； 厕所与厨房
3	旧房		结构存在缺陷，建造久远且整体质量差； 砖包土胚墙木檩屋架坡屋顶	墙体加固修缮； 整修院落、院门、院墙；正房屋顶、墙面、门窗； 厕所与厨房
4	危房		院墙及房屋坍塌，年久失修，无人居住； 土胚墙木檩屋架坡屋顶	建议拆除、原址重建或异地新建

4. 民居基本居住保障

（1）屋顶整治

对岔口村建筑物屋顶整治的方案如表5-6所示。

表5-6 建筑屋顶整治一览表

类别	现状照片	现状状况	整治部位	整改意向
木檩屋架坡屋顶	 	屋面保温隔热效果差并存在渗漏等问题；屋顶瓦片破损严重；屋顶檩木变形情况严重；屋顶电线、杂物凌乱	清理屋顶杂物；整理屋顶瓦片；严重变形进行替换； 屋顶里层添加隔热层	  战无不胜的毛泽东思想万岁!

续表

类别	现状照片	现状状况	整治部位	整改意向
现浇、楼板平顶平檐	 	屋顶太阳能、电线设施凌乱；平屋顶挑檐显得很脏；屋面保温隔热效果差	整理电线、太阳能设施；清理挑檐、保持整洁；屋面采用节能结构	
现浇、楼板平顶女儿墙	 	屋顶太阳能、电线设施凌乱；平屋顶挑檐显得很脏；屋面保温隔热效果差	整理电线、太阳能设施；清理挑檐、保持整洁；屋面采用节能结构	
蓝色彩钢板屋顶		屋顶加建蓝色彩钢板，影响村庄整体风貌	更换屋顶彩钢板颜色，在村民允许的情况下予以拆除	

（2）外墙整治

对岔口村建筑外墙整治的方案如表5-7所示。

表5-7　建筑外墙整治一览表

类别	现状照片	现状状况	整治部位	整治意向
土坯墙		土坯墙面保温性差，大多破损老旧，有安全隐患	墙面维护，结构修缮，院墙边设置花坛、座椅，墙体勒脚修缮，杂物、杂线清理	

续表

类别	现状照片	现状状况	整治部位	整治意向
水泥墙		大面积的水泥墙面，污浊且缺乏细节与美感	墙面清理，浅色涂刷，墙顶砌筑，瓦檐压顶，院墙边种植植物花篮	
砖墙		风雨侵蚀，存在局部破旧老化现象，影响墙体，维护物理性能、结构隐患及立面形象	墙体加固，墙面清理，浅色涂刷600毫米高，深色水泥勒脚	
瓷砖面		瓷砖面色彩材质与传统关中建筑风格不符，缺乏细节美感	清洗，修缮，装饰花篮并设置座椅等设施	

(3) 门窗整治

岔口村建筑门窗整治方案如表5-8所示。

表5-8　建筑门窗整治一览表

类别	现状照片	现状状况	整治部位	整治意向
木框+单层玻璃		保温性能差，陈旧变形；房间采光不佳、通风不畅，冬冷夏热，缺乏舒适性	修缮木框结构，不改变原有特色；替换保温性较强的玻璃	
木框+窗花+纸糊	 	保温性能差，陈旧变形；房间采光不佳、通风不畅，窗户具有传统特色	修缮木框结构，不改变原有特色；糊纸及窗花修缮保留，在不影响外观的情况下设置内层玻璃	

续表

类别	现状照片	现状状况	整治部位	整治意向
金属框+单层玻璃		金属单玻门窗，保温性能较差；陈旧变形	修缮陈旧窗户；添加传统符号色彩	
金属框+双层玻璃	 	保温性能较好；有灰尘污垢	清洗、清除污垢；添加传统符号色彩	

（4）宅门整治

岔口村建筑宅门整治方案如表 5-9 所示。

表 5-9　院落宅门整治一览表

类别	现状照片	现状状况	整治部位	整治意向
门墩+土墙面开门	 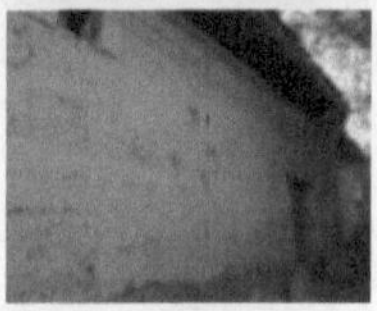	形态具有特点，但结构简陋，缺乏维护	维护木门、门墩，清理污渍、杂物，保持其原有材质、特色	
门墩+门柱+坡屋顶	 	形式较有特点，宅门及斜坡屋顶老化严重	维护木门、门墩、坡屋顶并清理污渍、杂物，保持其原有材质、特色	

续表

类别	现状照片	现状状况	整治部位	整治意向
门墩+门柱+平屋顶女儿墙		形态较为完整，但缺乏特点，多为瓷砖贴面、朱红色铁门	利用花坛对宅门进行装饰，并整治宅门前环境	
		形态较为完整，有一定的时代特征，但由于缺乏维护，有一定程度掉漆、损坏	清理污渍、杂物，维护门墩、门柱，修缮女儿墙	

(5) 地面及绿化整治

岔口村院落地面及绿化整治方案如表5-10所示。

表5-10　院落地面及绿化整治一览表

类别	现状照片	现状状况	整治部位	整治意向
地砖面	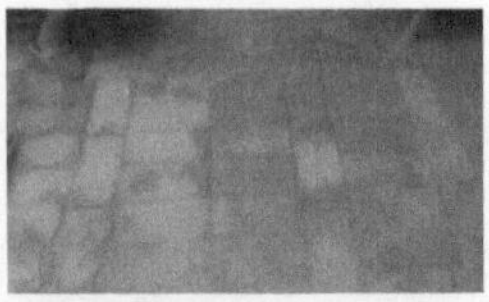	地砖铺砌面积过大，绿化面积小，缺乏落叶乔木	充分利用宅院中每一寸土地可提供的环境、品质与经济价值性；清理规整院内杂物垃圾；合理布置农具、畜舍；庭院内宅前道可采用本地石板、砖铺砌；院落内以绿篱等植物围合，栽植蔬菜、地方果木，丰富院落景观层次，形成微观庭院农作物栽植经济	
水泥面		水泥面铺地过多，绿化较少，局部形成热岛环境		
青砖面		硬质地面过大，缺少绿化，无宜人生态气候小环境		
土面		院内环境杂乱，乱堆乱放，地面以裸露的土质为主，干燥的天气容易起灰，雨天则泥泞不堪		

（6）厨房改造

1）现状。主要包括：①灶具使用上，多数农户以液化气灶、煤灶和电炊具等多种形式共存；少数农户仍使用吸风灶、秸秆燃材为主，其空间环境杂乱；②少数民居没有独立、固定厨房空间，其临时与大厅结合设置，烹饪空间简陋且杂乱；③厨房内多种灶具与燃料共存，其布局杂乱且操作流线不畅，缺乏合理的规划。

2）改造措施。厨房改造设计按照新农村居住生活使用要求，可适当超前考虑。结合当地住宅布局，综合考虑操作顺序、设备安排、管线布置及通风卫生要求。主要包括：①推广使用沼气或液化石油气，设置独立厨房空间；②厨房内部应按照合理操作流程安排：洗菜池、煤燃气灶和储物柜等，形成顺畅的操作界面；③设置排气设备以保证室内环境清洁，排烟顺畅。

3）平面方案一。主要包括：①将烹饪、储藏和锅炉供暖等功能设施集中，厨房内按照合理操作流程安排；②洗菜池、煤燃气灶和储物柜等，形成顺畅宽阔的操作界面；③预留柴灶空间及室内抽风通风口。

4）平面方案二。主要包括：①将烹饪、储藏和锅炉供暖等功能设施分散设置，厨房内按照合理的操作流程安排；②洗菜池、煤燃气灶和储物柜等，形成顺畅宽阔的操作界面；③构建较好的采光通风空间（图 5-66）。

（7）厕所改造

1）现状。主要包括：①厕所多为旱厕，其质量简陋，私密性很差；②内外环境脏乱，空气污浊、蚊蝇乱舞，极大地影响居住品质与健康；③整体环境杂乱不堪，缺乏照明设施，有一定的安全隐患。

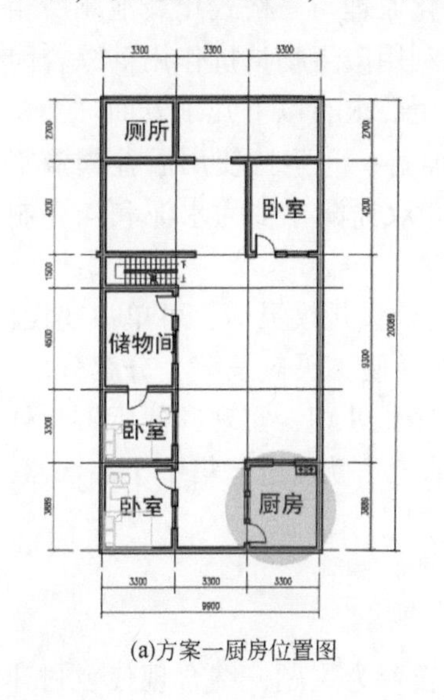

(a)方案一厨房位置图

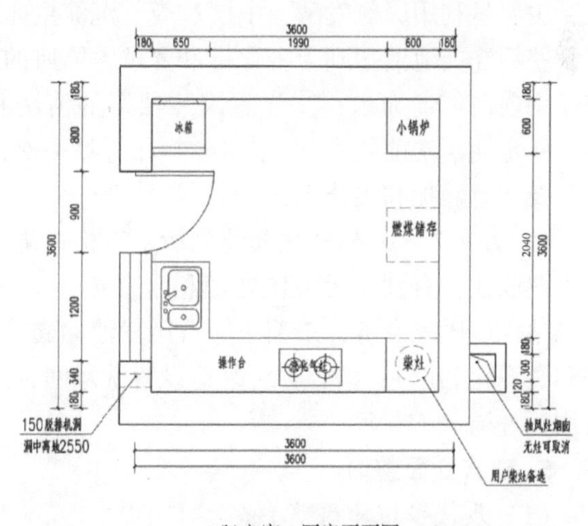

(b)方案一厨房平面图

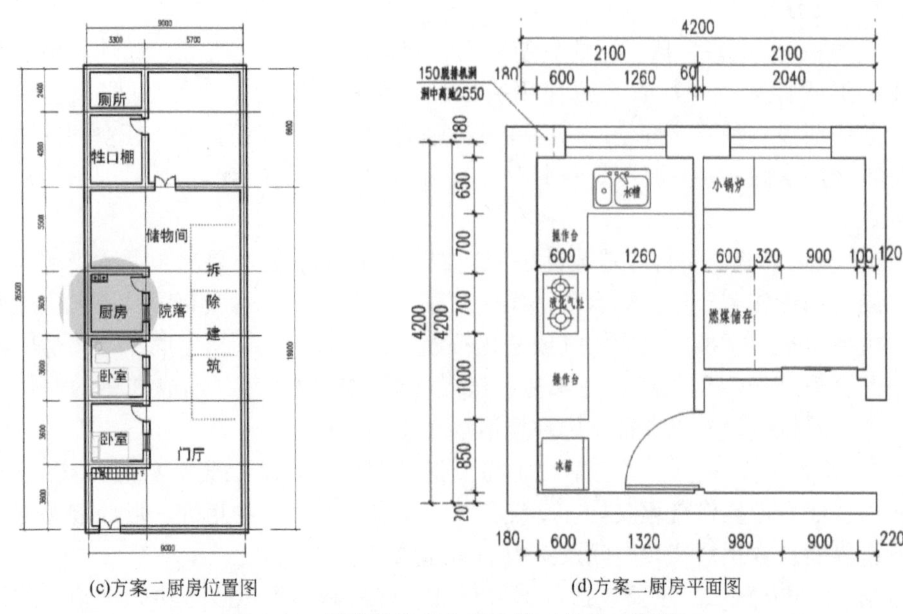

(c)方案二厨房位置图

(d)方案二厨房平面图

图 5-66 厨房改造多方案比较（单位：毫米）

2）改造措施。①根据每户实际情况，有条件的尽量建在室内；②厕所设置于室外时，宜置于室外庭院后院；③卫生设施采用水冲式蹲便器，双瓮漏斗式化粪池或三格式化粪池设施；④整治整体环境，增加照明设施。

3）方案一：双瓮式化粪池厕所。双瓮式化粪池厕所主要由漏斗形便器、前后两个瓮型粪池和过粪管等部分组成。其粪便无害化原理与三格式化粪池厕所相似，主要是利用厌氧发酵、中层过粪、沉淀虫卵和利用微生物拮抗作用等综合因素，使后瓮粪池液达到无害化标准要求，厕所的卫生要求有以下几个方面：①新厕使用前向前瓮加水；②注意漏斗便器的清洗和加盖；③坚持使用后瓮粪液肥料；④定期清洗前瓮粪池，3～4 个月清除一次；⑤双瓮漏斗多为水泥和陶瓷制品，要注意养护和维修工作。

4）方案二：三格式化粪池厕所。三格式化粪池建设规模灵活，可单户建设，或多户联建；有利于无害化处理利用（第一池接纳粪便，厌氧发酵，分解分层；第二池深度厌氧发酵，杀菌杀卵；第三池储粪等程序化处理，实现粪便无害化处理和资源化利用）；结合厕所改造设置洗澡间，洗洁废水就近过滤集中于冲水器，可用于冲厕。

5. 建筑立面整治

（1）现代乡村建筑整治

1）风貌定位。以弘扬党的“两学一做”学习教育为主题，结合现代乡村建筑风貌进行民居立面改造。

2）改造范围。主要包括：①村庄北片区主要道路两侧建筑立面；②村庄南片现代文明展示风貌区主要街道两侧建筑立面；③富耀公路东侧商业建筑立面。

3）改造措施。主要包括：①屋顶：平屋顶改造为双坡屋顶，深褐色屋檐，浅色椽木；②宅门：平顶宅门改造为坡顶、青砖门柱、门石、朱红色宅门相结合的形式；③墙面：水泥墙面改造为浅色涂刷、青砖勒脚及青砖墙柱的形式，其墙体添加“两学一做”学习教育相关宣传画；④瓷砖墙面：保持原状，邻墙体设置花篮，于墙根处设置花坛座椅等方式丰富其立面，墙体可设置宣传板，也可涂绘“两学一做”学习教育相关宣传画。

4）具体方案示意。依据立面整治的风貌定位、改造范围及改造措施，选择典型现代乡村风貌民居一户进行改造，具体方案见后文（图 5-67、图 5-68）。

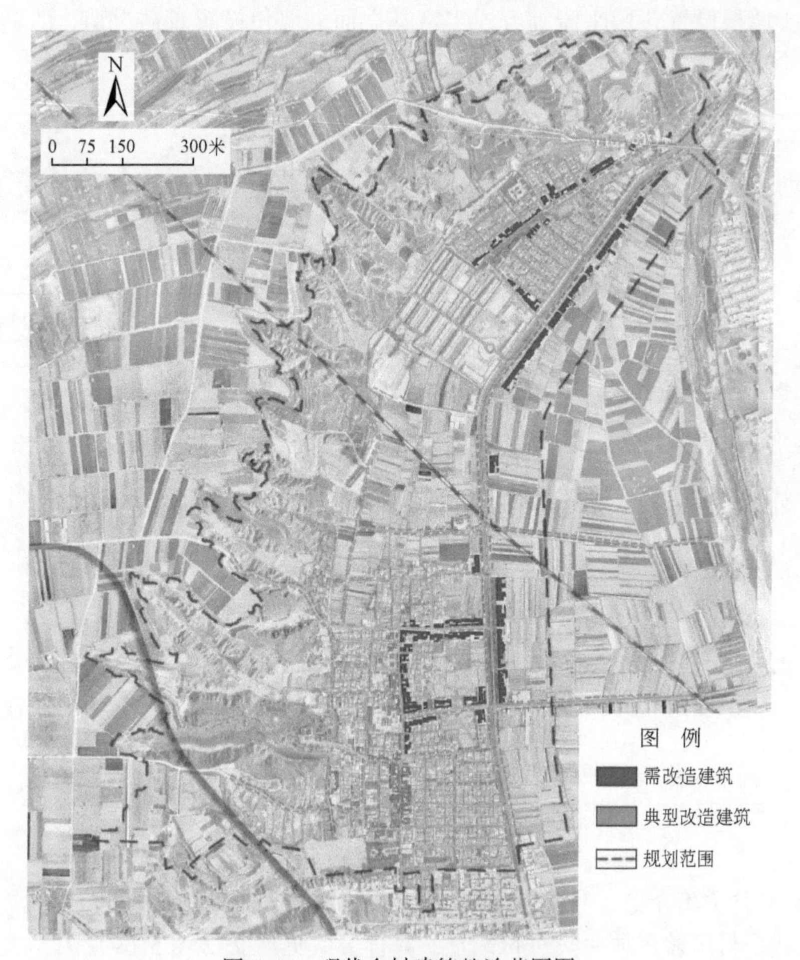

图 5-67　现代乡村建筑整治范围图

（2）关中传统建筑整治

1）风貌定位。以弘扬党在中华人民共和国成立之后的发展历程为主题，结合关中传统建筑风貌进行民居立面改造。

2）改造范围。主要包括：①村庄北片区北部古街巷风貌区内主要道路两侧建筑立面；②村庄北片区南部古街巷两侧建筑立面。

3）改造措施。主要包括：①屋顶。坡屋顶修缮屋顶结构，保持原貌；平屋顶瓷砖面挑檐添加木结构挑檐；平屋顶砖石、雨刷石面修缮屋顶结构，保持原貌。②宅门。平顶宅门改造为坡顶、青砖门柱、门石、朱红色宅门相结合的形式；坡顶宅门及无门柱、门顶的宅门应修缮结构，保持原貌。③墙面。水泥墙面改造为浅色涂刷、青砖勒脚及青砖墙柱的形式，其墙体宜添加与中华人民共和国成立以来党的发展历程相关的宣传画；土墙面保持原貌，修缮结构，邻墙体设置花篮、于墙根设置花坛座椅等方式丰富其立面，墙角设置青砖勒脚、青砖墙柱，墙体涂绘与“两学一做”学习教育相关的宣传画。

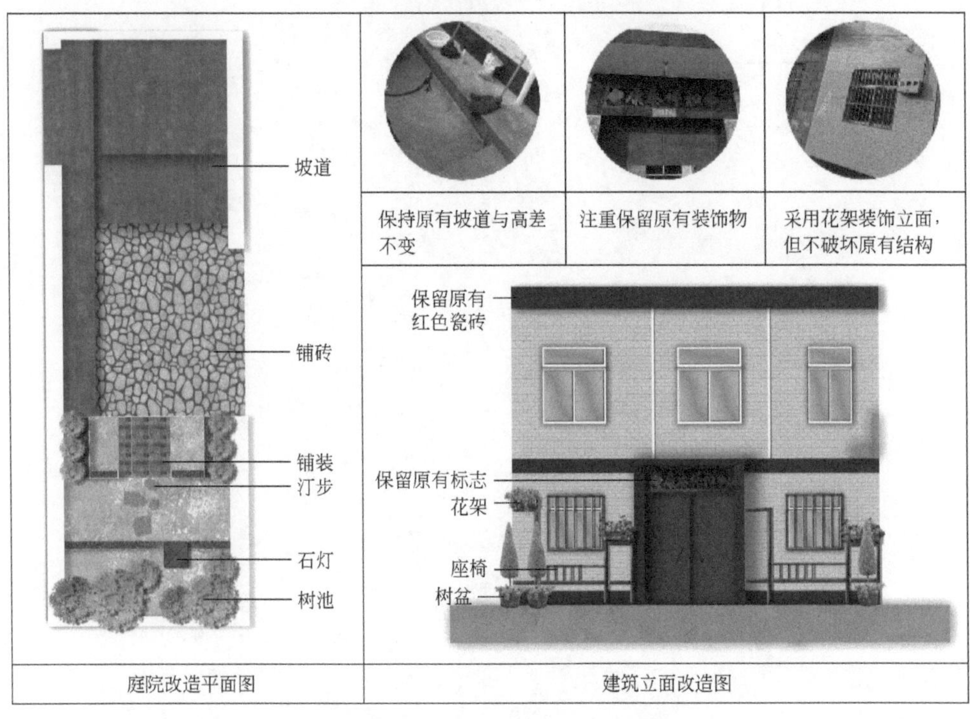

图 5-68　现代乡村建筑及庭院整治图

4）具体方案示意。依据立面整治的风貌定位、改造范围及改造措施，选择典型现代乡村风貌民居一户进行改造，具体方案见后文（图 5-69、图 5-70）。

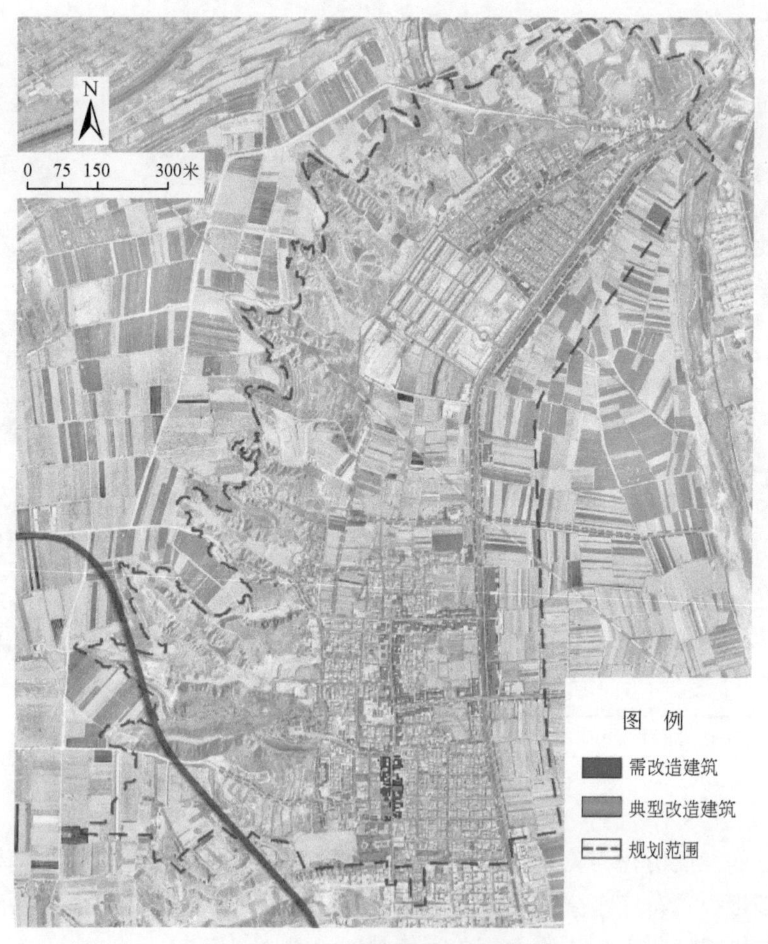

图5-69 关中传统建筑整治范围图

（3）红色革命风貌区建筑整治

1）风貌定位。以弘扬党的壮大及艰苦奋斗的精神为主题，结合现状建筑风貌进行民居立面改造。

2）改造范围。主要包括：①村庄北片区红色革命风貌区内主要道路两侧建筑立面；②村庄红色窑洞周边建筑立面。

3）改造措施。主要包括：①屋顶。坡屋顶修缮屋顶结构，保持原貌；平屋顶瓷砖面挑檐添加木结构挑檐；平屋顶砖石、雨刷石面修缮屋顶结构，保持原貌。②宅门。平顶宅门改造为坡顶、青砖门柱、门石、朱红色宅门相结合的形式；坡顶宅门及无门柱、门顶的宅门修缮结构，保持原貌。③墙面。水泥墙面改造为浅色涂刷、青砖勒脚及青砖墙柱的形式，其墙体宜添加与中华人民共和国成

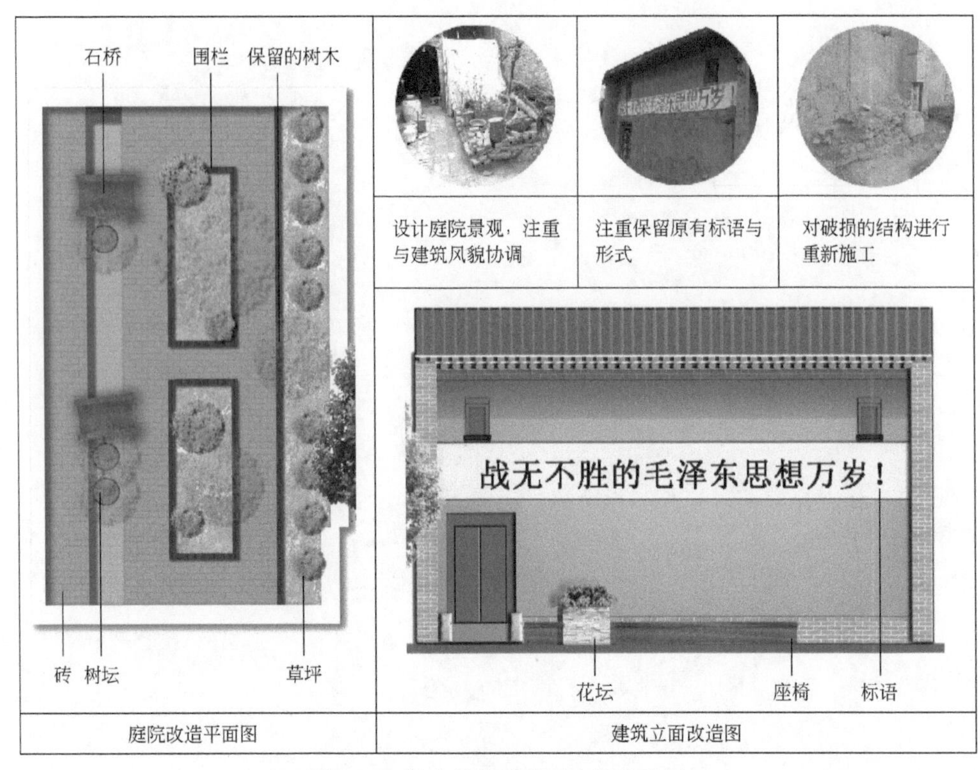

图 5-70　关中传统建筑及庭院整治图

立以来党的发展历程相关的宣传画；土墙面保持原貌，修缮结构，邻墙体设置花篮、于墙根设置花坛座椅等方式丰富其立面，墙角设置青砖勒脚、青砖墙柱，墙体涂绘“两学一做”学习教育相关宣传画。

4）具体方案示意。依据立面整治的风貌定位、改造范围及改造措施，选择典型红色革命建筑风貌民居一户进行改造，具体方案见后文（图 5-71、图 5-72）。

6. 民居保护与更新

（1）保护与更新原则

1）原真性原则——原真性不仅包括建筑的初始状态，而且包含岁月在建筑上所留下的印迹。在民居的更新过程中，尤其是对年代久远的、具有代表性的民居院落或历史建筑，要求真实、完整地保护建筑原有的历史风貌，包括建筑本身及空间环境与人文环境等。对破损或者严重毁坏从而影响功能正常使用的建筑，在进行修缮时，应尽量对建筑及其传统风貌进行修复，使其风貌延续，所取工艺、材料、形态都应尊重真实历史，最大限度地反映历史信息，在使用上也应尽量延续其原有功能，发挥其真实作用，体现建筑历史的原真性。

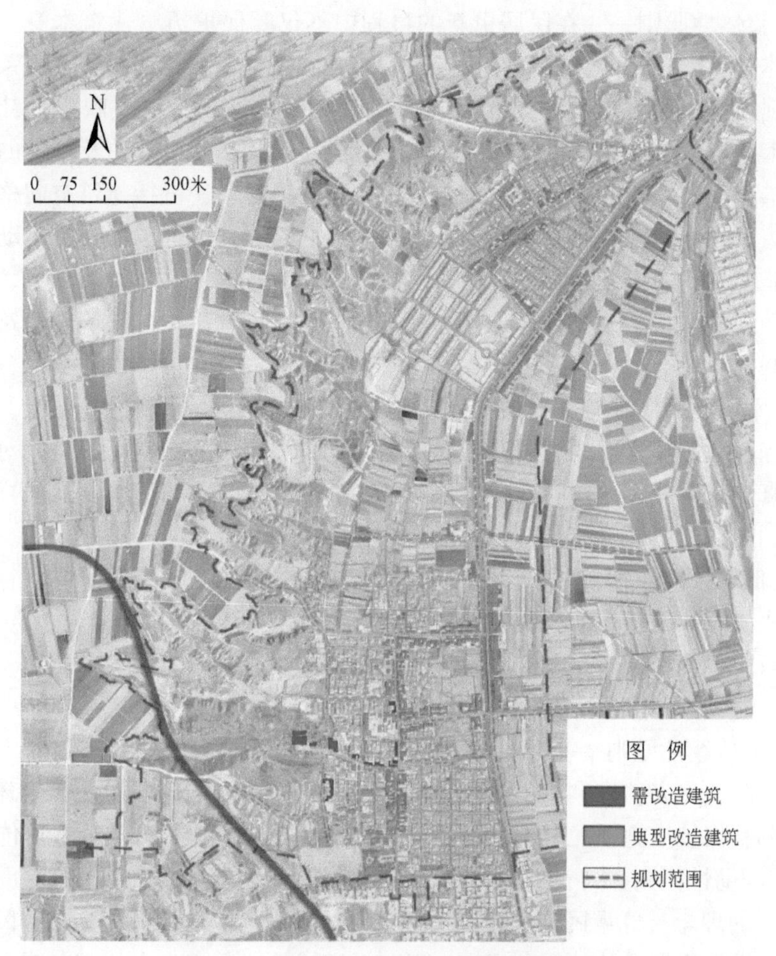

图 5-71 红色革命风貌区建筑整治范围图

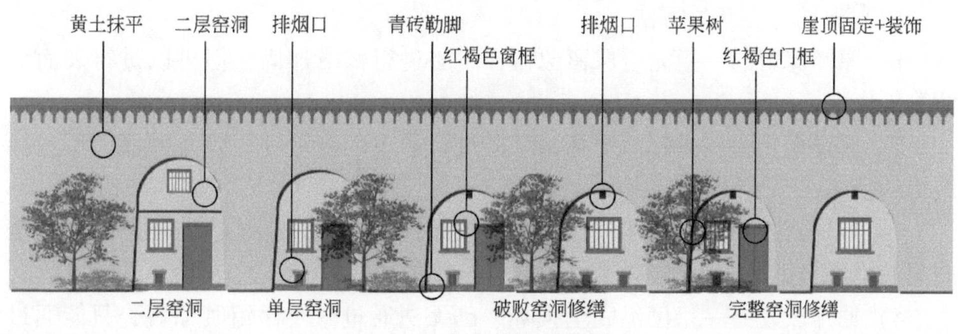

图 5-72 红色窑洞立面图

2）整体性原则——在民居更新的过程中不仅要保护历史建筑本身，还要保护其整体的环境，其中包含着有形与无形的大范围、多维复杂的相互关系，这样才能体现出历史原有风貌及当地特色。对其在历史演变中所反映出的社会、历史、艺术、审美、自然和科学等其他文化价值，以及来自视觉的及精神的等其他文化背景和环境之间的重要联系，均是需要保护的对象，包括建筑空间格局、街巷、周边空间环境与自然景观环境等物质性的空间形态，也包括人类活动和民俗文化等非物质性的人文要素，遵循其在历史过程中所形成的建筑与环境、建筑与人类活动的整体联系，充分保护并维系其完整性，强调建筑与环境、建筑与人的统一及联系。

3）平衡性原则——在对历史建筑进行复原、修缮和保护的基础上，根据具体情况综合考虑其合理的利用途径。在利用方式和技术上，考虑其是否对历史建筑的原真性产生破坏，同时，也不能只注重保护限制对历史建筑利用的可能性。保护与利用是历史性建筑能够传承的前提，应平衡两者之间的关系。

4）低干预性原则——不论对历史建筑或现代建筑，应尽量保持原有建筑结构与形式，以体现建筑的原真性与整体性。尤其是对建成时间较短、质量较好、结构较新的现代民居建筑，应尽量避免大范围的改造，减少人力、物力、财力的浪费。

5）可持续性原则——在对民居院落与建筑进行长远的保护与更新方面应综合考虑目前及将来的有利与不利条件，制定动态的更新方案，根据客观环境的变化及时调整保护措施，尤其要适应人文环境的变化，使建筑可持续、可传承。

6）辅助性原则——在对民居院落与建筑进行保护与更新的过程中贯彻“以人为本”的理念，尊重民众文化创造者、使用者的主体地位，充分了解民众意愿与需求，增强规划设计的服务意识，以引导和辅助的方式为主，避免对文化生活的直接干涉。

（2）保护与更新的方法

1）原样保留——指完全保留原貌，不必进行修缮加固，但可以进行表面清洁等工作。

2）原样修复——指轻微损坏，只需进行简单的修缮即可恢复原貌，不包括结构的损坏。

3）原样恢复——指损坏较严重，需按原样进行设计施工，即已经构成安全问题和承载力不足的损伤。

4）原样改建——指已经完全损坏、已无法通过修复保留其原貌，只能通过拆除后按原样进行设计施工对其进行保留与更新。

5）改造——采用劣质材料的建筑及构建，以及无必要保留原样的建筑及构建进行改造。虽然所选取的民居院落并不是梅家坪镇的优秀历史建筑或民居院落，但是，我们仍参照文物保护的措施，尽可能高标准严要求地对其进行保护和修复。

（3）修缮措施

1）一般修缮——即采用近似材料（同类材料、质感颜色相近）进行修复，修复后的历史建筑在外观效果上比较协调，但无法规的保护要求，且与国际上的保护要求有一定距离。

2）原状修复——指在掌握确凿的历史资料情况下，对历史建筑残缺部分按原状恢复，或存在的历史修缮已贬低了历史建筑的价值时，对历史建筑按原状恢复，对破坏处采用近似材料按原型进行修复，尽量保持原有材料并采取措施提高其耐久性。

3）现状修复——指保留历史建筑现状，按目前的外观进行修复，对破损处不进行修复，完全保留原有材料并采取措施提高其耐久性。原状修复和现状修复的保护技术均涉及较先进的化学材料和工艺，要求使用的修复材料不影响历史建筑外观、环境及协调性。

可以根据修缮对象的不同，采用不同的修缮技术。对历史建筑一般采用原状修复和现状修复，对级别较高的历史建筑采用现状修复。修复时应该考虑选择有良好资质的施工单位，应找到具有资质的传统建筑的专业人士，对传统建筑工艺，应该聘请其前来勘察，并确认受损的范围。

（4）建筑及构件编号方法

根据实际调研情况，所调研的民居都是正南北方向与东西方向，并且民居都是由大大小小的建筑及庭院构成的。在建筑的改造与更新中，门窗等构件往往会被先拆下来移往他处保管，因此，在实物上一一标注编号是必需的。编号方法采用如下规则（表 5-11）。

表 5-11　建筑及构件编号方法一览表

编号类型	编号方法
房间编号	选取某一房间为起点，以顺时针方向排序。例如，一层平面的起点编号为 I1. 1，按顺时针方向依次为 I1. 2、I1. 3…；二层平面的起点编号为 I2. 1，按顺时针方向依次为 I2. 2、I2. 3…
庭院编号	选取某一庭院为起点，以顺时针方向排序。例如，一层平面的起点编号为 O1，按顺时针方向依次为 O2、O3…
墙体编号	在每个房间内，用小写字母 a、b、c、d 代表墙体编号，以北墙为起点，按顺时针方向编号。因此，a 表示北墙，b 表示东墙，c 表示南墙，d 表示西墙；小写字母紧跟在房间编号之后。若房间内有多段不连续的北墙，则仍按顺时针方向依次以 a1、a2、a3…来编号

续表

编号类型	编号方法
门编号	门开向哪个房间（庭院），则以哪个房间（庭院）来为门编号。编号时用大写字母 D 表示门，数字 1、2、3 表示门的号码
窗编号	窗在哪个房间的墙上，则用哪个房间来为窗编号。编号时用 W 表示窗，1、2、3 表示窗的号码
梁编号	选取某一房间的某一梁为起点，编号时用 B 表示梁，1、2、3 表示梁的号码
柱编号	选取某一房间的某一柱为起点，编号时用 P 表示柱，1、2、3 表示柱的号码

（5）保护与更新标准

1）屋顶。标识、保留和保护对定义建筑总体历史特征十分重要的屋顶及其功能性和装饰性物体。装饰性物体包括烟囱、通风口、屋脊、瓦片、女儿墙，以及相关的花纹与雕饰等；屋顶的材料为板材、木料及泥瓦。无论是维护不佳还是经历暴风雨受损，所有屋顶最终都应修复。

修复过程的第一步是检查屋顶，确定受损根源。检查中包括观察外露面部位和室内结构及面板，确定需要维修的范围及方式。例如，AI2.2 的屋顶需进行原样修复，修复需采用原有屋顶建筑材料或其他在视觉上和物理性质上与历史构造相兼容的材料；再如，AI2.1 的屋顶，则需进行原样恢复，尤其是屋顶东南部分需重新设计结构，但不应替换整个屋顶的现状材料；对较新并且结构较好的平屋顶，如 CI1.5 的屋顶，则采取原样保留的方式，但也应进行清理与部分修补。

修复后与历史屋顶保持一致，并与建筑整体相协调。

不推荐移除或过分更改对定义总体建筑历史特征十分重要的屋顶，造成历史特征的遗失。

不应移除本可以维修的屋顶或屋顶材料大部，随即采用新材料重建屋顶。

不应移除屋顶上面的历史涂装，代之以油漆或其他涂料。

当历史建筑仅需要修缮，受损或遗失的部分也只需替换时，不能替换整件的屋顶。

2）墙体。标识、保留和保护对定义建筑总体历史特征十分重要的屋顶及其功能性和装饰性物体，如墙体原有通风、炕口、门窗洞。

对日常维护工作被拖延而导致材料失效的墙体，如 I1.6d 需在明显有损坏的地方重嵌灰缝，损坏特征包括灰泥抹得不完整、灰缝现裂纹、砖块松脱、墙体起潮或灰泥膏受损等；如 I1.9b1 则应重新粉刷，粉刷时可结合采用墙体原有颜色与材料选择相应的粉刷材料。

可采用修缮屋顶的技术应用于类似的墙面产品。墙面板、护墙板和其他的外墙饰面，都可以采用类似的材料、尺寸和施工方法来进行替换。配合适宜的环氧基树脂和黏合剂，可以用于木材、胶结材料和石材的修缮工作，增强及加固破损的材料。只要材料具备兼容的物理性质，并与原有材料相互区别，相关做法就是可逆的。

当原有材料缺失或损坏严重而无法保存时，允许采用同类材料进行替换。但应注意替换的材料应保证物理性质兼容，最佳服务于建筑物长期保护的需要，如I1.1c。

若墙体结构被大范围破坏，且损坏严重或对生命安全构成威胁，则应进行重新设计施工或进行大范围的替换，如I1.2d、I2.1c。

3）门窗。标识、保留和保护对定义建筑总体历史特征十分重要的门窗及其功能性和装饰性物体。包括窗框、窗衬、窗格条、窗玻璃、端头、滴水石、镶板或装饰旁柱、楔条、门框、门槛、门套、门锁和门玻璃等。

修缮窗户时，先拆卸窗框，暂时将窗洞掩盖和固定。修缮后还要刷底漆和重新涂漆，以保持与窗户的其他部分相匹配。对保存较好的门窗，应检查腐蚀问题并及时修缮，如AI1.8Wc1、AI1.8Dc1；对损坏较大或无法修复的门窗，如AI1.1Wc1，可采用代替材料按原样进行恢复。

对采用钢框、铝合金及其他现代材料的门窗的修缮，除了检测玻璃和窗框，还要检查漆层状况，所有的五金件、连接件和铰链的整体性和磨损情况，以及查明腐蚀程度。应参照《历史钢窗的修缮与热工性能升级》中的规定。

每年都应进行对窗户的定期维护。第一步，移除松散和易剥落的漆层，露出面层。第二步，检测框扇和窗户的整体性。这个过程包括检测框扇的整体性、窗棍的整体性、窗框及油灰填隙的整体性。第三步，修缮损害部位。开裂、破损和缺失的部位都原位替换，不必拆除扇框。

当对所需更换的部件使用替代材料时，门窗换上的材料在外观、物理和化学特性上要兼容。

不推荐移除或过分更改对定义总体建筑历史特征十分重要的门窗，造成历史特征的遗失。

不应改变门窗的数量、位置、大小或玻璃模式，具体来说即做了新的开口，或者封死了窗口，安装替代的框架大小却与历史窗口不相匹配。

门窗在建筑物的外观历史整体性中发挥着重要作用，所以修复时应当注意与建筑整体外观和历史风格保持一致。

4）入口及门廊。标识、保留和保护对定义建筑总体历史特征十分重要的入口及其功能性和装饰性物体，包括门洞、扇形窗、边窗、壁柱、支柱、立柱、栏杆和楼梯等。

对一直维护良好的门廊，修缮只是进一步加强的维护（如涂漆、嵌缝、修缮较小的表面缺陷)。如果构件损坏不大，则通过多种修缮策略完成修缮，建议不应使用新材料完全代替。

在对入口和门廊的修缮过程中，可以采用现代材料，以匹配原有的材料，或者根据精确匹配历史构造的需要，采用定做的材料来匹配类似的材料。

不推荐清除、移除或过分更改对定义总体建筑历史特征十分重要的入口和门廊，造成历史特征的遗失。

不得因为建筑有了新的用途需要而让入口或者门廊被清除。同样也不能在主要的墙面上增加新的入口。不能通过添加平行的门洞、扇形窗、边窗的办法，改变功能内或服务性的入口而看上去像是正式入口。

对所需更换的部件使用替代材料时，换上的材料应与入口和门廊在外观上保持一致，在物理或是化学特性上达到兼容。

装饰构件修缮包括修补损坏的格栅、破损的玻璃及其他装饰构件（如雨篷）等。

在修缮饰面层时，主要进行两个方面的工作，即保护面层和密封开放节点。另外，在饰面层施工时，应遵循材料制造商的规定。

不推荐移除、覆盖或过分更改对定义总体建筑历史特征十分重要的入口和门廊，造成历史特征的遗失。

5）楼地面。对I2.1与I2.2，建议使用木材恢复原有的楼地面，一旦修补完毕，所有面层就需要用底漆涂抹，保护起来。对黄土夯实的楼地面，如I1.9，建议重新铺设地砖，地砖的选择应与现有的类似或相同。

采用地砖的楼地板受损或缺失的地砖必须进行替换。必须注意的是，新替换用的地砖，不仅要在表面特征上和原有地砖匹配，而且有关厚度也必须保持一致。

楼地面的修复要保证补缺材料在厚度、颜色、图案和视觉风格上与原有材料相匹配。

6）抹灰。对表面裂缝或小面积的受损情形，可以采用补缺复合材料进行修缮，对非结构性原因引起的较大裂缝，可以将裂缝两侧的抹灰层移除，然后在空隙处填满补缺材料。对已经修缮过的裂缝再次开裂的情形，可以重复上述过程，然后覆盖裂缝宽度范围。

对结构性原因产生的裂缝，只有在结构问题得到纠正后才能进行修缮裂缝。这类裂缝一般要深入清理到墙内抹灰底层的板条，再重新构造兼容的三道抹灰体系。

如果装饰构件的细部构造由于涂漆过多而模糊不清，则应移除漆层。

抹灰修复后应当与周围表面材料的装饰轮廓和图案相匹配。

7）保护面层和装饰面层。修缮和修复包括移除松散、受损和不牢固的涂漆层和饰面层。一般不建议移除表面的漆层来暴露涂层；也不建议移除或者替换涂漆层和饰面层，当涂层必须移除时，应当采用最柔和的方式。

修缮涂漆和清漆饰面时，需要在损坏的表面上增加兼容性的饰面。对任何修缮过程，表面清理准备都非常重要。虽然没有必要移除所有涂漆层，但表面应剔除松散、剥落和起皮的漆层或饰面材料。对室外部位，在进行新的涂漆时，均应先涂底漆。

对壁画和镂花装饰的修缮应保护其不受损坏。

面层修缮后应当与建筑整体风格保持协调，精确匹配特定历史时期的颜色。

8）建筑结构体系。标识、保留和保护对定义建筑总体历史特征十分重要的建筑结构体系和其中的个别设施，包括柱梁体系的结构体系和其中的个别设施，如柱梁体系、桁架、大梁和木杆等，以及石基墙或承重砖墙或石墙等。

保护和维护建筑结构体系时，应清理房檐凹槽和水沟并替换屋面泛水，维护石工、木料的良好坚固，并且防止建筑结构件免遭虫蛀。在修缮结构体系时，建议升级或加强单个零件或设施。

对面积毁坏的部分，修复时应根据建筑复原的原型体，如屋顶椽或构架，以及整块的承重墙复原。建议尽量采用原有或近似材料。当采用替代材料时，必须有与历史设施相一致的形状、设计和整体视觉感；而且至少要有与其相当的承重力。

在建筑物中采取新的做法，不应使得现有的建筑结构体系过载或安装破坏结构的设备或机械系统。

承重的石砌墙是可以扩充、保留和用新墙（如砖墙和石墙）来替换的，不能将其爆破拆除，历史性砌体不能只被用作外装饰。

正在使用的处理手法和材料产品不应加速结构材料的损坏。

对房屋采取的结构升级不应破坏房屋外部的历史特征。

所使用的替代材料在视觉感、承重力、物理和化学特性上与历史建材和设计相比，应该保持一致。

9）室内概述。标识、保留和保护对定义建筑总体历史特征十分重要的室内设施及后处理效果，包括柱体、门廊、主板、覆盖层、镶板、灯具、硬件和地面等。

保护和维护室内概述所涉及的石工、木头，以适当的表面处理为主，如清理、除锈和有限的除漆等，并使用新体系的保护涂料。

选用最柔和的处理办法消除损坏或者变质的油漆，直至下一处牢固层。然后使用兼容颜料或其他系统涂料重漆或重新做后处理，以适合历史建筑物的颜色重漆。

修缮室内设施以加固历史建材的保护手法为主。可采用兼容的替代材料用于设施上大面积毁坏或遗失的部分，但必须与原型体，如楼梯、栏杆和柱体等相协调。

不推荐移除或过分更改对定义总体建筑历史特征十分重要的设施及后处理效果，造成历史特征的遗失。

不应因为安装新的装饰材料，使得定义特征的室内设施或后处理效果都被遮挡或损坏。

不能在历史上未经过后处理的表面，采用油漆、胶体或其他工艺效果以致出现新的外观。

对不能修缮的某种定义特征的设施不能以拿掉而非更换的方式解决。

对所需更换的部件使用替代材料时，应使得室内设施及后处理效果上换了材料的部分有一样的外观且在物理和化学特性上兼容。

室内设施修缮后应与建筑内部装修风格相统一，与建筑历史时期特征相符。

10）建筑环境。标识、保留和保护对定义现场总体历史特征十分重要的建筑及其设施，也包括现场设施，如人行道、灯具、标志和绿化树木等。

建议修复庭院的原本铺地状态，保护原有绿化树木，并结合居住的需求提升庭院的景观与功能，同时应达到与整体风格的协调。

保留建筑物、景观设施和开放空间之间的历史关系。

修缮建筑及现场以内的各类设施以加固历史建材的保护手法为主。修缮也包括种类有限的替代手法——或采用兼容的替代材料——用于设施上大面积毁坏或遗失的部分，但必须有复原的原型体，如隔离墙和甬道。

不推荐清除或移除或过分更改对定义总体建筑历史特征十分重要的机械系统设施，造成历史特征的遗失。

不应清除或重新定位历史建筑或景观设施，以致破坏建筑物、景观设施和开放空间之间的历史关系。

当历史建材仅需修缮，受损和遗失的部分也只需替换时，不能替换整件的建筑及现场设施。

对所需更换的部件使用替代材料时，应使得建筑及现场器物点上换得材料的部分有一样的外观并且在物理和化学特性上达到兼容。

建筑环境修缮后应与建筑历史时期的风格相符。

（6）典型案例

为了更好地保存与传承历史建筑，为各院落的居民创造良好舒适的生活环境，同时以求通过民居的改造带来整个村庄风貌的提升，本次岔口村民居的保护与更新设计选取了 5 座较为典型的民居院落作为岔口村民居保护与更新的参照与案例。其中，A 院是典型的传统关中民居院落，建筑全部都为土木、砖木结构，建成时间较长；B、C 院是在传统院落的基础上进行部分改造后的院落，部分建筑为砖木结构或土木结构、部分则是砖混结构，院落整体建成时间较长；D、E 院则是现代居民院落，建筑为砖混结构，建成时间较短。五座院落各有自身特点，也存在许多建筑上的不足。具体的改造效果如图 5-73 ~ 图 5-77 所示。

1）A 院整治案例如图 5-73 所示。

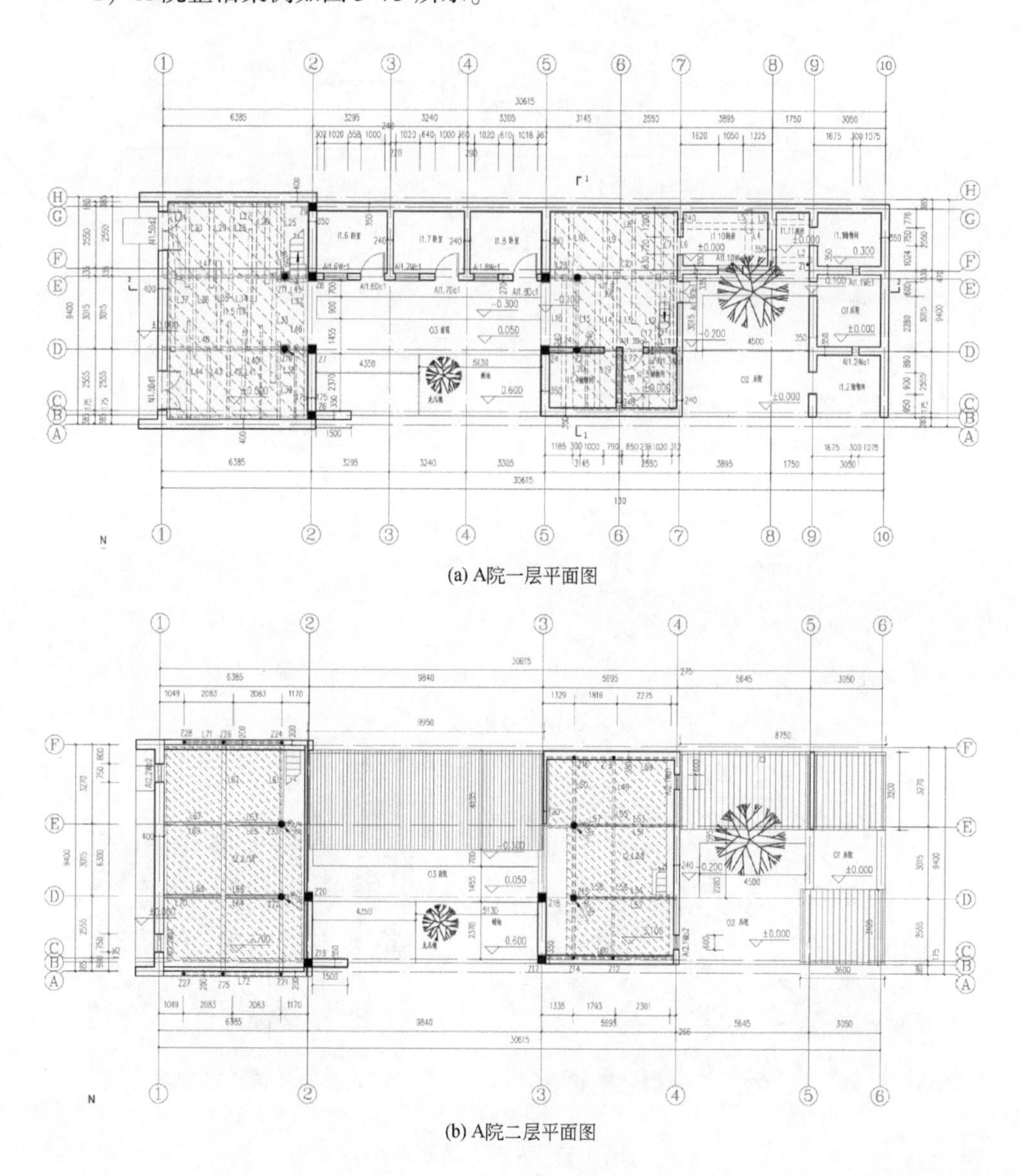

(a) A院一层平面图

(b) A院二层平面图

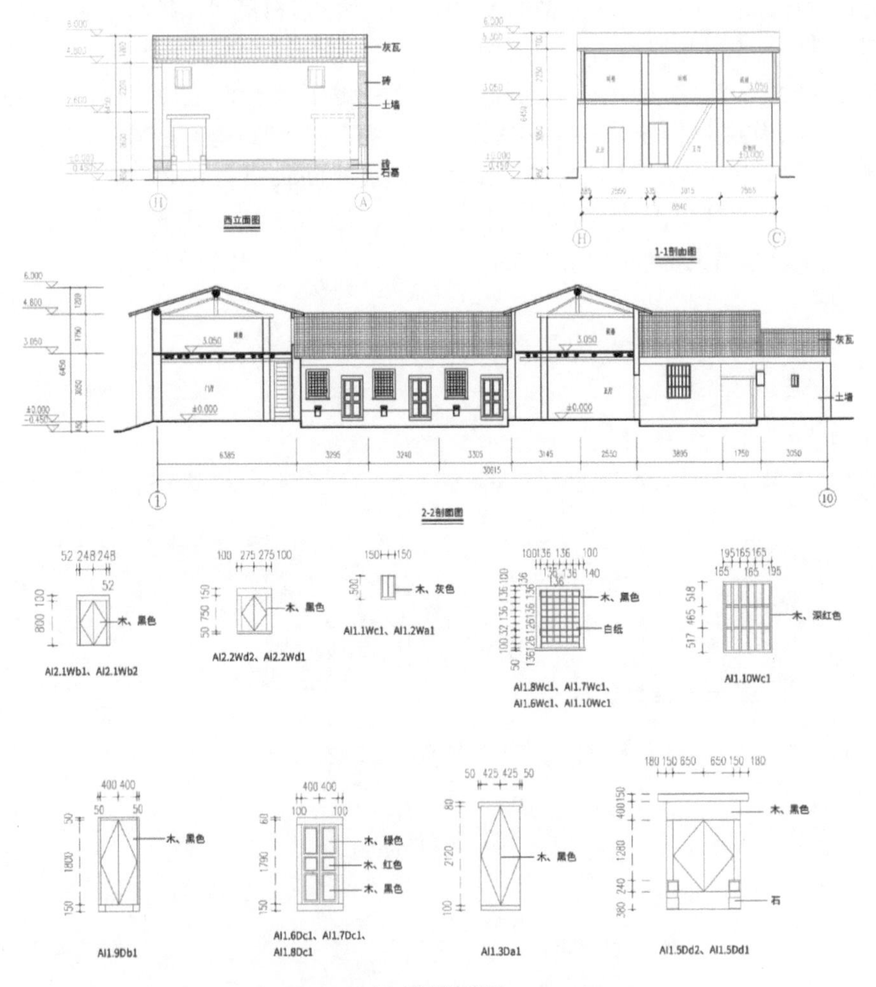

(c) A院门窗详图

(d) A院效果图

图 5-73　A 院改造效果

2）B 院整治案例如图 5-74 所示。

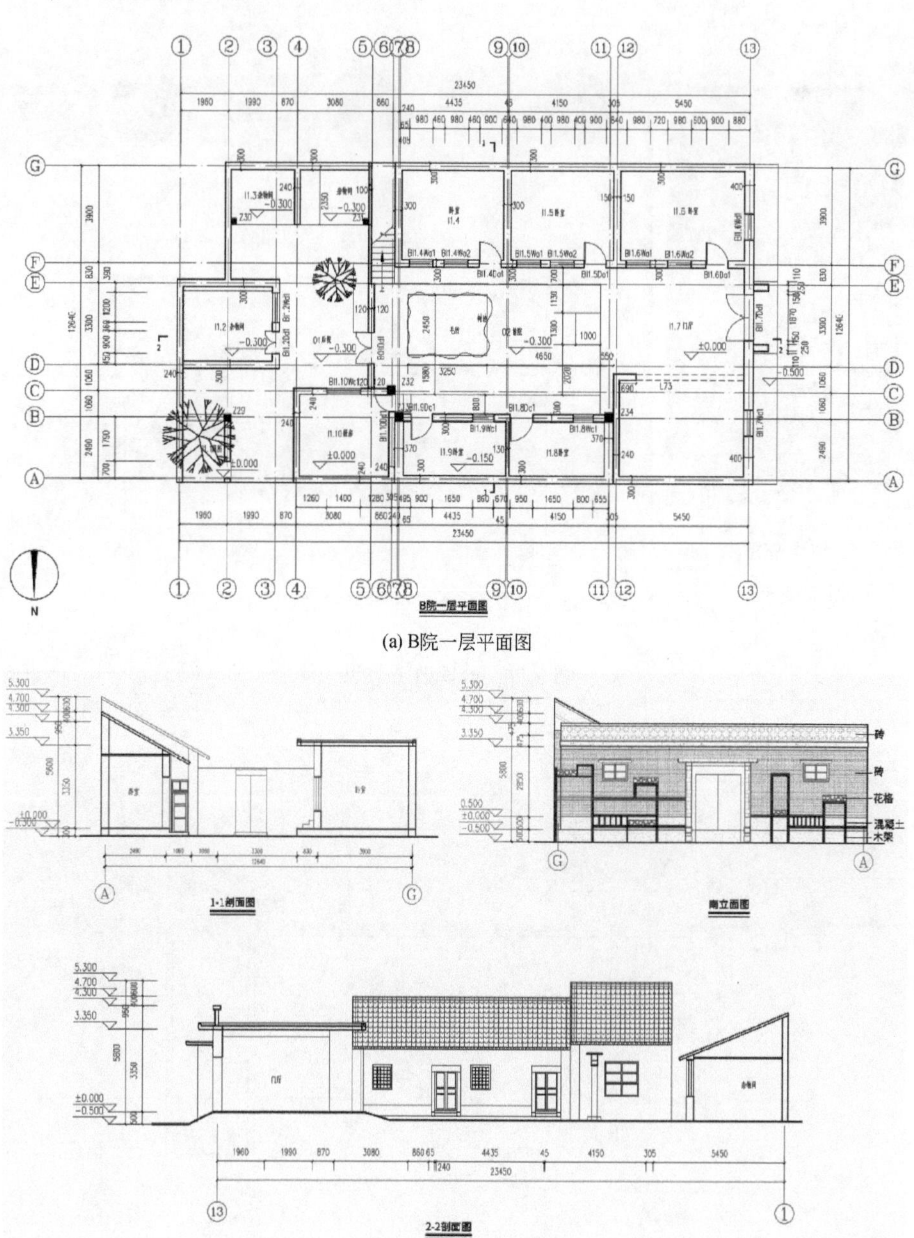

(a) B院一层平面图

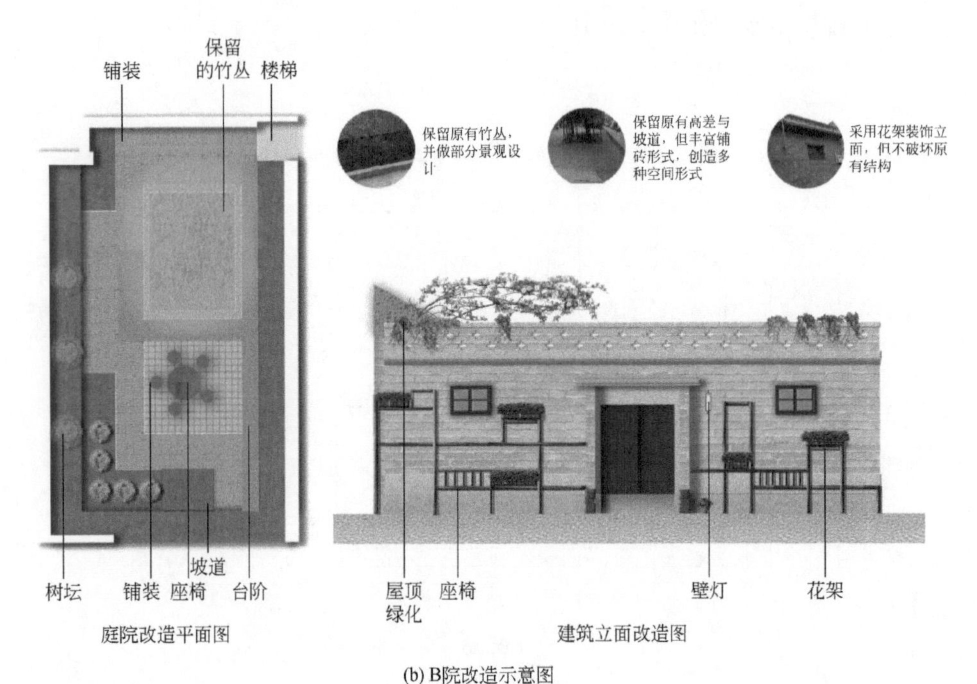

(b) B院改造示意图

图 5-74　B 院改造效果

3）C 院整治案例如图 5-75 所示。

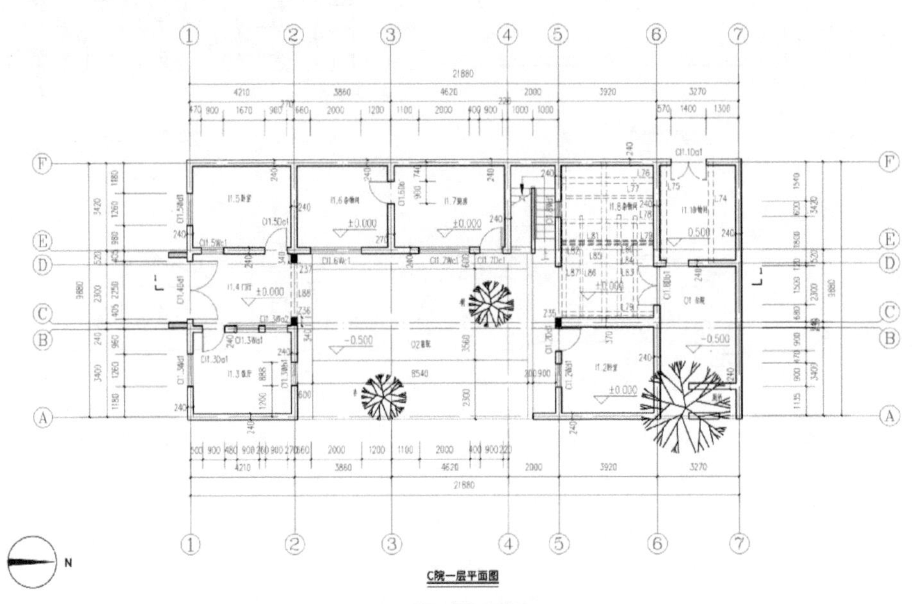

(a) C院一层平面图

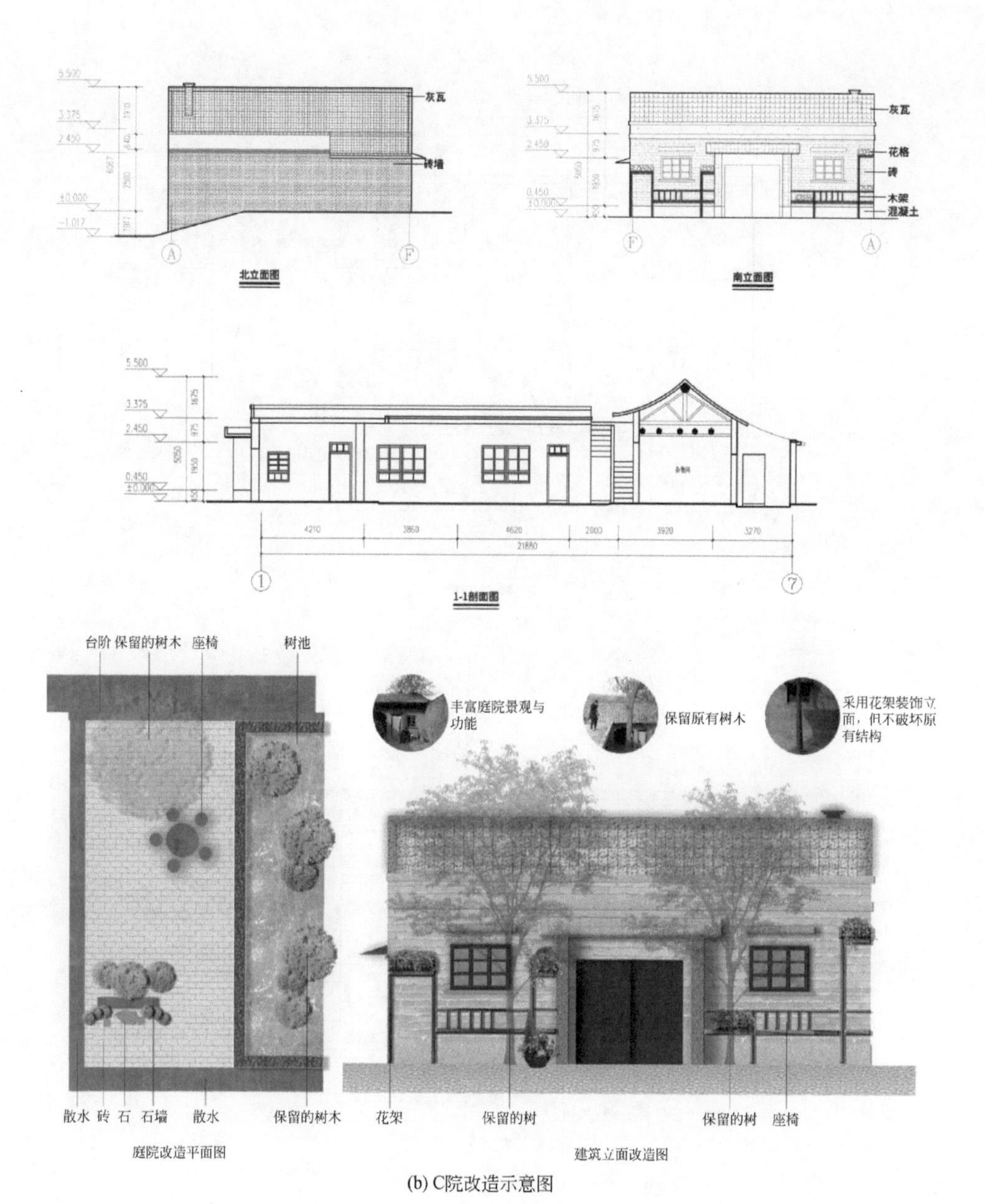

(b) C院改造示意图

图 5-75　C 院改造效果

4）D 院整治案例如图 5-76 所示。

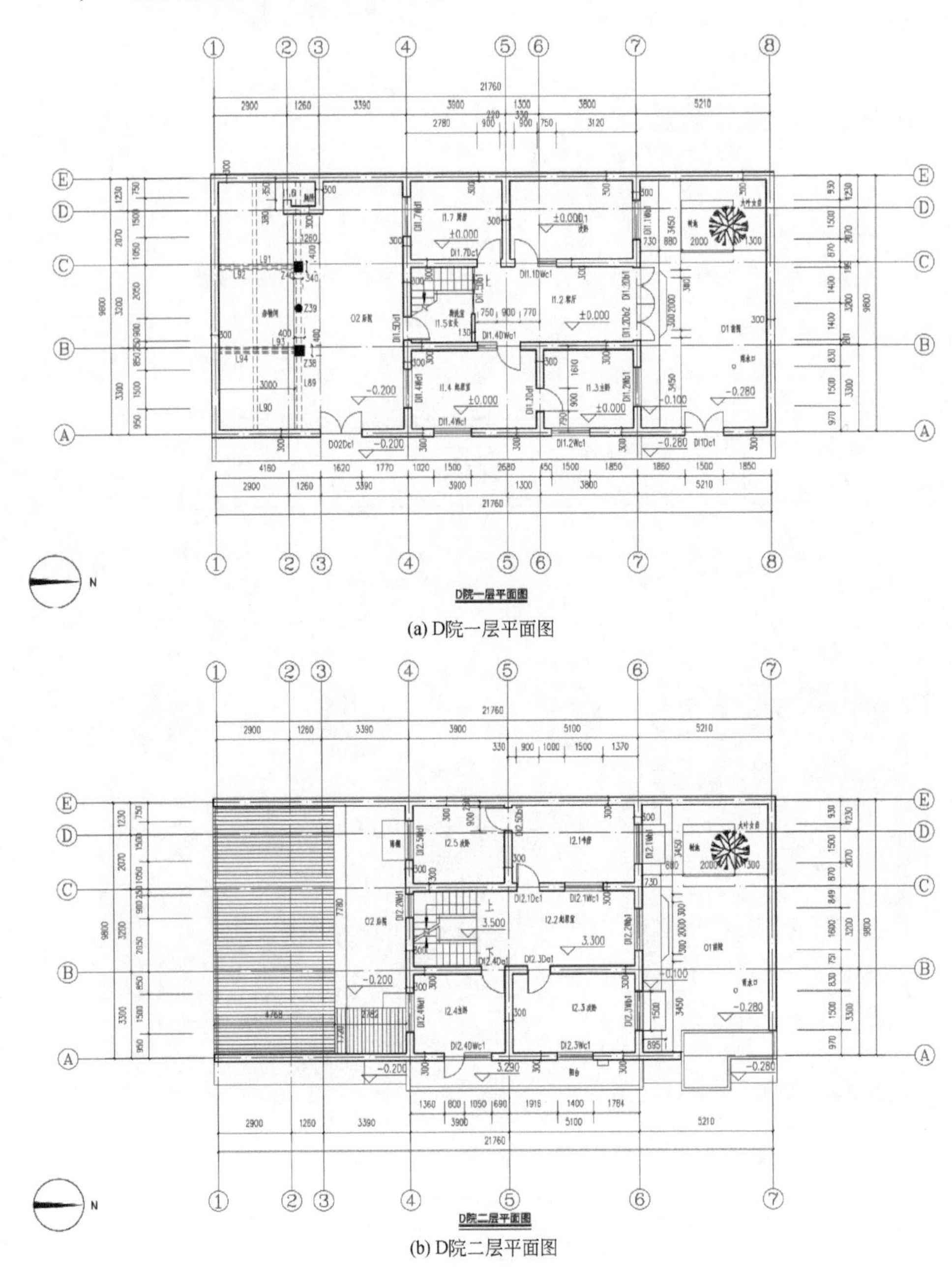

(a) D院一层平面图

(b) D院二层平面图

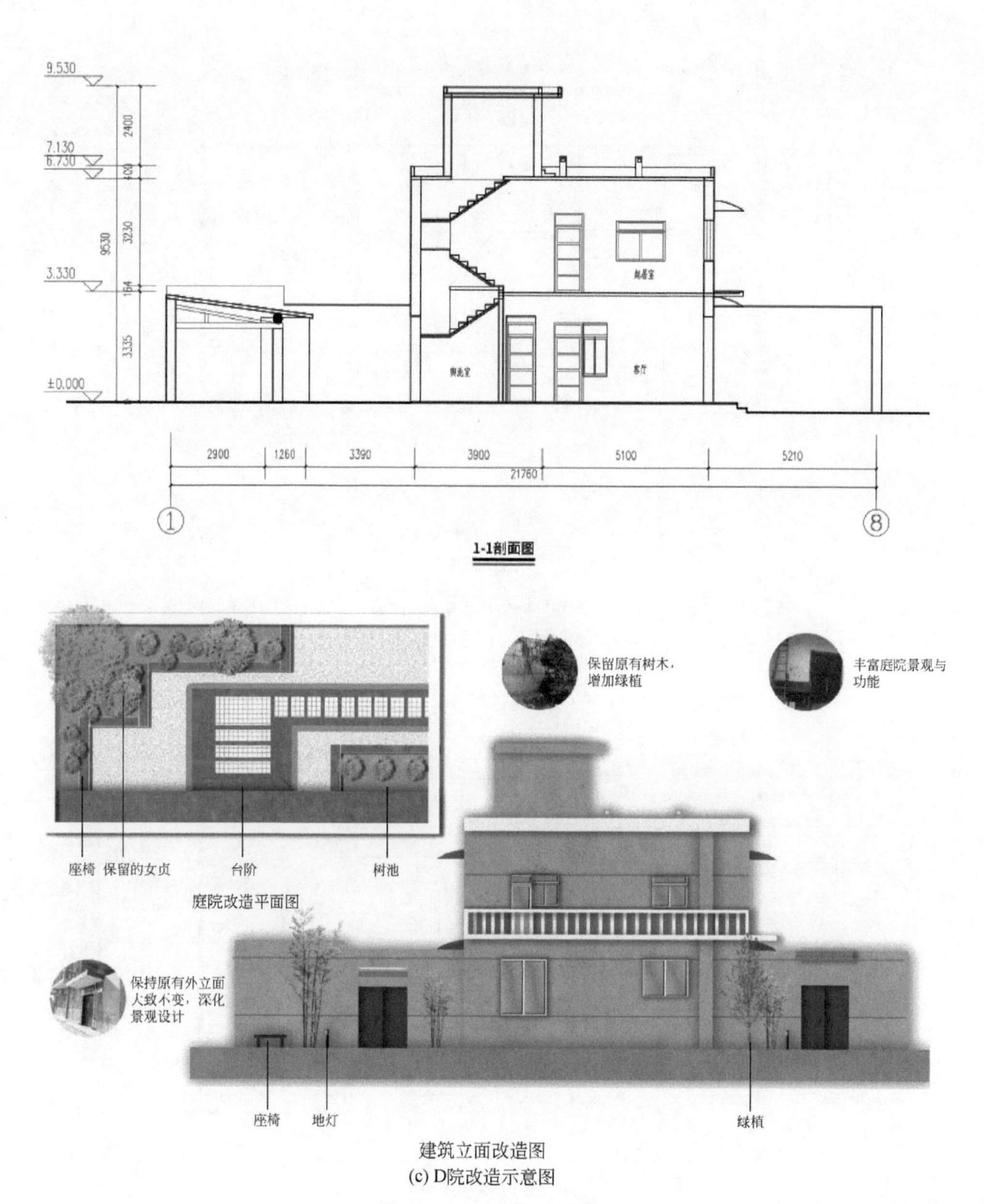

1-1剖面图

庭院改造平面图

建筑立面改造图

(c) D院改造示意图

图 5-76　D 院改造效果

5）E 院整治案例如图 5-77 所示。

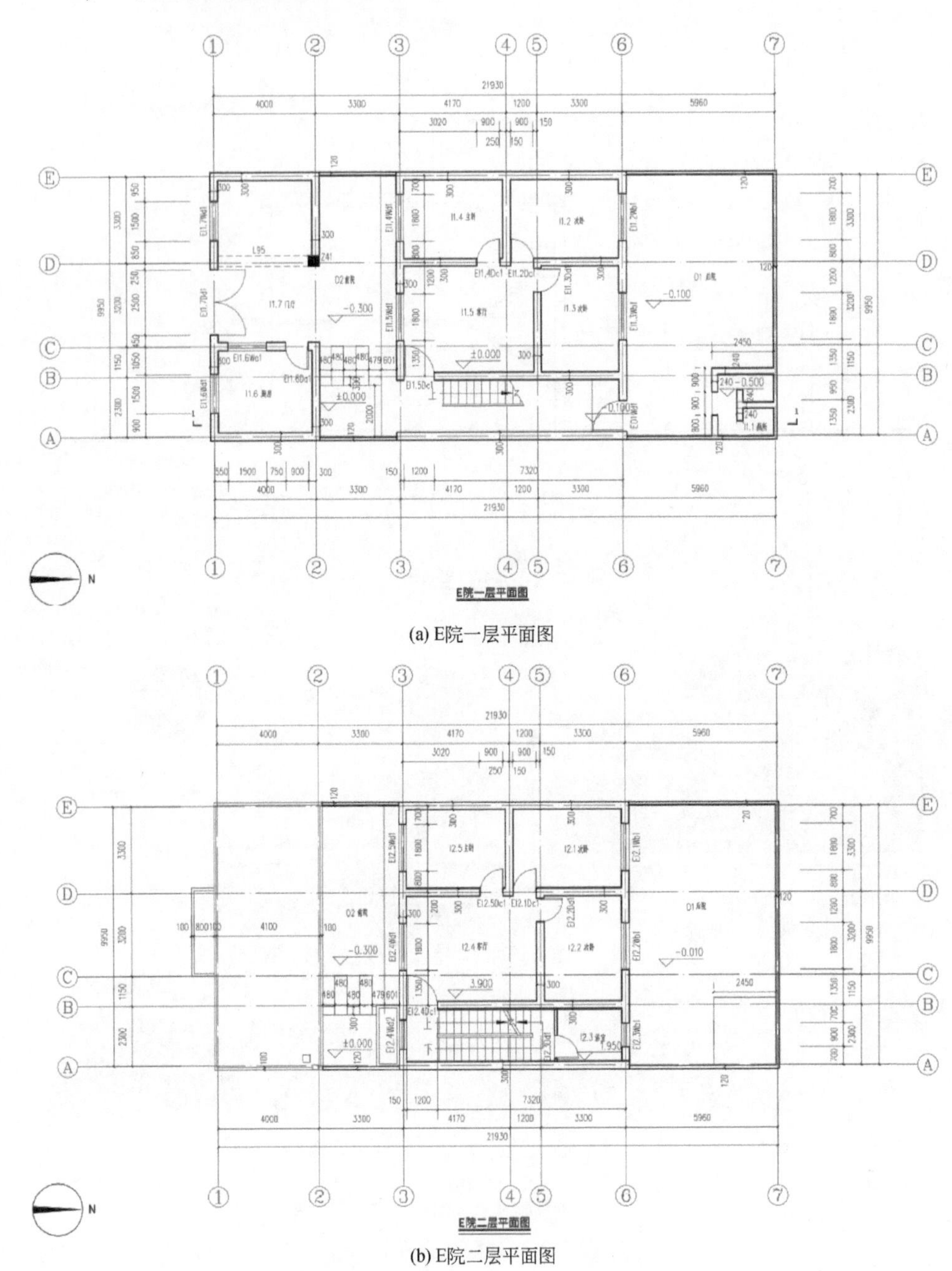

(a) E院一层平面图

(b) E院二层平面图

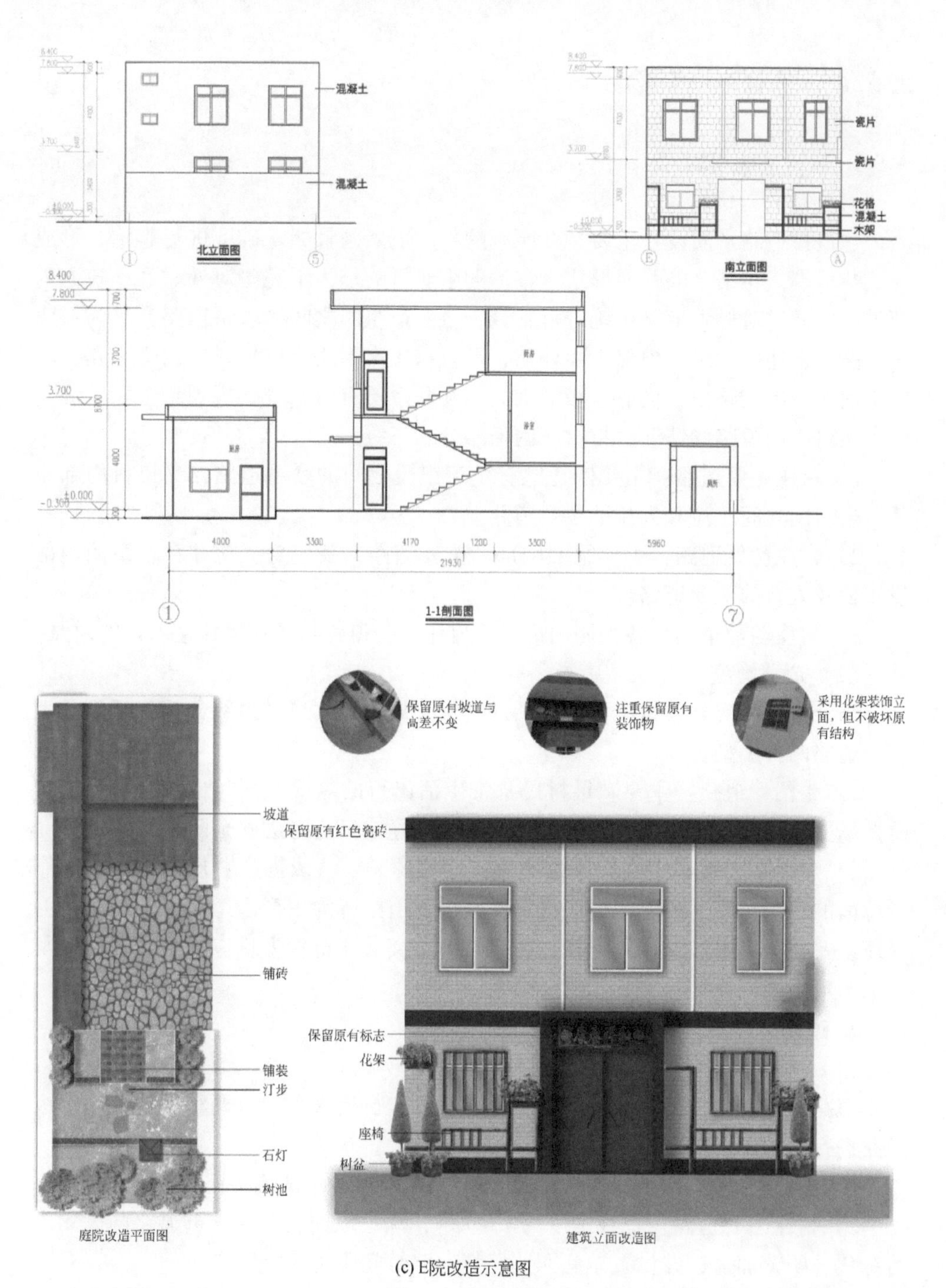

(c) E院改造示意图

图 5-77　E 院改造效果

5.5.4 基础设施整治

1. 道路系统规划

(1) 道路等级

岔口村道路平面设计主要是在原有的村庄道路网骨架基础上进行整治，形成环式与尽端式相结合的路网形式。整治的主要目的是为了完善对外联系，疏通内部道路。通过对村里道路系统进行整合，将生产组团之间的联系道路升级为村庄主干路，疏通居住组团内部主要环路，形成村庄次干路，更新村庄内部土路，形成宅前步行硬化路面，构成分级明确又相互联系的有机系统。规划结合相关规范要求及村庄内道路的情况，将村庄内道路分为三级：

1) 村庄主要道路：主要依托原有生产组团之间的联系道路，岔口村内部联系各个组团之间车流和人流的主要道路。

2) 村庄次要道路：生产组团内部的主要道路，新建与优化并存，组团内部供车辆及人行的主要道路。

3) 村庄宅前道路：各组团内部联系村庄次要道路与各村民住宅入口的道路。

(2) 道路类型

结合村庄的实际及村民日常生活的特点，规划将岔口村道路分为生活型及生产型道路两种类型：

1) 生活型道路：主要满足村民日常生活出行的需要，同时也是村民交流的重要场所。生活型道路的特点为交通流量较为稳定且应考虑安全防护。

2) 生产型道路：主要满足村民生产活动的需要，依据产业规划，原有的靠近塬面的三个村民小组之间的联系道路及塬上道路皆为生产型道路，道路等级为村庄主要道路。生产型道路的特点为农忙时节交通流量较大且应满足农畜机械及运输车辆的通行要求（图5-78）。

2. 道路工程规划

(1) 道路横向规划

道路均为一块板形式，分为有人行道和无人行道人车混行两种，对不同等级道路进行不同形式的整治。

1) 县级道路（富耀公路）：红线宽度为7米，道路两侧各留1.5米人行道。

2) 村庄主要道路：红线宽度为7~9米，满足双向会车要求，道路两侧均进行绿化，明渠加盖，并设置单侧照明路灯，路灯间距为30米。

3) 村庄次要道路：红线宽度为5~6米，满足单向会车要求，道路单侧绿化，明渠加盖，根据道路情况可设置路灯或景观灯。

4）村庄宅前道路：红线宽度根据道路现状宽度进行调整，主要为步行道路，设置具有特色的花坛等休闲绿化设施。

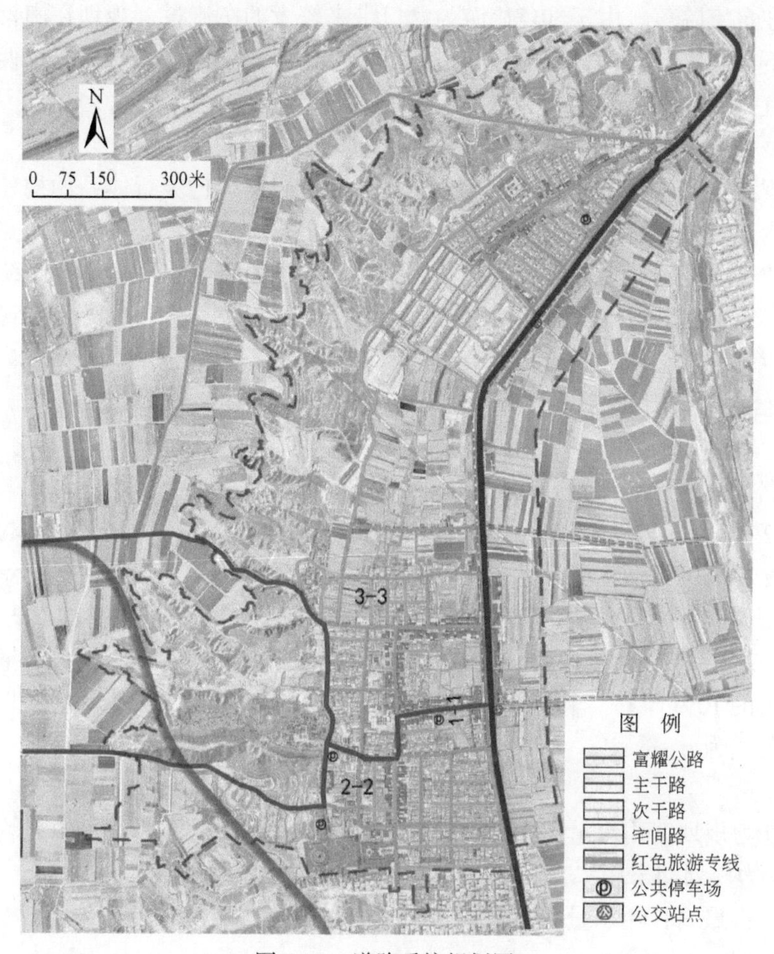

图 5-78 道路系统规划图

（2）道路竖向规划

岔口村北部与富耀二级公路相连，竖向设计充分考虑了村庄道路与富耀二级公路的竖向衔接。

岔口村整体地势北高南低、西高东低，在村民组用地范围内地势平缓，场地中的最低点位于南岔口组东部、富耀公路西侧。规划综合考虑村庄所处地形地貌、村庄内环形加枝状的路网形式、村庄道路对外衔接及工程管线的布置要求等因素，对村庄区内道路竖向进行精心设计。设计中结合现状道路及保留建筑的情况进行了标高设计，坡度的大小控制在 0.3%~8%。

(3) 停车场规划

岔口村停车的情况有两个特点：一是私家车较少，农用车居多；二是大部分停车均在自家院落。由于红色旅游为岔口带来较大的车流量，规划在南岔口组西部塬坡下、富耀公路到村委会主路口共设置三处停车场，在北岔口组沿西干渠中部处设置一个停车场，以满足未来增长的车流量。

(4) 步行系统规划

考虑到村庄内部交通以人行为主的交通特点，岔口村步行体系的构建主要依托村庄内部道路系统，步行游憩线路穿过村庄主要文化展示区和旅游节点，串联主要绿化开敞空间，形成环线与枝状相结合的步行道路网系统。步行系统通过使用多种形式的铺装（如鹅卵石、面砖、砾石和石板等）及构造特色景观小品和步行节点等方式，构建具有地域特色的步行景观体系。

3. 给水工程规划

(1) 用水量预测

根据《镇规划标准》(GB 50188—2007)、《陕西省美丽乡村建设规范》(DB 61/T 992—2015)、《城市综合用水量标准》(SL 367—2006)，结合岔口村的水源实际情况和居民生活水平，考虑环保的要求，达到节水和环保的目的。给水工程规划采用人均综合用水指标法进行用水预测，人均用水指标为 120 升/（人·天），时变化系数 kd 取 1.5，村庄用水普及率为 100%。村庄公建用水量按照居民用水量的 10% 计算，未预见用水量按最高日用水量的 15% 计算。规划区用水量计算公式为

$$Q=nqk\cdot \mathrm{kd}\ (1+10\%+15\%)$$

式中，Q 为规划区用水量；n 为规划期末人口数；q 为规划期限内的人均用水量标准；k 为规划期末用水普及率。

可求得最高日用水量为 460 立方米，最高日最高时秒流量为 8 升。

(2) 消防用水量

规划区内采用消防和生活统一供水系统，消防用水量按《村镇建筑设计防火规范》规定，同一时间内发生 1 次火灾，1 次灭火用水量为 10 升/秒，灭火时间不少于 2 小时进行计算。

(3) 给水水源规划

规划区用水未来将自富平自来水公司引水，沿 210 国道铺设管道至岔口组北侧塬坡水塔，水塔容量为 300 立方米，再经由水塔自岔口组西侧铺设管道向南送水至赵家组与米家组。

(4) 给水管网规划

规划区给水管网采用环状+树状的布置方式。给水管网系统的布置为干管沿

规划道路的主路敷设，方向与给水的主要流向一致，配水管沿次路布置，管线遍布整个村庄，保证居民住户有足够的水量和水压。

规划区供水管道管径按经济流速确定，应充分考虑地形和供水成本，给水管采用金属管，覆土深度不小于 0.7 米。在保证规划区正常生活用水及产业用水的前提下，确保供水的水量、水压及水质。给水干管最不利点的最小服务龙头，单层建筑物可按 10 ~ 15 米计算，建筑物每增加一层应增压 4 米。规划干路给水管采用 DN150，支路给水管采用 DN100、DN50（图 5-79）。

4. 排水工程规划

（1）排水体制

村庄现状的排水设施无法满足污水的排放及处理要求，规划将选择雨污分流的模式，污水通过管道采用重力自流的方式输送至梅家坪镇污水处理站进行统一处理后排放。

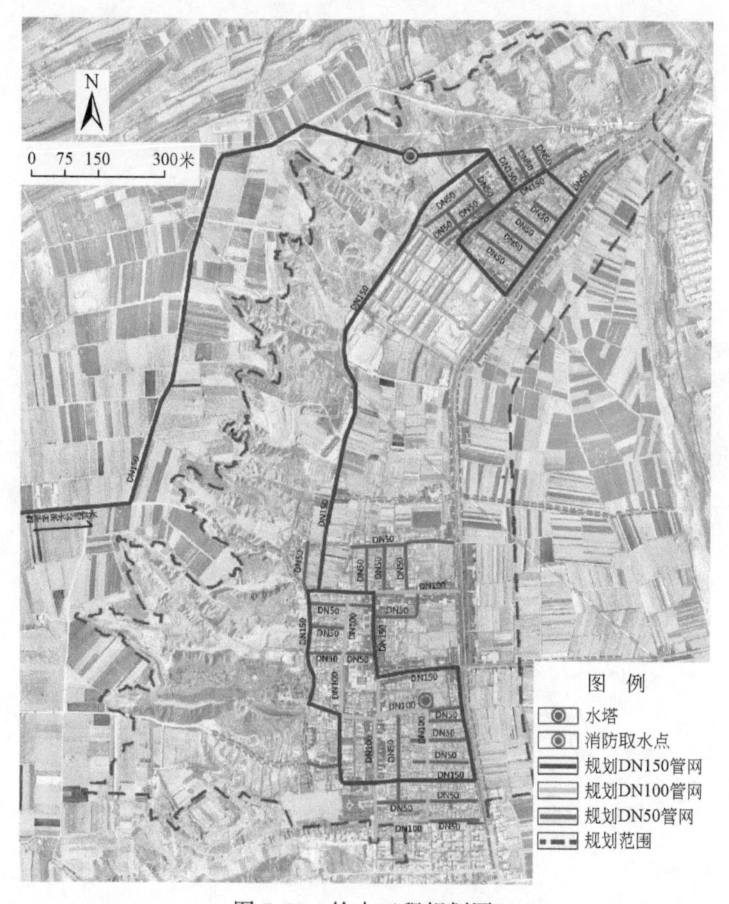

图 5-79 给水工程规划图

（2）排水量预测

规划区内的用地性质主要是居住及少量的公建用地，故污水的组成是以生活污水为主。

根据规划区用地布局和人口安排，考虑到规划区的气候特点和自然环境条件及污水的利用率，根据《镇规划标准》（GB 50188—2007）、《陕西省美丽乡村建设规范》（DB 61/T 992—2015）及《城市排水工程规划规范》（GB 50318—2000），污水量的计算，按平均日供水量的80%计算，则规划区内污水量为368.2立方米/天，最高日最高时污水量为9.54升。

（3）污水管网规划

根据不同区域的污水流量的不同，污水主干管管径为DN250，次干管管径为DN200、DN100（图5-80）。

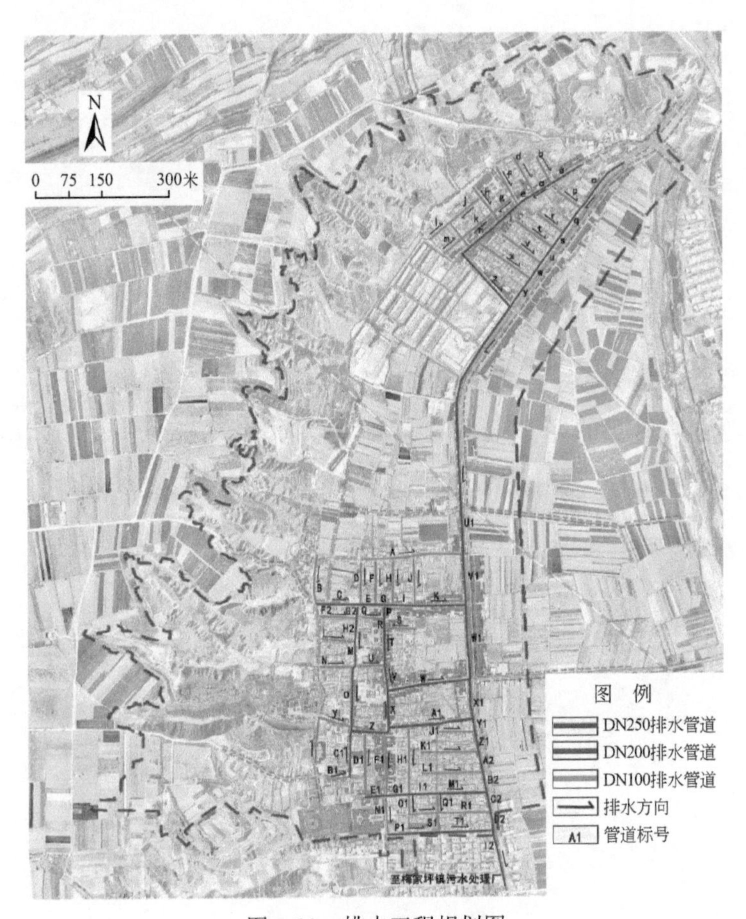

图5-80　排水工程规划图

5. 雨水设施规划

（1）排水体制

雨水将利用现有的明渠进行排放，直接排放至西干渠中进行收集与再利用。

（2）雨水量确定

由于岔口村毗邻铜川市区，雨水量的预测选用铜川市的暴雨强度公式进行预测：

$$i=\frac{5.49(1+1.39\lg P)}{(t+7)^{0.67}}$$

式中，q 为设计暴雨强度［升/(公顷·秒)］；t 为集水时间（秒）；P 为设计降雨重现期（年）。

（3）雨水设施规划

村庄雨水主要通过街道明渠排放，规划近期对排水渠进行整治，在农房墙外地面设置散水，宽度不小于0.5米，同时在庭院内设置排水沟。根据雨污水流量对排水渠进行宽度及深度的预测，对每条街道的明渠进行改造，用5号砂浆砌20#片石，排水沟的坡度应不小于0.3%，以满足污水重力自流的要求。远期逐步将明渠改为暗渠，用水泥板覆盖，便于疏通、维修，对其进行景观上的改造，确保其风貌统一（图5-81）。

6. 电力线路规划

（1）负荷预测

根据《镇规划标准》（GB 50188—2007）、《陕西省美丽乡村建设规范》（DB 61/T 992—2015）及《城市电力规划规范》（GB 50293—1999），结合岔口村实际情况，按人均用电量指标法进行预测，居民用电按1000千瓦时/(人·年)，规划期末有人口3063人，同时系数为0.4，则规划期末岔口村年用电量为1226千瓦时。

（2）供电规划

现状电力已满足村庄的发展需要，规划保持不变。近期对电线杆进行改造，修缮破损或歪斜的电杆，并将电线进行整齐化整理。远期如有条件可将低压线路采用地埋式铺设。

（3）照明系统

村庄内现仅在村委会门前有10盏太阳能路灯，规划新建设太阳能路灯30盏，灯杆高为6~8米，照度达10~20勒，主要沿村庄主干路进行单侧布置。在村庄主要建筑节点处设置景观性照明灯具，如地灯、线灯及投灯等，要注意与周围环境相协调（图5-82）。

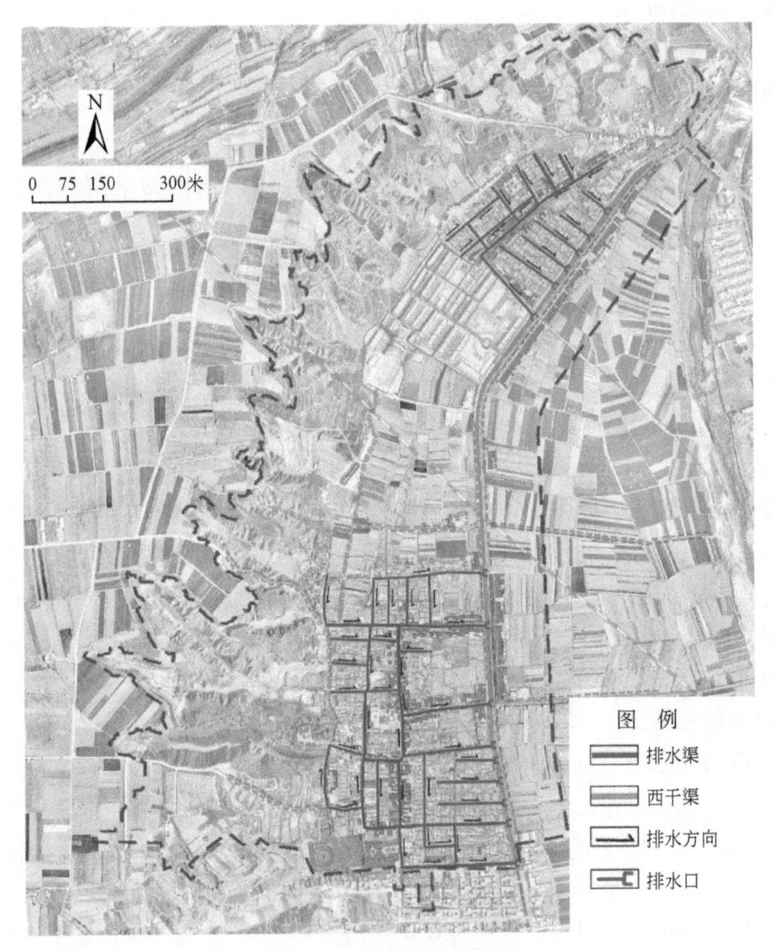

图 5-81 雨水设施规划图

7. 电信线路规划

（1）电信交接箱

规划将在村中部设置 1 处电信交接箱，以满足居民日益增长的通信需求。

（2）电话用户预测

根据《镇规划标准》（GB 50188—2007）、《陕西省美丽乡村建设规范》（DB 61/T 992—2015）及《城市通信工程规划规范》（GB/T 50853—2013），结合岔口村实际情况，预测通信需求量。居民固有电话普及率均取 100%（按户数计），计算得出居民固定电话共 1021 部。考虑其他公共设施电话使用需求，规划电话总数为 1030 部。有线电视、广播网络根据村庄建设的要求应全面覆盖。

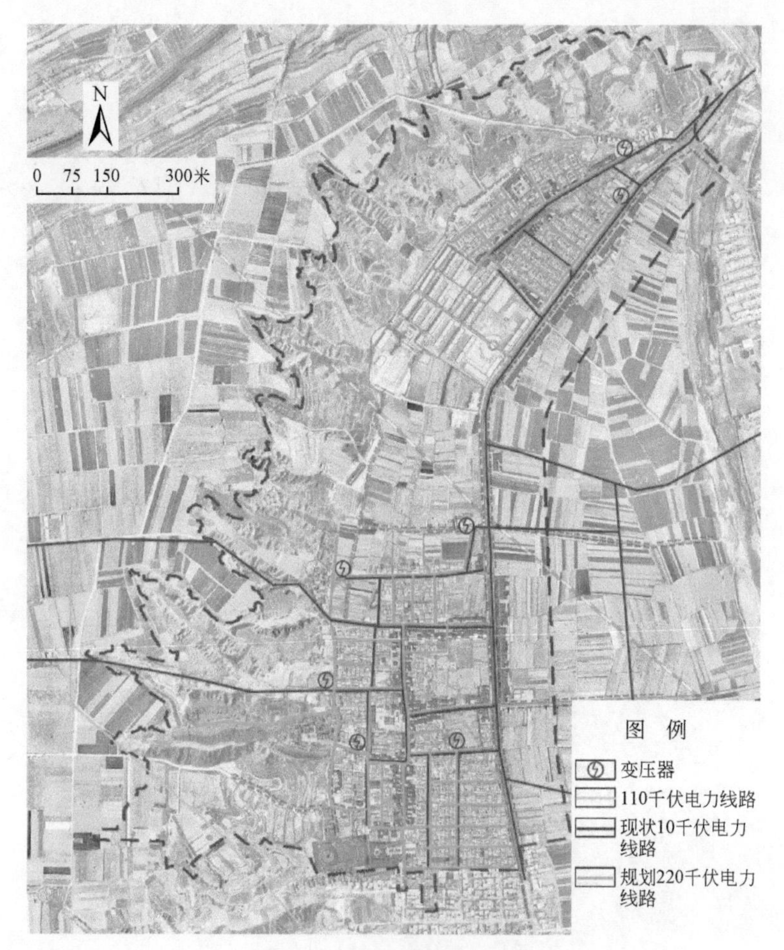

图 5-82　电力线路规划图

（3）线路布置

采用弱电共架的方式，沿村庄道路架设，待远期经济条件允许后改为共沟沿村庄道路敷设，管材采用硬质 PVC110 管，电缆井采用电信局标准的电缆线孔井。

（4）邮政设施

村庄设邮政代办点 1 处，以满足邮政业务需要，位置结合公共绿地和休闲广场设置（图 5-83）。

8. 供热工程规划

根据本次规划进行的村庄整合方案，按照不同的建筑形式，推荐以下 3 种冬季采暖方式。

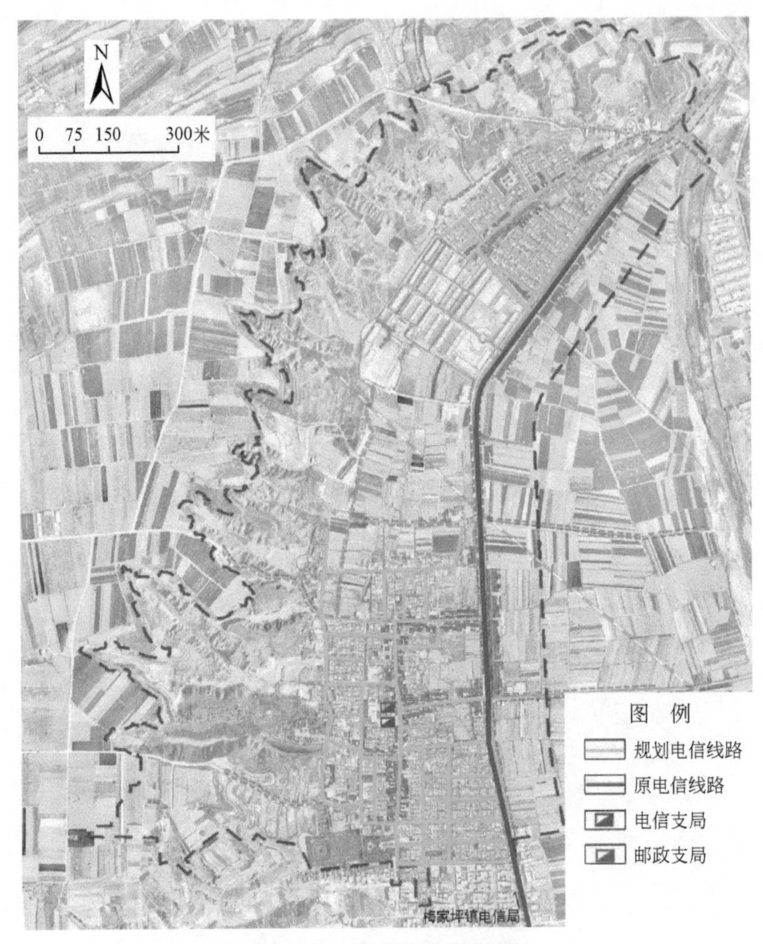

图 5-83　电信线路规划图

(1) 方案一：家用小型采暖系统

该方案适合房间聚合度高并被保留的村民住宅及新建的住宅。这种系统由热源、热水管道、散热设备组成；多采用自然循环方式，依靠系统供水和回水的密度差与高度差来产生系统运行的动力。其中，热源部分为燃煤或燃油的小锅炉，当系统较小时，系统中的锅炉也可由自带水箱的煤炉代替。由于该系统采用自然循环方式，加热中心与散热中心之间的高度差不应小于 0.5 米，锅炉或煤炉宜设在一层建筑较低的区域。

(2) 方案二：太阳能采暖房

我国太阳能资源较为丰富，按照太阳能辐射量的大小，我国分为五类地区，其中，富平县属于三类地区，年辐射总量为 5186 兆焦/(平方米・年)，具有太阳能利用的良好条件。复合式太阳能采暖房可以依不同建筑面积选取相应保温类型，墙中增加保温材料，双窗、屋顶内置聚苯保温层。屋顶安装真空管集热系统，地板采暖并且可提供大量生活热水，用户可自动控制。墙体是掺和水泥、炉渣、沙子，再涂上一层黑色涂料建造而成。外面装上玻璃，太阳照射后，随着墙体增温，夹层内的温度迅速上升，利用空气对流原理，保障室内空气温度。

（3）方案三：电取暖

随着生活条件的提高，空调、电暖气已成为一些农村家庭的取暖方式。电取暖较为灵活，每个房间可以独立设置，根据需要开火关，秋季冬季均可使用，尤其适合家庭人数较少、房间面积较小的家庭空间。本次规划将电取暖作为农村冬季采暖的补充。

9. 燃气工程规划

基于岔口村的燃气使用现状，不进行统一的气源规划，可根据实际燃气使用量及经济条件进行气源选择。

1）沼气池：结合岔口村经济发展的实际情况，随着本地村民村组的合并和迁移，在岔口组、赵家组、米家组3组中，对废弃的住宅进行适当的改造，发展中、小型养殖业。首先，按照现有可再利用的沼气池的数量和规模，确定养殖业的发展规模。随着养殖业的启动，对已废弃的沼气池激活利用。其次，新建用户使用沼气池，按照新建住宅的实际情况及用户的意愿，可采用“猪-沼-菜”的模式新建，新建沼气池应在专业人员的指导下合理选择修建位置，力求做到安全、可靠、便利。

2）电力和燃煤补充：没有沼气池、同时也不具备修建条件的村民用户可采用电磁炉和蜂窝煤炉灶等解决生活炊事用能源。

10. 环卫设施规划

（1）公厕改造

村庄内现有3处公厕，岔口组、赵家组、米家组各1处，不能满足村庄内居民的需求，规划在岔口组新建1处公厕，米家组新建4处公厕，赵家组新建1处公厕，并对原有公厕进行改造，统一改造为水冲式公厕，对风貌较差的公厕进行外观整治，公共厕所应采用粪便排至“三格式”化粪池的形式。为防止发生意外和污染环境，化粪池要加盖密闭，并确保粪池不渗漏。

（2）粪便处理

村庄内农户家用厕所目前粪便处理方式为农户自行处理，规划将采取分类别改造模式：对需要粪便进行土壤肥化的农户，将厕所改造为水厕后粪便由农户自行处理；对不需要堆肥的农户，对其采用“三格式”化粪池进行封闭式粪便处理。

（3）垃圾处理

近期生活垃圾仍以垃圾定点收集为主，远期生活垃圾实行逐户收集方式，同时合理布局垃圾收集网点，按照服务半径不超过70米设置，每天进行垃圾的收集。在各村民组新设置多处可灵活搬运的垃圾桶，远期用垃圾桶代替村庄内所有垃圾池，实现垃圾收集机械化。在村内主干路两侧及村庄内公共设施、广场和停车场等的出入口附近设置废物箱，生活型干道上的废物箱设置间隔为80米，一般道路的废物箱设置间隔为100米，并要注意废物箱的外形色彩与环境的协调。

（4）垃圾转运与处理

规划环卫专用车辆1辆。垃圾运输以美化环境、减少运距、因地制宜为原则，垃圾运输应配以封闭垃圾收集车，同时要提高机械化运输效率和卫生水平。村内集中收集垃圾至梅家坪镇处理站进行集中处理。村内要确保专人定时收集清理转运（图5-84）。

图5-84　环卫设施规划图

5.5.5 公共服务设施整治

1. 村委会整治

根据岔口村村委会所在位置及其传统风貌，对村委会建筑及其周边环境进行整治，对其进行功能性加固及观赏性的提升。将村委会西侧的闲置用地改造为村民游乐设施，在地面上纹理延绵而上，转化为秋千、攀爬架和单杠等面向各个年龄阶层的运动游乐设施，创造出一个活力十足的公共空间。场地正中间布置少量花坛座椅，为村民提供日常休闲、交流的空间。南侧篮球场周边布置乒乓球桌、长廊、座椅、绿地，丰富居民日常活动。

2. 幼儿园整治

按照岔口村村民调查现状及岔口村人口增长水平，参考幼儿园规划相关设计规范及幼儿园千人指标，岔口村班数宜在3～6班。环境应达到绿化、美化、净化、儿童化、教育化（图5-85）。具体整治项目与整治方案见表5-12。

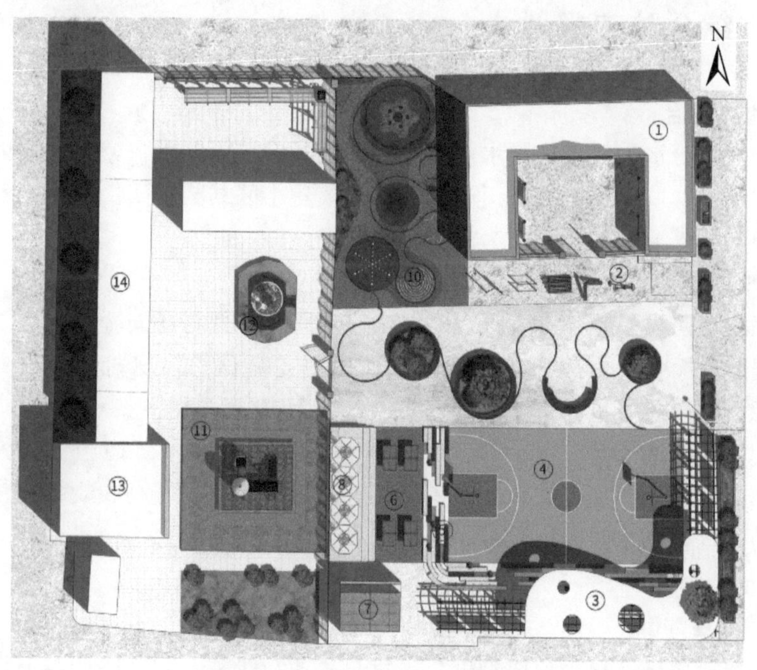

图5-85　公共服务设施整治示意

1. 村委会；2. 健身器材；3. 廊架；4. 篮球场地；5. 石质座椅；6. 乒乓球桌；7. 公共卫生间；8. 遮阳休息座椅；9. 中央花坛；10. 运动游乐设施；11. 儿童滑椅；12. 景观花坛；13. 戏台；14. 幼儿园

表 5-12　整治项目与整治方案

整治项目	整治方案
选址	岔口村村委会内，将原村委会北侧闲置废弃建筑包含入幼儿园场地，作为幼儿园办公用房
图书室	改为原幼儿园内北侧建筑内，将原建筑功能改为教学用
教学及活动用房	保证生均建筑面积不小于 $6m^2$
室内活动场地	保证生均建筑面积不小于 $2m^2$
室外活动场地	保证生均室外活动场地不小于 $4m^2$，并配备幼儿园活动基本设施，确保安全性
表演台	统一粉刷为白色涂料
绿化	生均绿化面积不小于 $2m^2$

5.5.6　综合防灾规划

1. 消防整治

规划消防给水为村庄自来水供水系统。同时农户可利用自家水池中的蓄水作为消防用水。岔口组还可从石川河取水，与陕焦小区共同设防；赵家组和米家组可利用西南侧涝池中的蓄水作为消防用水。

2. 防洪规划

加强村庄防洪设施建设，重点做好山洪治理，确保村庄安全。

依据国家标准并且依据《富平县梅家坪镇中心镇区总体规划（2013—2030）》，综合考虑村庄性质及重要程度，确定防洪标准为 10 年一遇。

规划采用疏通河道、拓宽河道、加固河岸和栽种树木等措施，加大泄洪断面，提高泄洪能力，加宽洪水缓冲带宽度，临近山前坡沿等高线规划截洪沟，结合山下涝池进行洪水防治，以减小灾害的发生。

3. 抗震规划

（1）抗震标准

依据村庄居民建筑按地震烈度 6 度进行设防。小学、幼儿园和政府办公楼等公益性事业建筑提高 1 个等级设防。供水、供电和供热等村庄生命线系统提高 1 个等级设防。

（2）生命线系统

加固给水设施构筑物，改造供水管网，提高给水管道抗震能力。对公路和规划区内主干道等应进行抗震加固措施，拓宽规划区主干道，提高道路抗震能力，保证群众快速、安全地疏散。在村委会内设置防灾指挥中心，确保灾害发生时政府及时调控。

（3）紧急避难疏散场地

由于地震的随机性和突发性，规划区避震疏散采取以“临震避难为主，震前疏散为辅”的原则进行规划。利用村庄的广场、绿地和空地等设置不小于 $2000m^2$ 的避难场所。具体疏散点包括北岔口组团活动广场、中心绿地和市场、岔口组团和米赵组团之间的农田、米赵组团老年服务站广场、村委会广场、民宿前广场、西侧红色旅游区绿地广场（图 5-86）。

图 5-86 综合防灾规划图

参考文献

阿不都瓦依提·艾力. 2014. 论“三农”问题的重要性及其“三农”图书出版的重大作用 [J]. 价值工程, 33 (19): 327-329.

安光义. 1997. 人居环境学 [M]. 北京: 机械工业出版社.

陈锋. 2009. 改革开放三十年我国城镇化进程和城市发展的历史回顾和展望 [J]. 规划师, 25 (1): 10-12.

陈娜. 2010. 发达地区城郊农村聚居空间布局规划方法研究 [D]. 重庆: 重庆大学硕士学位论文.

陈晓敏. 2017. 传统村落复兴中的村口设计研究 [D]. 南京: 南京大学硕士学位论文.

陈尧, 彭重华. 2010. 传统风水理论对现代人居环境营造的启示 [J]. 科技信息, (8): 404.

陈振华. 2010. 城乡统筹与乡村公共服务设施规划研究 [J]. 北京规划建设, (1): 43-46.

迟姗姗. 2012. 长沙市城郊地区环境保护问题研究 [D]. 长沙: 湖南农业大学硕士学位论文.

储程, 李广斌. 2018. 尺度重组视角下的城郊型乡村空间重构——以常州市窑港村为例 [J]. 现代城市研究, (8): 52-58.

崔功豪, 武进. 1999. 中国城市边缘区空间结构特征及其发展——以南京等城市为例 [J]. 地理学报, 57 (4): 399-411.

邓盛杰. 2006. 风水理论对当代人居环境建设的启示 [J]. 四川建筑, (1): 25-27.

范薇. 2013. 基于生态理念的“空心村”整治规划研究 [D]. 保定: 河北农业大学硕士学位论文.

苟倩. 2014. 乡村旅游背景下的传统村镇滨水景观设计研究 [D]. 重庆: 重庆大学硕士学位论文.

郭焕成. 1991. 黄淮海地区乡村地理 [M]. 石家庄; 河北科学技术出版社.

郭晓鹏. 2017. 农村基础设施供给问题研究 [D]. 延安: 延安大学硕士学位论文.

国家发展改革委, 财政部. 2019. 关于深化农村公共基础设施管护体制改革的指导意见 [J]. 交通财会, (12): 80-83.

韩新宁. 2008. 宁南山区城郊型农村生态建设发展模式研究 [D]. 杨凌: 西北农林科技大学硕士学位论文.

郝亚光. 2007. 社会化小农: 空间扩张与行为逻辑 [J]. 华中师范大学学报 (人文社会科学版), (4): 8-12.

何伟, 李慧. 2015. 城市郊区空心村问题解决规划策略初探——结合京郊灵水村调研及建设分析 [J]. 建筑与文化, (8): 129-131.

贺广瑜. 2007. 城郊型农村建设的规划对策研究——以武汉市汉南区为例 [D]. 武汉: 华中科技大学.

胡锦涛. 2007. 高举中国特色社会主义伟大旗帜为夺取全面建设小康社会新胜利而奋斗 [M]. 北京: 人民出版社.

胡义成. 2017. “乡愁”原型—中国人居理论研究. [M]. 北京: 科学出版社.

黄胜胜 . 2016. 基于协同治理理论的城郊村空心化问题治理研究——以武汉市杨村为表述对象［D］. 武汉：华中师范大学硕士学位论文 .

黄研 . 2016. 基于 POE 评价的移民安置区人居环境研究——以陕南移民搬迁为例［J］. 西北大学学报（自然科学版），46（5）：751-754.

见闻 . 2009. 德国农村改革发展模式浅析［J］. 北京农业，（25）：44-45.

金通 . 2016. 传统乡村聚落空间的传承与再造研究［D］. 杭州：浙江大学硕士学位论文 .

郐艳丽，刘海燕 . 2010. 我国村镇规划编制现状、存在问题及完善措施探讨［J］. 规划师，26（6）：69-74.

李伯华，李星明，曾菊新 . 2010. 武汉市新洲区农户消费活动的空间特征研究 . 人文地理，25（1）：89-93.

李伯华，刘传明，曾菊新 . 2009. 乡村人居环境的居民满意度评价及其优化策略研究——以石首市久合垸乡为例［J］. 人文地理，24（1）：28-32.

李伯华，刘沛林，窦银娣 . 2014. 乡村人居环境系统的自组织演化机理研究［J］. 经济地理，34（9）：130-136.

李伯华，刘沛林 . 2010. 乡村人居环境：人居环境科学研究的新领域［J］. 资源开发与市场，26（6）：524-527，512.

李伯华，曾菊新，胡娟 . 2008. 乡村人居环境研究进展与展望 . 地理与地理信息科学，（5）：70-74.

李伯华，曾菊新 . 2009. 基于农户空间行为变迁的乡村人居环境研究［J］. 地理与地理信息科学，25（5）：84-88.

李伯华 . 2009. 农户空间行为变迁与乡村人居环境优化研究［D］. 武汉：华中师范大学博士学位论文 .

李钢 . 2009. 德国农村改革发展的成功模式［J］. 新农村，（9）：29-30.

李健，宁越敏 . 2007. 1990 年代以来上海人口空间变动与城市空间结构重构［J］. 城市规划学刊，（2）：20-24.

李健娜，黄云，严力蛟 . 2006. 乡村人居环境评价研究［J］. 中国生态农业学报，（3）：192-195.

李江，段杰 . 2000. 农村工业产业结构特征及优化对策 . 地域研究与开发，19（4）：36-39.

李楠楠 . 2014. 上海郊区村落公共空间研究［D］. 上海：上海交通大学硕士学位论文 .

李思经，牛坤玉，钟钰 . 2018. 日本乡村振兴政策体系演变与借鉴［J］. 世界农业，（11）：83-87.

李小建 . 2006. 经济地理学（第二版）. 北京：高等教育出版社 .

李雪铭，夏春光，张英佳 . 2014. 近 10 年来我国地理学视角的人居环境研究［J］. 城市发展研究，21（2）：6-13.

李志军，刘海燕，刘继生 . 2010. 中国农村基础设施建设投入不平衡性研究［J］. 地理科学，30（6）：839-846.

梁凯 . 2016. 珠三角都市边缘乡村发展建设策略研究［D］. 广州：华南理工大学硕士学位论文.

林涛 . 2012. 浙北乡村集聚化及其聚落空间演进模式研究［D］. 杭州：浙江大学博士学位论文.

刘春艳，李秀霞，刘雁 . 2012. 吉林省乡村人居环境满意度评价与优化 [J]. 天津师范大学学报（自然科学版），32（3）：54-59.
刘红霞，曹帅强，邓运员 . 2014. 基于居民感知的景区边缘型乡村旅游地环境满意度综合评价——以南岳古镇为例 [J]. 衡阳：衡阳师范学院学报，35（6）：167-171.
刘杰 . 2010. 城市郊区村落空间形态分析——以郑州市为例 [D]. 郑州：河南农业大学硕士学位论文 .
刘林，关山，李建伟，等 . 2018. 城郊型村庄空间生产过程与机理——铜川市 3 个村庄的案例实证 [J]. 西北大学学报（自然科学版），48（1）：132-142，148.
刘泉，陈宇 . 2018. 我国农村人居环境建设的标准体系研究 [J]. 城市发展研究，25（11）：30-36.
刘颂，刘滨谊 . 1999. 城市人居环境可持续发展评价指标体系研究 [J]. 城市规划汇刊，(5)：35-37.
刘涛，曹广忠 . 2010. 北京市制造业分布的圈层结构演变——基于第一、二次基本单位普查资料的分析 [J]. 地理研究，29（4）：716-726.
刘卫东 . 1999. 大城市郊区土地非农开发及其合理利用模式 . 城市规划，(4)：8-13，64.
刘心怡 . 2017. 基于生活圈理论的休闲旅游类城郊型乡村公共服务设施配置研究 [D]. 西安：长安大学硕士学位论文 .
刘心煜 . 2019. 新时代我国农村基础设施建设问题探究 [J]. 江苏科技信息，36（6）：71-73，77.
刘兴元，梁天刚，陈全功 . 2006. 兰州市城郊农业生态系统的服务功能及可持续发展对策 [J]. 水土保持学报，(2)：170-173.
刘学，张敏 . 2008. 乡村人居环境与满意度评价——以镇江典型村庄为例 [J]. 河南科学，(3)：374-378.
刘彦随，刘玉，翟荣新 . 2009. 中国农村空心化的地理学研究与整治实践 [J]. 地理学报，64（10）：1193-1202.
刘彦随，刘玉 . 2010. 中国农村空心化问题研究的进展与展望 [J]. 地理研究，29（1）：35-42.
刘彦随，龙花楼 . 2009. 中国农业和乡村发展的基本态势//陆大道，樊杰 . 2050：中国的区域发展 . 北京：科学出版社：117-135.
刘元慧 . 2019. 乡村振兴背景下农村人居环境整治满意度研究 [D]. 曲阜：曲阜师范大学硕士学位论文 .
刘振静 . 2014. 方城县赵河镇乡村人居环境满意度评价与优化策略研究 [D]. 郑州：河南农业大学硕士学位论文 .
柳玉玲 . 2015. 新城区建设中城郊农村生态环境问题研究 [D]. 杨凌：西北农林科技大学硕士学位论文 .
龙花楼，邹健，李婷婷，等 . 2012. 乡村转型发展特征评价及地域类型划分 . 地理研究，31（3）：495-506.
逯云 . 2014. 泰安市财政支农资金绩效分析 [D]. 济南：山东农业大学硕士学位论文 .

吕小龙 . 2018. WQ 农业发展集团竞争战略研究 [D]. 兰州：兰州交通大学硕士学位论文 .
律星光 . 2018. 聚焦农村人居环境整治行动 [J]. 财经界，(3)：66-68.
罗雅丽，张常新 . 2009. 村镇空间结构理论研究综述 [J]. 经济研究导刊，(12)：150-151.
马仁锋，张文忠，余建辉，等 . 2014. 中国地理学界人居环境研究回顾与展望 [J]. 地理科学，34（12）：1470-1479.
马树才，刘兆博 . 2006. 中国农民消费行为影响因素分析 . 数量技术经济研究，(5)：20-30.
马武定 . 2005. 城市规划本质的回归 [J]. 城市规划学刊，(1)：16-20.
宁越敏，查志强 . 1999. 大都市人居环境评价和优化研究——以上海市为例 [J]. 城市规划，1999（6）：14-19，63.
宁越敏 . 2006. 上海大都市区空间结构的重构 [J]. 城市规划，(S1)：44-45，55.
庞效民 . 2000. 90 年代西方经济地理学的文化研究趋向评述 . 经济地理，20（5）：5-8.
彭震伟，陆嘉 . 2009. 基于城乡统筹的农村人居环境发展 [J]. 城市规划，33（5）：66-68.
彭震伟，孙婕 . 2007. 经济发达地区和欠发达地区农村人居环境体系比较 [J]. 城市规划学刊，(2)：62-66.
乔家君 . 2012. 乡村社区空间界面理论研究 [J]. 经济地理，32（5）：107-112.
任国平，刘黎明，管青春，等 . 2019. 基于生活质量的大都市郊区乡村性评价及空间自相关类型划分 [J]. 农业工程学报，35（7）：264-275，317.
邵珊珊 . 2017. 乡村人居环境建设评价研究——以何村中心村为例 [C]. 中国城市规划学会、东莞市人民政府 . 持续发展 理性规划——2017 中国城市规划年会论文集 . 东莞：中国城市规划学会：1476-1486.
十八大报告文件起草组 . 2010. 中国共产党第十八次全国代表大会文件汇编 [C]. 北京：学习出版社 .
史清华，徐翠萍 . 2008. 长三角农户服务消费行为的变迁：1986–2005. 农业经济问题，(3)：64-72.
苏发金 . 2006. 对转变城郊农业生产方式的探讨 [J]. 北方经济，(19)：73-74.
孙世刚，李英杰 . 2008. 河北省城郊农业发展方向与模式研究 [J]. 河北农业科学，(5)：110-112.
孙小杰 . 2015. 美丽乡村视角下农村人居环境建设研究 [D]. 长春：吉林大学硕士学位论文 .
孙晓兵 . 2017. 生态退耕背景下延安市土地利用变化及景观可持续研究 [D]. 哈尔滨：东北农业大学硕士学位论文 .
唐密，石铁矛 . 2005. 风水与人居环境 [J]. 山西建筑，(24)：17-18.
唐宁，王成 . 2018. 重庆县域乡村人居环境综合评价及其空间分异 [J]. 水土保持研究，25（2）：315-321.
田海江 . 2010. 西安新乡村建筑特色挖掘及营建策略研究 [D]. 西安：西安建筑科技大学硕士学位论文 .
汪群 . 2012. 农村人居环境中的住宅变化研究 [D]. 武汉：华中师范大学硕士学位论文 .
王海兰 . 2005. 农村“空心村”的形成原因及解决对策探析 [J]. 农村经济，(9)：21-22.

王鹤，马军山，魏琦丽 . 2014. 基于使用后评价方法的乡村人居环境评价研究［J］. 山西建筑，40（3）：213-215.
王鹤 . 2014. 浙北地区乡村人居环境现状分析及评价［D］. 杭州：浙江农林大学硕士学位论文.
王宏伟 . 2015. 现代城郊农业生产方式转型问题研究［J］. 合作经济与科技，（14）：10-11.
王凯 . 2010. 村庄规划中生态理念的导入研究［D］. 苏州：苏州科技学院硕士学位论文 .
王雷，李娜 . 2019. 基于乡村人居环境空间认知的乡村更新规划策略研究——以苏州东山岛古周巷村为例［J］. 中国名城，（4）：60-65.
王亮清 . 2014. 试论新型农村社区的休闲文化建设 . 郑州大学学报（哲学社会科学版），47（4）：25-28.
王树声 . 2009. “天人合一”思想与中国古代人居环境建设［J］. 西北大学学报（自然科学版），39（5）：915-920.
王思滢 . 2012.《园冶》构建理想人居环境意象探析［D］. 郑州：郑州大学硕士学位论文 .
王竹，钱振澜 . 2015. 乡村人居环境有机更新理念与策略［J］. 西部人居环境学刊，30（2）：15-19.
吴良镛 . 2001. 人居环境科学导论［M］. 北京：中国建筑工业出版社 .
吴良镛 . 2001. 人居环境科学的探索［J］. 规划师，（6）：5-8.
吴良镛 . 2014. 中国人居史 .［M］. 北京：北京：中国建筑工业出版社 .
吴文治 . 2016. 人居环境的分类研究［J］. 安徽农业科学，44（13）：19-24.
吴咏梅，朱志玲，郭丽雯 . 2011. 宁夏移民乡村人居环境满意度评价——以银川市兴庆区月牙湖乡为例［J］. 宁夏工程技术，10（2）：172-174，179.
新华社 . 2018. 中共中央办公厅国务院办公厅印发《农村人居环境整治三年行动方案》［J］. 社会主义论坛，（2）：12-14.
邢谷锐 . 2009. 快速城市化地区乡村空间重构体系初探［A］. 中国城市规划学会 . 城市规划和科学发展——2009 中国城市规划年会论文集［C］. 天津：中国城市规划学会 2009 年年会 .
熊益沙 . 2010. 唐宋诗人对理想人居环境的探索［J］. 湖南大众传媒职业技术学院学报，10（1）：82-85.
徐京波 . 2013. 从集市透视农村消费空间变迁 . 民俗研究，（6）：142-149.
徐迎 . 2007. 宜昌市猇亭区人居环境可持续发展评估及优化研究［D］. 武汉：华中师范大学硕士学位论文 .
薛力 . 2001. 城市化背景下的“空心村”现象及其对策探讨——以江苏省为例［J］. 城市规划，（6）：8-13.
严嘉伟 . 2015. 基于乡土记忆的乡村公共空间营建策略研究与实践［D］. 杭州：浙江大学硕士学位论文 .
杨贵庆 . 1997. 大城市周边地区小城镇人居环境的可持续发展［J］. 城市规划汇刊，（2）：55-60，66.
杨亮承，鲁可荣 . 2015. 城市化进程中城郊型农村社区治理困境与策略选择［J］. 农村经济，（5）：98-102.

杨骐璟 . 旅游村落建成环境的使用后评价研究 [D]. 昆明：昆明理工大学硕士学位论文 .
杨兴柱，王群 . 2013. 皖南旅游区乡村人居环境质量评价及影响分析 [J]. 地理学报，68 (6)：851-867.
叶云 . 2014. 城市边缘村落街巷空间形态演变研究——以鄂州市花湖工贸新城 L 村为例 [J]. 华中建筑，32 (1)：177-180.
殷冉 . 2013. 基于村民意愿的乡村人居环境改善研究 [D]. 南京：南京师范大学硕士学位论文.
尤建新，陈强 . 2004. 以公众满意为导向的城市管理模式研究 [J]. 公共管理学报，(2)：51-57，85-95.
余斌，卢燕，曾菊新，等 . 2017. 生活空间研究进展及展望 . 地理科学 . 37 (3)：375-378.
曾菊新，杨晴青，刘亚晶，等 . 2016. 国家重点生态功能区乡村人居环境演变及影响机制——以湖北省利川市为例 [J]. 人文地理，31 (1)：81-88.
张春娟 . 2004. 农村“空心化”问题及对策研究 [J]. 唯实，(4)：83-86.
张健 . 2012. 传统村落公共空间的更新与重构——以番禺大岭村为例 [J]. 华中建筑，30 (7)：144-148.
张京祥，陈浩 . 2016. 增长主义视角下的中国城市规划解读——评《为增长而规划：中国城市与区域规划》[J]. 国际城市规划，31 (3)：16-20.
张京祥，葛志兵，罗震东，等 . 2012. 城乡基本公共服务设施布局均等化研究——以常州市教育设施为例 [J]. 城市规划，36 (2)：9-15.
张立梅 . 2010. 建国以来党的农村政策演变及历史启示 [J]. 理论学刊，(4)：31-34.
张楠楠 . 2008. 找寻后工业时代环境下的理想人居 [D]. 南京：南京林业大学硕士学位论文 .
张文忠，谌丽，杨翌朝 . 2013. 人居环境演变研究进展 [J]. 地理科学进展，32 (5)：710-721.
张小林 . 1998. 乡村概念辨析 . 地理学报，(4)：369-370.
赵晨. 2013. 要素流动环境的重塑与乡村积极复兴——“国际慢城”高淳县大山村的实证 [J]. 城市规划学刊，(3)：28-35.
赵丹丹 . 2017. 南京市旅游型乡村点状公共空间绿化模式研究 [D]. 南京：南京林业大学硕士学位论文 .
赵胜雪 . 2016. 农村剩余劳动力动态估算方法的研究及应用 [D]. 哈尔滨：东北农业大学博士学位论文 .
赵越，周萍，黄波 . 2013. 形势与政策概论 [M]. 沈阳：辽宁大学出版社 .
赵之枫 . 2001. 城市化加速时期村庄集聚及规划建设研究 [D]. 北京：清华大学博士学位论文 .
赵志庆 . 2019. 基于村民满意度评价的乡村人居环境调查研究——以双鸭山市兴安乡四村为例 [C]. 中国城市规划学会、重庆市人民政府 . 活力城乡 美好人居——2019 中国城市规划年会论文集 . 重庆：中国城市规划学会：141-155.
周一星 . 1992. 对北京城市规划指导思想的几点思考 [J]. 北京规划建设，(4)：14-16.
周直，朱未易 . 2002. 人居环境研究综述 [J]. 南京社会科学，(12)：84-88.

朱彬，张小林，尹旭. 2015. 江苏省乡村人居环境质量评价及空间格局分析［J］. 经济地理，35（3）：138-144.

Duany A，Plater-Zyberk E，Speck J. 2001. Suburban nation：The rise of sprawl and the decline of the American dream［M］. London：Macmillan.

Fishman R，Utopias B. 1987. The Rise and Fall of Suburbia［M］. New York：Basie Books.

R. J. 约翰斯顿. 2005. 人文地理学辞典［M］. 北京：商务印书馆.

Thorns D C. 1972. Suburbia［M］. London：Mac Gibbon and Kee.

UN-Habitat. 2015. International Guidelines on Urban and Territorial Planning［C］. Nairobi：UN-Habitat.